DIANLI SHENGCHAN
ZIJIU JIJIU

电力生产现场
自救急救

（第二版）

主　编　田迎祥

副主编　关　猛　张　斌

中国电力出版社
CHINA ELECTRIC POWER PRESS

内 容 提 要

　　本书根据电力企业应急技能培训的要求和实际需要，对电力企业应急救援和突发生产事故处理过程中，现场人员和应急救援人员必备的避险逃生、现场自救、现场互救和现场急救知识和技能进行了详细的阐述。

　　本书适用于电力企业应急救援专业队伍进行应急技能培训和学习，可作为电力企业全员应急自救急救知识和技能普及性培训用书，也可作为相关行业、企业的相关人员进行现场急救学习和培训的参考用书。

图书在版编目（CIP）数据

电力生产现场自救急救 / 田迎祥主编 . —2 版 . — 北京：中国电力出版社，2023.5（2024.6 重印）

ISBN 978-7-5198-7755-2

Ⅰ . ①电… Ⅱ . ①田… Ⅲ . ①电力工业－安全事故－自救互救 Ⅳ . ① TM08

中国国家版本馆 CIP 数据核字（2023）第 065673 号

出版发行：中国电力出版社
地　　址：北京市东城区北京站西街 19 号（邮政编码 100005）
网　　址：http://www.cepp.sgcc.com.cn
责任编辑：周秋慧（010-63412627）　马雪倩
责任校对：黄　蓓　常燕昆
装帧设计：王红柳
责任印制：石　雷

印　　刷：北京雁林吉兆印刷有限公司
版　　次：2018 年 3 月第一版　2023 年 5 月第二版
印　　次：2024 年 6 月北京第七次印刷
开　　本：710 毫米 ×1000 毫米　16 开本
印　　张：20.5
字　　数：300 千字
印　　数：1501—2500 册
定　　价：98.00 元

前言

《电力生产现场自救急救》自 2018 年 3 月出版以来，得到了众多电力企业员工培训单位和读者的厚爱，也收到了很多电力企业员工培训单位和读者提出的意见和建议。随着电力生产设备和技术的不断进步，安全生产和应急工作在电力生产过程中地位的不断强化，第一版中的部分内容已不适应，急需进行修订。

作为针对电力企业员工普及的现场急救培训教材，编者一直在思考：现场急救培训的意义究竟是什么？现场急救培训的深度到底应该到什么程度？如何在培训过程中和教材中更加体现电力特色呢？

我们在广泛调查中发现：电力企业员工普遍存在现场急救观念淡薄、知识缺乏、技能不足等现象。当遇到危及生命的各种危险时，他们大多数不知道怎样正确地逃生、自救、互救和急救；当遇到危及生命的大出血、窒息、呼吸心跳停止时，他们大多数束手无策，不敢救、不会救、不能救，使得抢救的"黄金时间"白白浪费掉，甚至付出了巨大的生命代价。

如果电力企业员工大部分都懂急救、会急救，在有事故发生时，能第一时间在现场为伤患者提供简单、有效的现场急救，为后续的专业治疗赢得时间，这就意味着我们最大可能地挽救了伤患者的生命，最大限度地降低了电力生产事故对人身体的伤害。作为电力企业，怎样才能杜绝或减少电力生产事故的人员伤亡的数量？怎样才能减低电力生产事故的人员伤害的程度呢？

——安全生产，本质安全，筑起电力企业安全生产的第一道防线。

——搞好现场急救培训，筑起电力企业安全生产的第二道防线。

安全不是一个人的事，也不是一个企业的事情，它需要我们整个社会的所有成员都积极参与才能达到广义上的安全。特别是对以生产为主要目的的技术密集型电力企业，现场急救培训更为重要，这不仅仅关系电力企业员工的生命安全和身体健康，还关系电力企业的安全运行、经济效益和发展规划。如果说建立安全制度、建设安全设施是电力企业安全生产的第一道防线，那么搞好现场急救培训，就是筑起安全生产的第二道防线。

对电力企业员工进行应急救护培训，并不是要把每一位参加学习的员工都培养成为技术精湛的医务人员，那是不现实的，也是不可能的。虽然他们的急救水平不及专业的急救医务人员，但在现场没有医务人员和没有医疗设备的情况下，他们在现场急救中发挥着不可替代的重要作用。如果在生产车间有人触电导致呼吸、心搏突然停止，现场有会做心肺复苏的人员，并立即对其进行人工呼吸、胸外心脏按压，这位受伤的员工很可能就会化险为夷、转危为安。

本书本着更加体现电力特色，更加适合电力企业员工培训需要的原则，在第一版的基础上进行了全面修订、更新、调整和补充，将全书内容整合为五章。前三章为应急救护基本技术，包括应急救护基础知识，初期心肺复苏，以及通气、止血、包扎、固定和搬运技术；第四章介绍了头颅外伤、肢体离断伤、皮肤损伤、压埋伤、悬吊创伤等11种常见创伤的现场急救处理方法；第五章介绍了触电、烧伤、溺水、机械伤害和急性中毒等8种电力生产常见意外伤害。

本书由田迎祥担任主编并统稿，关猛、张斌担任副主编。田迎祥编写前言、第一章和第二章，田迎祥、田静、杜彬编写第三章和第五章第四节，王丽娜、王成健编写第四章，李洪战编写第五章第一节和第二节，关猛编写第五章第三节、第七节和第八节，张斌编写第五章第五节和第六节。

本书的编订得到了本单位相关领导和专家的大力支持和帮助，参考了众多国内外医学专家的急救医学专著，并借鉴和引用了一些急救专家的资料和数据。本书的修订得到了山东电力应急管理中心、山东省第一医科大学等单位及有关人员的大力支持和帮助，并提供了大量素材，在此一并表示感谢！

由于编者水平有限，错误及疏漏之处敬请各级应急培训机构、应急救护人员及广大读者海涵，并赐教指正。

编　者

2023 年 2 月

第一版前言

2003 年严重急性呼吸综合征（severe acute respiratory syndromes，SARS）席卷全球，中国内地累计病例 5327 例，死亡 349 人；2008 年"5·12"四川汶川特大地震灾害震惊世界，造成 69197 人蒙难，374176 人受伤；2010 年青海玉树地震造成 2698 人死亡，数万人受伤；2011 年"7·23"浙江甬温线动车追尾等特大灾害造成 40 人死亡，191 人受伤；2011 年日本"3·11"北部海域发生的里氏 9.0 级特大地震及其引发的严重海啸至少造成 15800 人死亡，5950 人受伤。这一次次的重大突发事件不仅给我们留下了深刻的记忆、惨痛的教训和沉重的思考，也给我们敲响了警钟。在突发事件面前，人类似乎变得很无助、很脆弱，但并非束手无策。运用人类现有的智慧、知识和科学手段，最大限度地防范和减轻突发事件给人们造成的伤害、破坏和损失，成为应急救援过程中面临的重要课题。

电网企业作为国家基础性能源产业，在国民经济和人民生活中发挥着举足轻重的作用，因此，电网企业高度重视电力生产现场自救急救培训，以避免发生各类救援问题。例如，个别抢险队员心理素质和身体素质差，不能适应灾区恶劣环境和多变的气候，还没到救援第一线自己就成了"伤兵"，成了"被救"的人；由于救援队员缺乏必要的专业训练，抢险救援经验不足、应急装备使用不当、缺乏基本的应急知识和处置技能，现场救援的能力受到限制；发生电网生产事故造成工作人员或其他人员受到伤害时，有时束手无策、手忙脚乱，由于对伤者的现场处置不当，甚至造成二次伤害。

我们常说"平安是福"，然而您知道如何确保安全吗？当我们面对危险的时候，你知道如何最大限度地提高安全指数、降低危险对我们的伤害吗？逃避是不对的，只有正视危险，将保障安全的意愿上升到"会安全""能安全""懂安全"的高度，才可能实现真正的安全。

面对突发事件的频频发生和威胁，对突发事件应急救援尤其是伤患人员救援提出了更高的要求。怎样才能最大限度地发挥应急救援人员和现场"第一救援者"的作用，减少突发事件的人员伤亡的数量和程度呢？灾难面前，如何应对？事故面前，怎样保安？那就是要学会自救与互救，进行现场急救。

客观地说，危险是绝对的，而安全则是相对的。如何最大限度地享有安全、规避危险是我们每一个人生存的目标。人是社会的分子，家庭是社会的细胞，社会安全是由每个人的安全组成的，同样，企业的安全生产是由员工的安全组成的。只有通过学习安全知识、掌握安全技能、懂得应急自救与互救，学会现场急救，才能在危险真正发生时保持镇定、正确处置、化险为夷。

对电网企业员工进行应急自救急救技能培训的目的，并不是要把每一位员工都培养成为技术精湛的专业医务人员，而是让员工学会避险逃生、现场自救、现场互救、现场急救的知识和技术，在面对突然来临的危险时，在参加突发事件应急处置时，在没有必要的医疗设备和医务人员的情况下，正确、及时地进行避险逃生、自救和互救，并应用所掌握的急救知识和技术，在爱心的驱使下，依靠自己的一双手，在第一时间、第一现场，做出第一个反应、第一个行动，开展现场急救，以减缓伤患者的伤痛，挽救自己或他人的生命。衡量一个社会急救能力的高低，不光是要看急救专业人员的素质和水平，还要看全社会的急救素质，也就是要提高全民的急救意识和自救、互救和急救能力，做到人人会救、人人敢救、人人能救。

本书以开展应急救援人员应急自救互救、避险逃生、现场急救技能培训为目的，始终把生命安全放在第一位，牢牢坚守"发展决不能以牺牲人的生命为代价"这条红线，结合电网企业应急救援工作的实际和特点编写。本书图文并茂、通俗易懂、易学易记，实操性强。

本书包括"应急救护基础""心肺复苏""创伤现场自救急救技术""常见意外伤害自救急救技术""电对人体的作用及影响"和"触电现场自救急救技术"

6 个单元。本书由田迎祥担任主编并统稿，由陶苏东、李文进担任副主编。田迎祥编写前言、单元一、单元三和单元五，王丽娜编写单元二，田迎祥、王丽娜共同编写单元四，田迎祥、陶苏东、李洪战、关猛、张斌、武同宝、田静、聂洪涛、李文进、杜彬共同编写单元六。全书由张科军担任主审，许永刚、王志宏、魏峰参与审稿。钟贵森、怀亮、宋晓东、李玉美对本书提出了许多宝贵的意见和建议。

本书的编写，得到了本单位相关领导和专家的大力支持和帮助，参考了众多国内外医学专家的急救医学专著，并借鉴和引用了一些急救专家的资料和数据。本书的编写得到了红十字会山东鲁南应急救护培训基地主任张科军博士及其团队的大力支持和帮助，并提供了大量素材，谨此一并表示感谢！由于我们学识水平有限，错误及疏漏之处在所难免。在此，恳请应急救援专业人员及广大读者海涵，并赐教指正。

编　者

2017 年 12 月

目 录
CONTENTS

第一章

应急救护
基础知识

第一节　应急救护的基本概念

培训目标

1. 正确理解急救医疗服务体系与"生命链"的概念及内涵。
2. 正确理解院前急救的概念及内涵。
3. 正确理解"第一目击者"的概念及内涵。
4. 熟悉"急救时间窗"的概念及内涵。

培训知识点

一、急救医疗服务体系

急救医疗服务体系（emergency medical service system，EMSS）是负责实施有效的现场急救、合理分诊、有组织地转送伤患者及与基地医院密切联系的急救医疗网络。

急救医疗服务体系是急救工作的通信、协调和指挥中心，是伴随着高科技而发展起来的一条救治急症、危重伤患者生命的绿色通道，如图1-1所示。急救医疗服务体系的建立使传统的医疗就诊模式发生了根本性转变。

急救医疗服务体系包括院前急救和院内救治两个环节，二者有机、完美地结合在一起，既有分工又有密切联系，不可分割。

急救医疗服务体系的基本任务为"第一目击者"或院前医护人员及时到达急危重伤患者的身边，并进行现场评估、给予初步处理或紧急抢救，然后安全地将患者护送到就近医院的急诊室或重症监护病房（ICU）做进一步救治，为抢救伤患者生命、改善预后争取时间。具体可分为三个阶段或三个层次：

（1）现场急救。现场急救是院前急救的首要环节，也是院前急救最重要、最急需和最紧迫的环节。现场急救多为心脏骤停或创伤患者，应做好组织工

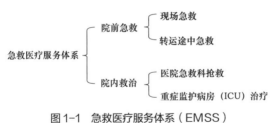

图1-1 急救医疗服务体系（EMSS）

作，并要求急救人员熟练掌握心肺复苏、除颤、止血、包扎、骨折固定等技术。

（2）转送途中急救。目前已改变了"救护车的任务只是把伤患者转运到医院"的概念，强调运送过程中应边监护、边抢救、边与急救中心或接受医院联系，报告伤患者情况及接受指导。救护设备地不断更新，监护机动车及小型救护飞机或直升机的应用，有力地提高了抢救成功率。

（3）院内救治。医院是急救医疗的主要实施地，包括医院的急诊科（医院急救科）抢救和各专科重症监护病房（ICU）治疗。急诊伤患者到达医院后，首先由急诊科医护人员进行抢救、分诊及观察。然后根据伤患者具体情况决定出院，或转入相应科室、各专科重症监护病房，或转入综合性危重症监护病房。

二、"生命链"

"生命链"所描述的是发生心脏骤停时应该进行的理想的一系列救治措施，是现代急救医疗服务体系中，针对心脏骤停伤患者，以现场"第一目击者"为开始，至专业急救人员到达进行抢救时为止的一系列过程组成的"链条"。"生命链"普及、实施得越广泛，心脏骤停伤患者获救的成功率就越高。

1992年10月，《美国医学杂志》刊登了美国心脏学会（American College of Cardiology，AHA）的重要文章，用早期通路、早期心肺复苏、早期心脏除颤、早期高级生命支持来概括院内或院外抢救患者生命的四个重要环节，并将其命名为"生命链"。"生命链"概括了当今医学界对救治以心脏性猝死伤患者为代表的最好急救方法与程序。在院外突然发生心脏骤停时，除非迅速采取一系列措施，否则很少有患者能够存活。

美国心脏学会编制的《2015 心肺复苏指南》将在院内和院外出现心脏骤停伤患者的"生命链"区别开来，确认伤患者获得救治的不同途径。《2015 心肺复苏指南》将院外心脏骤停时的抢救过程分为五个步骤，即：识别和启动应急反应系统、即时高质量心肺复苏、快速除颤、基础及高级急救医疗服务和高级生命维持和骤停后护理。这五个环节环环相连，缺一不可，形成一个延续生命的"生命链"，如图 1-2 所示。在"生命链"的五个环节中，前三个环节可由非医务专业人员完成，这更加突出了全民参与现场急救的可行性。

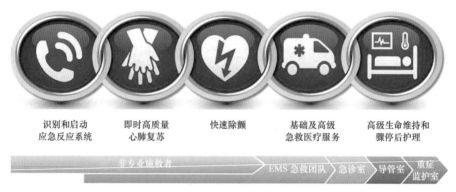

| 识别和启动应急反应系统 | 即时高质量心肺复苏 | 快速除颤 | 基础及高级急救医疗服务 | 高级生命维持和骤停后护理 |

非专业施救者　　EMS 急救团队　急诊室　导管室　重症监护室

图 1-2　院外心脏骤停抢救的"生命链"图解

1. 第 1 环节——识别和启动应急反应系统

识别和启动应急反应系统即立即识别与启动，包括对伤患者受伤或发病时最初的症状进行识别，鼓励伤患者自己意识到危急情况，呼叫当地救援系统，给救援医疗服务系统或社区医疗机构拨打电话。这样，急救系统获得呼救电话后能立即做出反应，派出急救力量迅速赶赴现场。在这个环节中，急救系统应该担负医学指导，即在专业急救人员尚未到达现场之前，告诉现场人员应该如何实施必要的救护措施，以便不失时机地对伤患者进行救护。

2. 第 2 环节——即时高质量心肺复苏

即时高质量心肺复苏即早期进行心肺复苏（CPR），就是在伤患者呼吸、心搏骤停后立即对其进行心肺复苏。临床研究表明，"第一目击者"若具有心肺复苏的技能并能立即实施，对伤患者的生存起着重要作用，也是在专业急救人员到达现场进行心脏电除颤、高级生命支持前，伤患者所能获得的最好的救护措施。

3. 第 3 环节——快速除颤

快速除颤即早期进行心脏电击除颤／复律，是最容易促进生存的环节。使用除颤器进行电击除颤是首选和效果最好的方法。

4. 第 4 环节——基础及高级急救医疗服务

基础及高级急救医疗服务即早期进行高级生命支持，就是救护车到达意外伤害现场，尽早让伤患者获得专业器械或药物的救治。在现场经过"第一目击者"的"基础生命支持"，专业救护人员赶到，越早实施"高级生命支持"，对伤患者的存活就越有利。

5. 第 5 环节——高级生命维持和骤停后护理

高级生命维持和骤停后护理即综合的心搏骤停后治疗，就是指把心搏骤停患者抢救回来之后的康复治疗，如低温治疗等，这是在医院内进行的专业措施。

三、"第一目击者"

20 世纪 90 年代，国际急救医学专家提出了"第一目击者"的概念，并开展了对"第一目击者"的培训。

"第一目击者"也称"第一发现者""第一反应者""第一救援者"，即在现场第一时间发现受伤、出血、骨折、烧伤、患急病，甚至呼吸、心搏骤停者，并立即采取行动的人。每一个人随时随地都有可能成为"第一目击者"，这个人不专指医生。"第一目击者"可以是事故现场的人或伤患者身边的人，也可能是路人或偶遇的人，但不是视而不见的旁观者，而是真正采取行动的人，可能是第一个打电话的人，也可能是第一个施救的人。在马路上，警察和路人可能是"第一目击者"；在家中，患者的家属、保姆可能是"第一目击者"；在公共场合，保安人员、服务人员可能是"第一目击者"；在运动场，队友、竞赛对手可能是"第一目击者"；在学校，老师、同学可能是"第一目击者"。总之，任何时间、任何地点、任何人都可能成为"第一目击者"。

大多数的猝死源于心搏骤停。据统计，40%的心搏骤停没有被发现或发生在睡眠中，70%~80%心搏骤停是发生在院外或家里。根据相关资料，死于院外或家中者占72%~80%。据统计，我国每年有超过54万人猝死，其中约1/4的猝死者因为身边的人不懂得急救知识和技能而导致伤残或者死亡。目前，我国许多区域还做不到救护车能在4~5min内赶到伤患者身边，这时，"第一目击者"的作用就非常关键。如果经过训练具备一定急救知识和技能的"第一目击者"，在救护车赶到前，能够采用正确的急救措施，现场进行救治，可以为伤患者争取到宝贵的抢救时间。

四、院前急救

如前所述，院前急救是急救医疗服务体系最前沿的部分，是指从"第一目击者"到达现场并采取一些必要急救措施开始，直至救护车到达现场进行急救处置，然后将伤患者送达医院急诊室之间的这个阶段，是在院外对危重伤患者的急救。院前急救包括伤患者在发病或受伤后由现场医护人员或其他人员在现场进行的紧急抢救和心理抚慰，医护人员到达现场后对急危重伤患者在现场紧急处理和抢救，以及在监护下运送至医院途中的医疗救治。院前急救的目的是挽救伤患者的生命，为医院救治赢得时间、创造条件、打好基础。

院前急救的内容包括"第一目击者"或救援者采取的一些必要的急救措施，如通气、止血、包扎、固定等，使伤患者处于相对稳定的状态；拨打急救中心电话，呼叫救护车并守候在伤患者身边，等待救护车的到来；徒手进行人工呼吸和心肺按压；救护车到达后，急救人员采取专业措施来延缓伤患者的病情，延长伤患者的生命，使其在到达医院时具备更好的治疗条件。

救护车及救护人员的到达，标志着伤患者即已"入院"，可得到最迫切和有效的急救与护理。本书作为非医疗专业人员的普及性培训教材，主要介绍伤患者"入院"前的现场急救部分，包括自救、互救和急救，具体内容在本章第二节详述。

五、"急救时间窗"

对急危重症病人或伤者，特别是触电、溺水、猝死、雷击、气道异物伤患者，抢救得越早，生还和康复的机会就越大。如对心搏呼吸骤停者，早期有效的心肺复苏和电击除颤，能最大限度地保护大脑功能，有利于整体康复。那么，究竟什么时间是"早"呢？

对各种不同急危重伤情的最佳抢救时间，医学上采用形象、生动的"急救时间窗"概念来描述在一定时间内存在抢救成功的可能性。

1. "黄金4min"

"黄金4min"是指呼吸、心搏停止后的4min内。"黄金4min"是针对呼吸、心搏停止伤患者现场急救的抢救时间窗。呼吸、心搏停止以后，血液停止循环流动，大脑由于缺血、缺氧，会发生一系列的变化，如果缺血、缺氧时间超过4min，脑细胞会发生不可逆的损害，但如果在4min内对呼吸、心搏停止的伤患者给予心肺复苏，会有比较高的抢救成功率。

2. "白金10min"

"白金10min"是指创伤后的10min内。"白金10min"是针对创伤患者现场急救的抢救时间窗。对创伤患者进行控制出血、解除窒息、保持呼吸道的通畅等措施，应该在伤后10min内完成。

3. "黄金1h"

"黄金1h"是指伤后1h以内的时间。"黄金1h"是提高创伤患者生存率的最佳时间窗。在处理胸、腹、盆腔内脏损伤出血，严重的颅脑伤等危及生命的急症时，应在伤后1h内得到有效的手术治疗。

4. "黄金72h"

"黄金72h"是指地质灾害发生后的黄金救援期，是提高灾民生存率的最佳时间窗。在此时间段内，应分秒必争，开展有效的人员搜救，以挽救更多的生命。

第二节　现场急救

培训目标

1. 熟悉现场自救、逃生、互救与急救的基本概念和内涵。
2. 熟知现场急救的意义、特点和原则。
3. 熟知现场急救培训的概念、目的、内容和意义。

培训知识点

一、现场急救的基本概念

1. 自救

自救指外援人员及力量没有到达前，在没有他人的帮助扶持的情况下，受伤或受困或患病人员靠自己的力量脱离险境，避免或减轻伤害而采取的应急行动。自救是自己拯救自己、保护自己的方法。自救包括以下两个方面：

（1）危险环境中，在没有他人的帮助下，依靠自己的能力脱离险境。

（2）伤害发生在身体上时，利用身体的感知迅速发现伤痛部位，第一时间采取最简单、最有效的急救措施，终止或延缓外界对身体的进一步伤害，为最终获救创造条件、赢得时间。

2. 逃生

逃生指当灾害或意外来临时，离开对生命构成威胁的场所，躲到安全地带的行为。逃生是一种避险的方法，也是自救的一部分。

3. 互救

互救指在有效自救的前提下，在灾害或意外现场妥善地救护他人及伤患者的方法。互救是现场对他人的援助。

在保证自身安全的情况下，救助他人不失为一种高尚的美德。同时我们还应该意识到，在生活和工作中，如果始终有一个或一群拥有急救知识和技能的人在我们身边，这无疑是给我们的自身安全追加了更多的砝码。

4.急救

本书所介绍的急救指的是现场急救，它是院前急救最重要的、最紧迫、最前沿的部分。它指现场工作人员或"第一目击者"在未获得专业医疗救助前，为防止伤病情进一步恶化而对伤患者采取的一系列急救措施。这些措施主要包括生命体征判断、及时呼救、徒手心肺复苏、自动除颤、通气、止血、包扎、固定和搬运等。如图1-3所示为部分常见的现场急救技术。

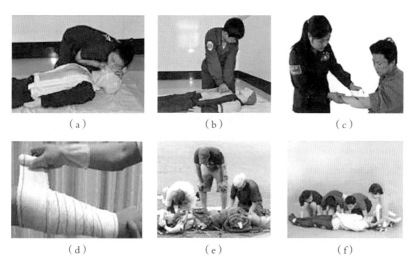

（a）　　　　　　　（b）　　　　　　　（c）

（d）　　　　　　　（e）　　　　　　　（f）

图1-3　常见现场急救技术

（a）通气；（b）心肺复苏；（c）止血；（d）包扎；（e）固定；（f）搬运

"时间就是生命"，赢得时间就意味着留住生命。急救关乎生命，互救重于急救，自救才是根本，正确的逃生其实就是自救的一种好方法。

二、现场急救的意义

1.全球日益增多的天灾人祸急需现场急救做保障

随着科技的发展，人们的生活、活动空间越来越大，我们所乘坐的交通工具速度越来越快，加上我们生存的地球处于一个非常活跃的时期等，使得我们在时间上和空间上时刻处在危险的包围之中，正是危险无处不在、无时不在。

灾害是不可避免的，而减轻灾害则是可能的，也是必需的。近年来，严重的生产安全事故、频发的恶性交通事故、严重的环境污染事件、突发的严重自然灾害等，都造成了大量的人员伤亡。这些意想不到的突发事件，措手不及的危重伤病都需要及时而有效的现场急救做保障。

2. 企业安全生产离不开现场急救

企业生产活动必须在安全生产的前提下完成，但安全生产事故仍时有发生，危害着现场工作人员的身体健康和生命安全，影响着企业的生产安全和经济效益。如果企业员工具有现场急救知识，具备现场急救技能，当遇到重大突发事故时，在生死攸关的关键时刻，除了能够正确自救和逃生外，还能凭借自己具备的现场急救知识和技能，帮助他人、挽救生命，挽回企业的声誉，减少企业的经济损失。因此，企业生产人员熟练掌握现场急救的知识和技能是企业安全生产的重要环节之一。

3. 现代医疗急救体系需要现场急救

如前所述，急救医疗服务体系中的院前急救是其中重要的环节。一般情况下，意外伤害事故和突发急危重伤患者多发生在医院以外，由于专业医生一般不可能立即赶到突发现场，这就需要伤患者能够得到及时的现场急救。这时，一方面，现场的"第一目击者"或患者本人应该尽快与医疗机构取得联系，让医务人员及时赶到现场对伤患者进行救治，并将其送达医院；另一方面，应立即对伤患者进行现场急救，达到保全生命、防止伤势或病情恶化、促进恢复的目的。

4. 时间就是生命

常温下，心搏骤停 4min 就会造成脑细胞的破坏，超过 4min 脑细胞损伤几乎是不可逆的，因而将心搏骤停后的 4min 作为心肺复苏的"黄金时间"。这个"黄金时间"是不以人的意志为转移的，不会有所改变。而在"黄金时间"内，由"第一目击者"或医务人员在现场进行的应急救护可以最大限度地挽救伤患者的生命，甚至能达到 80% 左右的抢救成功率。

当遇到危及生命的意外伤害或急病时，迫切需要在"黄金时间"内有医务人员到达现场进行急救，而现实是目前要保证救护车能在 4min 内赶到事故发生的现场是困难的。救命时间的分秒必争与救护车不能招之即来和现场缺乏敢急救、会急救、能急救的医务人员或急救员的尖锐矛盾，使得人的生命就在这样无序的关联中无情地消逝了。对于这一救命矛盾中的两个方面，我们不能改变的是人体对急救"黄金时间"的依赖，而我们能做的就是现场急救。

三、现场急救的特点

现场急救的特点可用"急""变""难""险"来概括：

（1）"急"，是指突发事件现场伤患者发病"急"，具有一定的突发性；对医疗需求"急"，表现为时间的紧迫性；现场人员抢救处置"急"，表现为救治的应急性。

灾害事故后，伤患者的情况复杂，多个系统、多个器官同时受损的人多，病情垂危的人多，不论是伤患者还是家属呼救心情都十分紧迫。

"5.12"汶川大地震时，重伤患者达 10 多万人。要使这么多的重伤患者及时得到急救，所需要的人力、物力相当惊人，而且当时灾害造成的建筑物已经成了废墟，灾区所有机构瘫痪，卫生人员缺乏，因此急救、转运伤患者的任务之艰巨就可想而知了。类似这种情况必须由多个部门密切配合并争取外援。

（2）"变"，一是突发事件现场伤患者病情变化快；二是危重伤患者就医变数多。

现场急救往往是在人们预料之外的突然发生的灾害性事件中出现伤患者，有时是少数的，有时是成批的，有时是分散的，有时是集中的。常见的伤患者多为垂危者，不仅需要在场人员参加急救，往往需要呼叫场外更多的人参加急救。必须分秒必争，采用心肺复苏技术，将心跳、呼吸骤停者从临危的边缘抢救回来，用止血、固定等手段将大出血、骨折等病危者抢救回来。

（3）"难"，一是突发事件现场危重伤患者多种多样，伤病情况复杂；二是突发事件现场伤患者数量多、伤情重，急救人员少；三是突发事件现场往往是多发伤、复合伤多。

灾害发生时，伤患者种类多，伤情重，一个伤患者身上可能有多个系统、多个器管同时受累，急救人员需要具有丰富的医学知识、过硬的技术才能完成急救任务。实际上常常是伤患者多，要求急，要求高与知识少的不适应局面。有的灾害虽然伤患者比较少，但常是突然紧急的情况下，甚至伤患者身边无人，更无专业卫生人员，只能依靠那些具有基础生命支持技术的过路人来提供帮助与急救。

（4）"险"，一是突发事件现场伤患者因伤病情重而危险性大；二是突发事件现场抢救工作风险大，社会责任重。

现场急救常是在缺医少药的情况下进行的，常无齐备的抢救器材、药品和转动工具。因此，要机动灵活地在急救现场寻找代用品，修旧利废，就地取材获得冲洗消毒液、绷带、夹板、担架等；以免延误抢救时机，给伤患者造成更大灾难和不可挽回的恶果。

四、现场急救的原则

1. 现场急救的基本原则

现场急救的基本原则是安全、简单、快速、准确。

（1）安全。安全指施救前、施救中及施救后都要排除任何可能威胁到救援人员、伤患者的因素，包括环境的安全隐患、救人者与伤患者相互间传播疾病的隐患、急救方法不当对救援人员或伤患者造成的伤害及其产生的法律上的纠纷、现场急救实施中救援设备的安全隐患等。救人时，施救者必须很勇敢，但是也应该审时度势，在情况危急的情况下，既要保护好伤患者，又要保护好自己。事实上，往往只有保护好自己，才能更好地去保护和救治伤患者。我们应该尽量做到既实现救援目的，又不牺牲人员。遇到风险，减少伤亡才是人性化的救援目的。

（2）简单。简单就是急救方法和措施要简单易行、便于学习、便于记忆、便于掌握。在急救过程当中，需要把烦琐的医疗救治环节尽量省去，采取一切可行有效的方法，一方面能够节约施救时间，另一方面能够提高施救效率。

（3）快速。快速是确保效率的一种有效手段。在确保操作方法正确、措施有效的前提下，尽量加快操作速度以达到提高施救效率的目的。

（4）准确。准确是指施救方法的准确及其有效性。施救方法的准确是现场施救的重点要求。无效的施救等同于浪费时间、耽误了伤患者的伤病情甚至伤及伤患者的生命。

2. 现场急救的医疗救护的原则

现场急救的医疗救护的原则是坚持"一个中心，四个基本原则"。

（1）一个中心。现场急救始终坚持以伤患者生命为中心，严密监护伤患者生命体征，正确处置危及伤患者生命的关键环节，保证或争取伤患者在到达医院前不死亡。

（2）四个基本原则。

1）对症治疗原则。现场急救主要是针对"症状"而不是针对"疾病"，即是对症而不是对病、对伤。现场急救的主要目的不是"治病"，而是"救人"，它只是处理疾病或创伤的急性阶段，而不是治疗的全过程。对有生命危险的急症者，必须先"救人"，后"治病"。

2）暂等并稳定伤情原则。过去急救是"抬起来就跑"的原则，这一概念在国际范围内已基本上被"暂等并稳定伤情"这样一种思想所代替。这一稳定原则已经表明可以有效地降低急救中的死亡率和致残率。在"暂等并稳定伤情"时，并不是把伤患者搁置不管，而是急救人员在紧张地为马上转送伤患者做应做的打通气道、心肺脑复苏、控制大出血、制动骨折、包扎伤口等工作。

3）就地治疗的原则。就地治疗的原则是指对某些急症患者，现场施救人员不能简单地把伤患者拉起来一走了之，而是必须在现场采取合适有效的急救措施，待伤患者伤病情况基本稳定后才能送往医院。如有人触电，导致呼吸、心跳骤停，在现场必须立即进行心肺复苏或采用边复苏边转送伤者到医院的方法，否则，伤患者必死无疑。

4）全力以赴的原则。就是现场急救人员要本着对危重伤患者的生命高度负责的精神，在实施现场急救特别是生命支持过程中的每个环节上要尽其所能、全力以赴、救死扶伤，绝不抛弃、不放弃。

五、现场急救培训

（一）现场急救培训的概念

现场急救培训指在现代社会发展和人类生活新的结构模式下，利用科技进步成果，针对生产、生活环境下发生的危重急症、意外伤害，向公众普及救护知识，使其掌握先进的基本救护理念与技能，成为真正的"第一目击者"，以便能在现场及时、有效地开展救护，达到"挽救生命、减轻伤残"的目的，为安全生产、健康生活提供必要的保障。

（二）现场急救培训的目的

现场急救培训目的主要是以下三个方面：

1. 救自己

救自己就是现场自救，也就是当危险发生时，自己脱离险境和处置身体伤害。成功自救的前提是拥有科学的急救知识和熟练的急救技能。

2. 救别人

救别人就是现场互救。也就是当同时处于危险时，在保证自身安全的前提下救助他人。同时我们还应该意识到，在生活和工作中，如果始终有一个或一群拥有急救知识和技能的人在我们身边，这无疑是给我们的自身安全追加了更多的砝码。因此，不论是为了我们自身的安全，还是为了让我们成为一个拥有高尚品德和现场急救能力的人，都需要我们学习急救知识和技能。

3. 家庭幸福，企业安全，社会和谐

每一个人都是构成这个社会的一分子，都离不开家庭和单位，我们的自身安全承载着的不只是我们个人的生命和健康，还有家人的幸福、企业的发展和社会的和谐。我们的身边有家人、朋友和工友，我们是他们的挂念，他们也是我们思念，为了远离亲朋好友的哭泣，为了企业安全、有序地发展，也为了这个社会不再有悲剧发生，我们需要从自己做起，从身边做起，认真学习急救知识和技能，让危险远离我们的生活。

（三）现场急救培训内容

1. 熟悉基本理论

学习触电、火灾、矿难、危化品泄漏、机电事故、建筑事故、各种创伤、各种自然灾害等突发事件正确的逃生、自救、互救及急救基本知识。

2. 掌握基本技能

学习通气、止血、包扎、固定和搬运技术以及心肺复苏和自动除颤的方法，达到在遇到危险时能够采取正确运用的目的。

3. 学会常见创伤的正确处理方法

学习头颅外伤、胸部创伤、腹部创伤、关节脱位、肢体离断伤、皮肤损伤、伴有大血管损伤伤口、伤口异物、压埋伤、挤压综合征、悬吊创伤等常见创伤的急救处理方法。

（四）现场急救培训定位

1. 公民急救与专业急救之间的关系

"第一目击者"进行的公民急救与专业医护人员进行的专业急救的区别见表 1-1。从表中可以看出，公民急救与专业急救在施救地点、目的、时机和施救人员位置、性质等各方面都是不同的。因此，公民急救并不能代替专业急救。

表 1-1　公民急救与专业急救的区别

项目	公民急救	专业急救
施救地点	现场	现场和医院
施救目的	急不是慢，救不是治	既要抢救，又有治疗
施救时机	具备"黄金时间"	大部分不具备"黄金时间"
施救人员位置	"第一目击者"	大部分不是"第一目击者"
施救人员性质	非专业医务人员	专业医务人员
施救医疗设备	没有专业医疗设备	有专业医疗设备
施救能力要求	只有初级救护知识和技能	具备专业的急救知识和技能

公民急救的主要目的是在急救专业人员没有到达现场之前，作为"第一目击者"的"公民"，根据自己所掌握的应急救护知识和技能进行现场急救，

是急不是慢，救不是治。因此，公民急救培训工作的特点是"初级、大众、现场"。

医务人员拥有急救的技术和装备，但不具备急救的黄金时间；而普通公民（"第一目击者"）不具备急救的技术和装备，但拥有最宝贵的急救"黄金时间"。对于上述四个变量、两组人群，结合我们的国情，我们需要做的也是唯一能做的就是尽快在公民中普及急救知识和技能，这就是公民急救培训。

2. 院前急救与院内急救之间的关系

院前急救与院内急救是互补的，前者侧重于防，后者侧重于治；前者是后者的补充，是基础，后者是前者的根本，是提高。自救、互救是一切伤病急救的开始和基础，它具有比专业急救更高的救治时效值，它是不能被专业急救所替代的，它为专业急救提供关键基础，与专业急救相统一，是与专业急救同等重要的一个急救阶段，是"生命链"上独立的重要环节，这个环节进行的好坏决定了后续救治的效果。

（五）开展企业员工现场急救培训的意义

对企业员工进行现场急救知识和急救技能的普及，是一项投资少、见效快的工作。培训的场地可以在生产车间，也可以在建设工地，经过 1~2 天的学习，广大员工能够掌握这项急救技能。普及急救知识，可以提高员工面对各种事故时的逃生、自救、互救和急救能力，让员工在面对突然来临的危险时，在没有任何医疗设备和医务人员的情况下，有爱心的驱使，应用所掌握的急救技术，依靠自己的一双手，在第一时间、第一现场，做出第一个反应、第一个行动，挽救自己或工友的生命。做到人人会救、人人敢救、人人能救，最大限度地减轻各种自然灾害、突发事件所造成的损害。

1. 安全生产需要现场急救培训

任何一起事故都会造成人员的伤亡、财产的损失、环境的破坏，而在这三者当中又以人员的伤亡作为事故定性的重要指标。我们应该以安全生产事故人身伤亡的血的教训、工友的痛苦呐喊、企业的损失、家属的期盼来宣传企业员工现场急救培训的重要性，并按照现场急救培训是构成安全生产的第二道防线的高度，来认识现场急救培训对安全生产所起的重要作用。

2. 现场急救培训在安全生产中发挥了巨大的作用

通过全社会大力推广普及急救知识，提高全民的急救意识和自救、互救、急救能力，使公民掌握自救、互救和急救技能，在突然发生危险或意外伤害时，能够应用医学常识，因地制宜地采取紧急而正确的急救措施，为有效救治急危重症患者赢得时间。只有这样才能真正降低急危重症患者的死亡率，使现场"第一目击者"真正成为第一施救者，达到后到现场的专业医护人员所无法达到的急救效果。

3. 现场急救培训是安全生产的第二道防线

怎样预防和避免事故的发生，是安全培训所要解决的问题，怎样避免或减少、减轻人员的伤亡是现场急救培训所要解决的问题。安全培训使职工掌握正确的操作方法，知道哪些是危险源，从而避开危险，保证安全生产；现场急救培训是为了解决人们遇到危险或意外伤害时，学会正确的逃生、自救、互救和急救知识和技能，避免或减轻伤亡事故。

如果安全培训是一只雄鹰的右翼，那么现场急救培训就应该是雄鹰的左翼。如果一只雄鹰缺少了任何一翼，就不可能飞起来，更不可能飞得很高，两个培训相得益彰，才能达到安全生产的目的。如果把安全培训作为安全生产的第一道防线，那么现场急救培训就是安全生产的第二道防线。没有安全意识，事故就会不请自来，没有现场急救知识，员工就会稀里糊涂地受到伤害。

（六）提升企业员工现场急救培训质量的途径

世界唯一不变的就是变化。要使企业员工现场急救培训保持常态化，就需要以变化的心态、变化的方式去适应变化的世界。现场急救培训不同于学校教学，它是一种具有感受、体验、参与、应用等特征的实践教学，突出表现在培训时间短、学员没有医学背景、学用结合不紧密等方面。因而培训内容要实用，教材要图文并茂，语言要通俗，形式要多样化，看菜吃饭，量体裁衣。

1. 改变人们的急救观念

强调自己的安全自己管，因为人们具有无时不在、无处不在关乎着自己的本能，具有极强的保证自己安全的欲望。有欲望、有本能，但还要有能力。这个救命的能力只能从学习中来。当学习成为公众需要的时候，他就会对学习产生兴趣，焕发学习的积极性及长久的动力。除了思想上认为现场急救知识是救命的知识，还要听得懂，才能继续听下去，也才会有好的效果。

2. 一流的培训师资队伍

培训的师资尽可能是常年从事一线急救工作的临床医护人员，或从事培训工作且取得急救培训师资认证的人员。培训师应具备广博的知识积累，扎实的专业基本功，丰富的临床知识和技能，超前的教学理念及科学而灵活的教学方法。既要有医学知识，又要有社会知识，不断提高授课水平。要给别人一杯水，自己必须要有一桶水。同时需要师资间的交流，优秀课件、优秀教师的评比。统一教学管理，统一教学大纲，统一质量标准，规范课件制作，逐渐将教师管理规范化、制度化。使现场急救培训工作在组织上更加细化、管理上更加严格、教学上更加规范、安排上更加科学，为培训提供良好的教学保障。

3. 不断完善培训内容和形式，提高培训质量

（1）培训人群、内容多样化。根据现场急救培训工作"初级、大众、现场"的特点，看菜吃饭，量体裁衣。在不同的场所，以不同的形式，根据不同的人群，培训不同的内容。为企业员工讲授安全生产过程中容易发生的烧伤、中毒、外伤等一般事故的现场急救技术；为社区居民讲授家庭意外伤害、煤气中毒、烧烫伤、急病防治、猝死的现场急救技术；为消防战士讲授身陷火场人员的逃生、自救、互救以及烧伤的现场急救、创伤的止血、包扎、搬运、固定等技能；为保姆讲述心肌梗塞、脑出血、心源性猝死等常见老年病的典型症状及现场急救知识，以便早期正确识别启动"生命链"系统。

（2）培训形式多样化。培训形式的多样化是为了激发大家的学习兴趣，以取得良好的培训效果。要注重理论教学与临床实践相结合，现场讲授与演练相结合，急救知识与日常生活相结合，理论教学与现场操作相结合，授课与考评相交叉。通过电视、幻灯、动画、多媒体、展板、教与学的互动，讲与练的呼应，在愉快的氛围中使急救知识得到普及。现场急救培训可以在车间、教室，也可以在广场、工地；可以集中时间学习，也可以利用业余时间学习。

（3）突出现场急救培训的科普性。急救医学是一门很深奥的学科，如果照本宣科，大多数人听不懂，也不愿意听。现场急救培训是面对公众的，培训对象的文化背景、职业都不相同，因而要突出培训的科普性。通俗而言，专业培训如同深耕地，科普培训就像锄地；专家讲座像浇地，救护知识普及像喷灌；专家做的是科研，普及知识做的是科普。

4. 现场急救知识培训的考核、复训及演练

现场急救培训的考核应以实际操作为主，重点是心肺复苏操作。作为非医务人员，平常毫无医学知识，经过十几个课时的理论学习和实际操作，很难达到运用自如的程度，并且长时间不复习、不演练、不应用就可能遗忘。解决的方法就是通过复训、急救知识和技能的演练、急救运动会、急救知识电视大奖赛、模拟事故现场演习等，理论与实践相结合，现场急救培训和救援实战相结合，增强急救知识的应用能力。每3年左右按计划进行一次复训，时间以8个课时为宜，内容主要是以徒手心肺复苏的操作为主。

第三节 现代急救医学的发展

培训知识点

一、现代救护与传统救护观念的对比

现代救护是指针对工作、生活中容易发生的危重急症、意外伤害，向普通大众普及简单的、实用的救护知识，使其掌握基本救护理念与技能，能在意外现场及时、有效地开展救护，为安全生产、健康生活、社会和谐提供必要的保障。

现代救护要求必须立足于"黄金时间"。无论是意外还是疾病，特别是触电、溺水、雷击、猝死等意外伤病，现代救护要求在现场的第一人（即"第一目击者"），用自己所掌握的现场急救知识和技能为伤患者尽早实施救护，提高伤患者的生存概率，减少伤残。

现代救护与传统救护观念的对比见表 1-2。

表 1-2 现代救护与传统救护观念的对比

传统救护观念	现代救护观念
社会及公众都认为：抢救伤患者及意外伤害完全是医务人员的事	全民都要掌握基本救护知识和技能，当危险发生时能够正确逃生、自救、互救、急救
医务人员守在医院等候伤患者的到来，对危重伤患者抬起就走，拉着伤患者就跑，医务人员充当担架员，院前急救基本是空白	急救工作由被动变主动，有危重伤患者就打 120，急救医疗服务体系（EMSS）为危重伤患者提供院前急救、急救科抢救与"ICU"救治
简单原始的救护设备：一副常规担架，及简陋的原始的医疗设备	功能齐全的救护设备，如车载呼吸机、除颤仪、监护仪、吸引器、各种功能的担架和气管插管设备。救护车到，即移动医院到（ICU 到），标志着伤患者"入院"

（续表）

传统救护观念	现代救护观念
医务人员到达前，救人的黄金时间被浪费	第一反应者及时施救，弥补了医务人员到达现场前的无效等待时间
匪警110、火警119、医疗救护120各自为政，没有统一指挥协调，对大的公共事件处置能力差	匪警110、火警119、医疗救护120联动，互相协调配合，增强了对各种灾害的处置能力
在自然灾害和事故灾害面前束手无策，紧张慌乱，不懂逃生自救、互救的方法	经过短期培训，在遇到突发事件时正确采用逃生、自救、互救和急救方法，最大限度地保护自己和他人
公众急救知识和理念淡薄，对危重伤患者不会救、不敢救、不能救，投入不足，从业人员技术水平差	急救社会化，急救实施的全民化；急救医疗器械配置的公共化；重症监护前伸至现场；全方位立体救护体系；各种危重伤患者的绿色通道的畅通；极大提高伤患者的抢救成功率
不注重个人防护，不顾个人安危，舍己救人，具有救护的热情和舍生忘死的精神，但缺乏专业的救护知识，往往是自己丢了性命，也救不了别人	注重个人防护，抢救别人的同时有效地保护好自己
只看伤病，不注重看人，不注重心理抚慰	既看伤病，同时又注重心理抚慰

二、现代急救医学发展趋势

现代急救医学发展的趋势是急救的社会化、急救实施的全民化、急救医疗器械配置的公共化和急救设施的现代多元化。

1. 急救的社会化

急救的社会化是现代急救观念的基石，充分利用各类急救资源，建立和完善贯穿整个急救服务全过程，使各个环节有效、规范地"链接"，努力实现全社会"大急救、会自救、能互救"。急救绝不单靠专业急救机构或医院来完成，联合国将每年9月第2个星期六定为世界急救日，以宣传和推动急救工作。我国也将安全、急救教育纳入义务教育范畴。

2. 急救实施的全民化

西方一位急救医学专家曾经说过，"对于一般公民来说，最大的威胁不是家里失火，也不是马路上的罪犯，而是不能在生死攸关的几分钟内得到及时的急救治疗"。由此可见，在伤者或发病现场的目击者是否掌握急救知识和技能并伸出援手，是挽救伤患者生命的一个极其重要的环节。西方国家心搏骤停抢救成功率接近 70%，而我国不到 1%。70% 的猝死发生在医院外，如果伤患者的家人、朋友作为目击者变成第一施救者，虽然只是进行简单的人工呼吸、心脏按压和创伤处理等急救方法，但在最黄金的时间里可能起到抢救生命的决定性作用。全民普及急救知识和技能，对于挽救伤患者的生命、保障人们的身体健康是非常必要的。

3. 急救医疗器械配置公共化

充分利用各种资源将自动体外电击除颤器（以下简称"自动除颤器"）、简易呼吸器等急救医疗器械如同消防器材一样配备在商场、学校、机关、车站等公共场所，配置在火车、轮船、飞机等交通工具上，操作人员既可以是医务人员，也可以是警察、老师、服务员等。如有意外发生时，在第一时间由现场目击者使用这些设备实施现场急救，就可能挽救更多的生命。

4. 急救实施的现代多元化

（1）"ICU"前伸至现场。配备有现代化监护、检验、治疗仪器的"ICU"可以由飞机、救护车、飞艇运至事故急救现场，缩短救治时间。汶川大地震在抢救现场就有部队的"ICU"治疗单位，人到"ICU"到，车到"移动医院"到。

（2）立体救援。建立水、陆、空通道实施急救，通过远程会诊系统，请著名的急救医学专家给急危重的伤患者会诊，指导治疗，构筑全方位、立体化、多层次和综合性的急救诊疗体系。汶川大地震中道路下陷、桥梁断裂、垮塌，伤患者急救就是通过空中、水路等进行的。

第二章

初期心肺复苏

第一节　心肺复苏的概念及意义

培训知识点

一、心肺复苏的基本概念

（一）心脏骤停

心脏骤停是指心脏射血功能的突然停止，从而引发一系列临床综合征。心脏骤停发生后，由于血液循环的停止，脑血流量突然减少，导致意识突然丧失，伴有局部或全身性的抽搐。心脏骤停刚发生时脑中尚存少量含氧的血液，可短暂刺激呼吸中枢，出现呼吸断续，呈叹息样或短促痉挛性呼吸，随后呼吸停止。皮肤苍白或发绀，瞳孔放大。由于尿道括约肌和肛门括约肌松弛，可出现二便失禁。全身各个脏器的血液供应在数十秒钟内完全中断，迅即使患者处于临床死亡阶段。如果在数分钟内得不到正确、有效的抢救，病情将进展至不可逆转的生物学死亡。从心脏骤停至发生生物学死亡时间的长短取决于原发病的性质，以及心脏骤停后复苏开始的时间。心脏骤停发生后，大部分伤患者将在 4～6min 内开始发生不可逆脑损害，随后经数分钟过渡到生物学死亡。心脏骤停包括心搏骤停和心脏停搏两种情况。

1. 心搏骤停

心搏骤停是指伤患者的心脏在出乎预料的情况下，突然停止搏动，在瞬间丧失了有效的泵血功能，从而引发一系列临床综合征。

心搏骤停发生后，由于血液循环的停止，全身各个脏器的血液供应在数十秒钟内完全中断，迅即使患者处于临床死亡阶段。如果在数分钟内得不到正确、有效的抢救，病情将进展至不可逆转的生物学死亡，伤患者生还希望渺茫。

2. 心脏停搏

心脏停搏是指在一些消耗性疾病的晚期，全身各脏器都严重衰竭，是疾病终末期，心脏停止搏动。

心脏停搏与心搏骤停的区别是：

（1）发病原因不同。心脏停搏是各种慢性、消耗性疾病的终末期，患者身体条件差；心搏骤停是心脏出乎意料地突然停止搏动，伤患者身体基础好。

（2）抢救意义不同。心脏停搏前全身各脏器都已衰竭，抢救只是道义上的，具有安慰性、演示性。心搏骤停前身体基础好，抢救成功对社会、家庭具有重大意义。

（3）抢救结果不同。心脏停搏后，心肺复苏大部分不成功，个别成功者也只是短时延长生命时间；心搏骤停后，尽早心肺复苏大部分会成功，部分成功者可不留后遗症，能正常生活。

（二）心脏性猝死

心脏性猝死是指急性症状发作后在 1h 内发生的以意识突然丧失为特征的，由心脏原因引起的自然死亡。病人可能平素身体"健康"或病情稳定，出乎预料地因心脏疾病突然死亡。顾名思义心脏性猝死是患者因病猝然死亡。无论是患者还是其家属都始料不及，这是该病的可怕之处。在人的一生中心脏性猝死有两个高峰期，一是出生后 6 个月，二是 45 ~ 75 岁。

心搏骤停与心脏性猝死的区别是：

（1）因果关系不同。心脏性猝死是心搏骤停的多数结果，但不是唯一结果。小部分心搏骤停伤患者经心肺复苏后能成活或成为正常人。

（2）病因不同。心脏性猝死是因疾病死亡；心搏骤停可因病、创伤、中毒、电解质紊乱等发生。

（3）心搏骤停讲述一种状态，是一个阶段性诊断；心脏性猝死讲述一种结果，是一个终结性诊断。

（4）心脏性猝死是唯一能预防但不能被治疗的疾病，反之能够被治疗的甚至被治愈的疾病都不是心脏性猝死；心搏骤停是一种可以改变病程发展方向，能够被治疗或被治愈的疾病。

（三）心肺复苏

1. 心肺复苏的定义

心肺复苏（CPR）是针对呼吸、心跳停止的急危重症伤患者所采取的抢救关键措施，也就是先用人工的方法代替呼吸、循环系统的功能（采用人工呼吸代替自主呼吸，利用胸外按压形成暂时的人工循环），快速电除颤转复心室颤动，然后再进一步采取措施，重新恢复自主呼吸与循环，从而保证中枢神经系统的代谢活动，维持正常生理功能。

心肺复苏特别适合各种意外伤害（如触电、溺水、中毒等）导致的呼吸、心搏骤停以及各种急病突发导致的呼吸、心搏骤停的急救。

2. 初期心肺复苏

医学上将心肺复苏分为三期。一期是基础生命支持或初期心肺复苏，简称BLS，包括徒手心肺复苏和除颤。二期是高级生命支持或后期心肺复苏，简称ALS，包括高级气道建立和复苏药物。三期是延续生命支持或复苏后治疗，简称PLS，主要解决脑死亡问题。一期是非专业人员应该熟练掌握的，而后两期一般需由专业人员操作完成。

初期心肺复苏是所有急救技术中最基本的救命技术，它不需要高深的理论和复杂的仪器设备，也不需要复杂技艺，只要一双手，按照规范化要求去做，就可能使危重伤患者起死回生。

（1）徒手心肺复苏。徒手心肺复苏包括生命体征的判断和及时呼救，胸外心脏按压，开放气道和人工呼吸。

（2）除颤。在医学上，除颤通常是指利用除颤器对心脏放电的方式终止心房颤动的操作，包括自动体外除颤器除颤和非自动体外除颤器除颤。前者非专业人员可以经短期培训后熟练掌握，后者则需要专业医务人员操作。

本书仅介绍徒手心肺复苏和自动体外除颤器除颤。

二、心肺复苏的意义

世界上所有生命体都会面临着两个基本的问题：衰老和死亡。人类也不例外。一个人从他出生的那一刻起，就注定要一步步迈向死亡。因此，死亡是每个人都无法回避的客观规律，同时人类对死亡的恐惧也是与生俱来的。纵观中外医学历史，我们不难发现为了逃避死亡的威胁，人类从未停止过探索的脚步，特别是在濒临死亡的危急关头，使用一切手段挽救生命、延长生命早已成为人类科技探索的重要方向。经过漫漫的历史长河，人类终于从原始祈求神灵庇护的巫术发展到了现代高科技的全新医学模式，从早期通过迷信来麻木人的思想、被动地试图摆脱病痛的折磨，到现在利用一切科学技术手段因病施治、主动征服病痛对人类的死亡威胁，可以说是人类思想意识上的巨大进步。而心肺复苏术正是人类千百年来探索经验和智慧的结晶，其目的就是试图让伤患者从"死亡"的边缘起死回生。

现代心肺复苏术从20世纪60年代初建立，经过不断完善，推广到现在已经走过了60多年的历程，它所取得的成绩是巨大的。仅美国和欧洲每天平均有1000多位呼吸、心搏骤停的伤患者被成功抢救。这项技术，不需要任何仪器设备，可以在任一时间、任一地点，仅仅依靠一双经过急救培训过的手，就可以救人一命。对普通人来说它只是一项急救技能，但是，有了这一技能，就可以实现自己救助他人的伟大而崇高的人生价值。实践也证明，在呼吸、心跳停止的危急关头，心肺复苏术确实是行之有效的挽救生命的重要手段之一。

通常在常温情况下，人的心脏停止跳动后，3s后伤患者就会因脑缺氧而感到头晕；10～20s即发生昏厥、丧失意识；30～40s会瞳孔散大；40s左右会出现抽搐；60s后呼吸停止、大小便失禁；4min后脑细胞会发生不可逆转的损害，无法再生；10min 后，脑组织大部分死亡。如果在人的心脏停止跳动后 1min 内进行心肺复苏，存活率高于 90%；4min 内进行心肺复苏，存活率为 50%；4～6min 内开始进行心肺复苏，存活率为 10%；6min 后心肺复苏，存活率仅为 4%；而 10min 后开始心肺复苏，存活率微乎其微。因此，时间就是心搏骤停者的生命。

心搏骤停者大部分发生在医院外，而黄金抢救时间只有短短的 4min。按目前国内院前急救医疗的实际情况，即便是在大城市救护车也很难在"黄金时间"的最后一刻到达。这就要求"第一目击者"具备简单、实用、有效的急救技术，尤其是心肺复苏术，才能在危重伤病发生时最大限度地保护生命、挽救生命。

因此，心肺复苏术是一项救命的技术，是一项行之有效的急救方法。

第二节　徒手心肺复苏

培训目标

1. 熟练掌握生命体征的判断和及时呼救的方法及其注意事项。

2. 熟练掌握胸外心脏按压的方法及其注意事项。

3. 熟练掌握开放气道的方法及其注意事项。

4. 熟练掌握人工呼吸的原理、方法及其注意事项。

5. 熟练掌握单人和双人徒手心肺复苏的操作步骤和流程。

6. 熟知心肺复苏的有效指标。

7. 熟知心肺复苏时伤患者转移的要求。

8. 熟知心肺复苏终止的条件。

培训知识点

一、徒手心肺复苏的基本操作方法

（一）生命体征的判断和及时呼救

生命体征的判断和及时呼救，即立即识别和启动急救反应系统，包括判断伤患者有无意识和及时呼救。

1. 判断伤患者有无意识

如发现有人跌倒，急救者在确认现场安全的情况下轻拍其双肩，在双耳边高声呼喊："喂！你怎么了？"或"你还好吗？"或直接呼喊其名字，看其有无反应。如果没有任何反应，说明其意识丧失。无反应时，立即用手指甲掐压人中穴（如图 2-1 所示）、合谷穴（如图 2-2 所示）约 5s。判断意识时应注意以下几点：

（1）判断有无意识的时间应在 10s 以内完成。

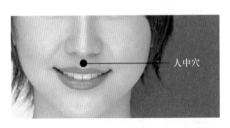
图2-1　人中穴

图2-2　合谷穴

（2）伤患者如出现眼球活动、四肢活动及疼痛感后，应即停止掐压穴位。

（3）拍打肩部不可用力太重，以防加重可能存在的骨折等损伤。

2. 及时呼救

一旦确定伤患者意识丧失，应立即向周围人员大声呼救："来人啊！救命啊"！一边派人拨打120急救电话，一边进行紧急施救，或边拨打电话边紧急施救。呼救时应注意以下几点：

（1）一定要呼叫其他人来帮忙，因为一个人做心肺复苏不可能坚持较长时间，而且劳累后动作容易走样。

（2）拨打急救电话时要注意：①在电话中应向医生讲清伤患者的确切地点、出事原因、联系人及联系方法（如电话号码）、行驶路线；②简要说明伤患者的受伤情况、症状等，并询问清楚在救护车到来之前，应该做些什么；③派人到路口准备迎候救护人员。

（二）胸外心脏按压

胸外心脏按压（也称体外心脏按压，以下简称"胸外按压"）是建立人工循环的方法之一。它是采用人工机械的强制作用，迫使心脏有节律地收缩，从而恢复心跳、恢复血液循环并逐步恢复正常心脏跳动的操作。

1. 按压体位

（1）按压时伤患者的体位。正确的抢救体位是仰卧位。伤患者头、颈、躯干平卧无扭曲，双手放于两侧躯干旁，如图2-3所示。将伤患者仰卧于平坦坚实的地方，头颈与躯干保持一条线，头部不能高于心脏的水平线，双上肢置于

图 2-3　按压时伤患者体位

躯干两侧。当伤患者卧于软床上时，为防止心脏按压时所施压力被软床的弹性部分所抵消，应在伤患者背部垫一块硬板（木板、塑料板等）。摆正伤患者的体位时应注意以下几点：

1）如伤患者摔倒时面部向下，应在呼救同时小心将其转动，应将伤患者翻转为仰卧位，即心肺复苏体位，以便于检查呼吸。翻转时，应保持伤患者的头颈和脊柱成一直线。对怀疑有脊柱损伤的伤患者应保持其原体位不动。翻转操作方法是：①施救者位于伤患者一侧，一手保护肩部，另一手握住腕部，将其双上肢向上伸直，如图 2-4（a）（b）所示。②将远离施救者的小腿搭在近侧腿上，如图 2-4（c）所示。③一只手保护伤患者头颈部，另一只手插入其腋下至前胸，用前臂夹住伤患者的躯干，如图 2-4（d）所示，将其身体向施救者方向翻转，使伤患者成仰卧位，如图 2-4（e）所示。④再将伤患者双上肢置于身体的两侧，如图 2-4（f）（g）所示。

（a）　　　　　　　（b）　　　　　　　（c）

（d）　　　　　（e）　　　　　（f）　　　　　（g）

图 2-4　将俯卧者翻转为仰卧位的步骤

（a）将伤患者左肢向上伸直；（b）将伤患者右肢向上伸直；（c）将伤患者远离施救者的小腿搭在近侧腿上；（d）用前臂夹住伤患者的躯干；（e）将伤患者翻转至仰卧位；（f）将伤患者左上肢置于身体左侧；（g）将伤患者右上肢置于身体右侧

2）抢救者跪于伤患者肩颈侧旁（一般为右侧），拉直伤患者双腿，注意保护其颈部。

3）抢救时需要解开伤患者上衣，暴露胸部（或仅留内衣），冷天要注意使其保暖。

（2）现场施救者的体位。现场施救者站立或跪于伤患者一侧（一般选择在伤患者的右侧），如图2-5所示。

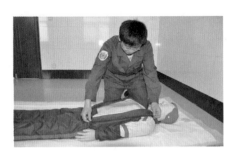

图2-5　现场施救者的体位

2. 按压位置及体表定位方法

（1）按压位置。按压位置正确与否，是保证胸外按压实施效果的主要前提，也是防止胸肋骨骨折和各种按压并发症的基础。不同人群的按压位置是：

1）成人和儿童。成人和儿童（1～14岁）的按压位置为胸骨中、下1/3段交界处，如图2-6（a）所示。

2）成年男性。成年男性两乳头连线中点（即胸骨部）即为按压位置，如图2-6（a）所示。

3）婴儿（1岁以下）。婴儿（1岁以下）按压位置为两乳头连线的中点略偏下一点。

（2）体表定位方法。施救者一只手无名指沿一侧肋骨最下缘，向中线滑动至两侧肋弓交汇点（胸骨下窝，俗称心口窝），无名指定位于下切迹，如图2-7（a）所示；食指与中指并拢、伸直，紧贴无名指上方（即两横指），食指上方的胸骨正中间部位即按压部位；另一只手掌根部拇指边缘紧贴第一只手的食指边沿并排平放于胸骨，使手掌根部横轴与胸骨长轴重合，如图2-7（b）所示。

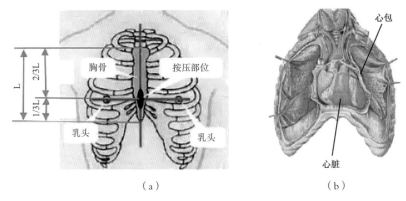

（a）　　　　　　　　　　　（b）

图2-6　胸外按压的体表部位与心脏解剖位置

（a）胸外按压的体表部位；（b）心脏解剖位置

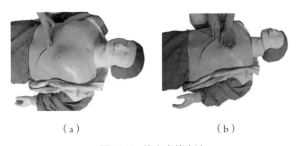

（a）　　　　　　　　　　　（b）

图2-7　体表定位方法

（a）右手动作；（b）左手动作

3. 按压手法

（1）成人。定位之手从下切迹移开，叠放在另一手的手背上，双手掌根重叠，十指相扣；紧贴胸壁的手，手指伸直并向上翘起，掌根接触胸壁，如图2-8所示。

图2-8　成人胸外按压手法

（2）儿童。1～14岁儿童，根据体型选用单手或双手，双手按压手法同成人，单手按压手法如图2-9所示。

（3）婴儿。1岁以下婴儿，单手操作用两个手指按压；双手操作用两个拇指按压并挤压胸廓。

4. 按压姿势

施救者双臂伸直与地面垂直，利用上半身质量与腰背肌力量，以髋关节为支点将伤患者胸骨垂直向下用力按压，如图2-10所示。按压要平稳，有规律地进行，中间不能间断；下压与放松的时间应基本相等；在按压间隙，施救者双手应稍离开患者胸壁，以免妨碍伤患者胸壁回弹。

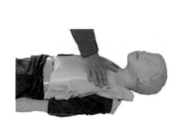

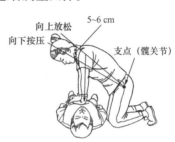

图2-9　儿童单手胸外按压手法　　　图2-10　胸外按压姿势

5. 按压要求

（1）按压的速率。成人、儿童、婴幼儿均为100～120次/min。

（2）按压的深度。成人和青少年，按压深度为5～6cm；1岁至青春期儿童，按压深度至少为胸部前后径的1/3，大约为5cm；不足1岁婴幼儿（新生儿除外），按压深度至少为胸部前后径的1/3，大约为4cm。

（3）按压次数与人工呼吸次数的比例。成人及婴幼儿均为30：2。

（4）按压有效的标志。①能触摸到颈动脉搏动；②伤患者面部皮肤颜色由苍白或紫绀变红；③散大的瞳孔缩小。

6. 按压常见的错误

（1）按压定位不准确。按压位置过高，会使按压失效，如图2-11（a）所示。按压位置过低容易使剑突受压、折断而致肝脏破裂；向两侧按压容易造成肋骨或肋软骨骨折，导致气胸、血胸。

（2）按压手法不正确。按压时双手掌根未重叠放置、未十指相扣，而是交叉放置或平行放置，如图2-11（b）所示，这样容易造成按压放松时施救者的手离开了伤患者的胸部，再次按压时形成冲击式按压，可能造成伤患者胸部创伤，同时再次按压时按压部位容易移位；按压时，除掌根部贴在胸骨外，手指未翘起，压在胸壁上，这样不利于胸廓回弹且容易引起肋骨骨折。

（3）按压姿势不正确。按压用力方向不是垂直向下，如图2-12（a）所示，致使一部分按压力量丢失，导致按压深度不足或按压无效甚至肋软骨骨折，特别是摇摆式按压，容易造成胸外按压无效，且更容易出现严重并发症；按压时肘部弯曲，如图2-12（b）所示，因而用力不够，导致按压力量不够、深度不足；按压放松时，未能使胸部充分松弛回弹，胸部仍承受压力使血液回到心脏受阻；按压放松时抬手离开胸骨定位点，造成下次按压位置错误。

（4）按压深度不正确。按压用力过大或过小，造成按压深度过深或过浅。按压过深易造成肋骨骨折，过浅则起不到按压效果。

（5）按压速率不正确。按压速率过于缓慢则无法建立足够有效的人工循环；按压速率不自主地加快或减慢，也会影响按压效果。

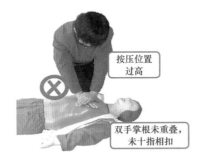

图2-11　胸外按压常见错误（1）

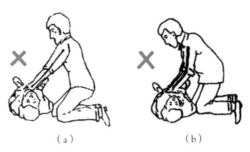

图2-12　胸外按压常见错误（2）

（a）按压用力不垂直向下；（b）手臂弯曲

7. 按压并发症与禁忌症

（1）按压并发症主要包括：

1）肋骨骨折、胸骨骨折、内软骨损伤，造成胸壁不稳定。

2）肺损伤出血、气胸、血胸、皮下气肿。

3）内脏损伤，如肝、脾、肾或胰脏的损伤。

4）心血管系统的损伤。主要是发生心包填塞，心脏起搏器或者人工瓣膜损坏或者脱落、心律不齐、心室纤颤。

5）栓塞症。主要是血栓、脂肪栓塞等。

6）胃内容物反流。

（2）按压禁忌症主要包括：

1）伤患者有胸廓畸形、胸廓开放性损伤，如肋骨骨折、连枷胸等，不可实行心肺复苏，以免骨折断端戳入心脏导致死亡。

2）伤患者本身患有心包积液、心包填塞、血气胸等疾病，不可行胸外按压，避免加重病情。

3）患者心跳、呼吸均存在，不需要施行心肺复苏；正常人当然不能进行心脏按压。

4）患者明确有多个重要器官衰竭，如心脏、脑、肺部、肾脏等多器官功能衰竭且损伤已不可逆者，瞳孔明显散大者，没有进行按压的必要。

（三）开放气道

当伤患者在遭受意外伤害时，会发生气道阻塞现象，如图 2-13（a）所示。保持呼吸道通畅至关重要，是一切救治的基础。伤患者鼻咽腔和气管可能被大块食物、假牙、血块、泥土、呕吐物等异物堵塞，或被痰液堵塞，或昏迷后舌后坠堵塞等，均可导致呼吸道完全或部分阻塞，造成窒息，施救者应立即根据现场情况，选择不同的方法进行通气，恢复或保持伤患者的呼吸道畅通，如图 2-13（b）所示。

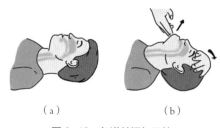

（a） （b）

图 2-13 气道关闭与开放
（a）气道关闭；（b）气道开放

1. 清理呼吸道异物

清理呼吸道异物的方法主要有以下三种：

（1）手指清除法。先将伤患者的头转向施救者一侧，施救者用手清除口腔中的固体异物或液体分泌物。清除时，施救者用食指与中指并拢，从伤患者的上口角伸向后磨牙，在后磨牙的间隙伸到舌根部，沿舌的方向往外清理，使分泌物从下口角流出，如图2-14所示。操作时切记：①手指不要从正中间插入，以免将异物推向更深处；②清掏异物时注意要将头部侧转90°，以免异物再次注入气道；③严禁头成仰起状清理异物。

（2）击背法。使伤患者上半身前倾或半卧位，施救者一手支撑其胸骨前，用另一手掌猛击其背部两肩胛骨之间，促其咳嗽将上呼吸道的堵塞物咯出，如图2-15所示。

图2-14　手指清除法　　　　图2-15　击背法

（3）腹部冲击法。腹部冲击法属于海式手法，是海姆立克急救法的简称，广泛用于异物堵塞呼吸道导致的呼吸停止。其原理是利用冲击伤患者上腹部和膈肌下软组织产生的压力，压迫两肺部下方，使肺部残留的气体形成一股强大的气流，把堵塞在气管或咽喉的异物冲击出来。

根据伤患者实际情况，腹部冲击法的具体操作方法稍有差异。

1）自救腹部冲击法。自救腹部冲击法适用于伤患者处于气道阻塞，神志清醒，具有自救技能，且现场无人帮助的场合。具体操作方法是：一手握成空拳，拳眼放在肚脐上两横指处；另一只手包住空心拳，两手同时快速向上向内冲击上腹部。重复以上手法及动作直到异物排出，如图2-16（a）所示。或稍稍弯下腰去，靠在一固定的水平物体（如椅子靠背）上，以物体边缘压迫上腹部，快速向上冲击。重复之，直到异物排出，如图2-16（b）所示。

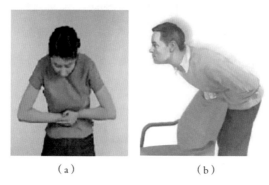

（a） （b）

图2-16 自救腹部冲击法

（a）操作方法之一；（b）操作方法之二

2）立位腹部冲击法。立位腹部冲击法适用于尚清醒的伤患者。具体操作方法是：施救者站在伤患者背后，用两手臂环绕伤患者的腰部，用前述"自救腹部冲击法"的握拳方法快速向上向内冲击伤患者的上腹部。重复以上手法及动作，直到异物排出，如图2-17所示。或施救者站在伤患者背后，用双手臂环抱伤患者上腹部，将伤患者提起，使其上半身垂俯，用力压腹，促使上呼吸道堵塞物吐出、咯出。

3）仰卧式腹部冲击法。仰卧式腹部冲击法适用于昏迷伤患者。具体操作方法是：将伤患者仰卧在地，施救者一只手的掌根放在伤患者肚脐上方两横指

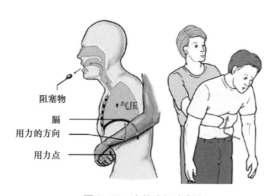

阻塞物

气压

膈

用力的方向

用力点

图2-17 立位腹部冲击法

处，但不能接触心窝；另一只手放在第一只手背上，双手重叠，快速向上向内冲击伤患者的上腹部。重复以上手法及动作，直到异物排出，如图2-18所示。

4）儿童腹部冲击法。如果伤患者是3岁以下的孩子，施救者应马上把孩子抱起来，一只手捏住孩子颧骨两侧，手臂贴着孩子的前胸，另一只手托住孩子后颈部，让其脸朝下，趴在施救者膝盖上。然后，在孩子背上拍1~5次，并观察孩子是否将异物吐出，如图2-19（a）所示。

如果通过上述操作异物没出来，可以采取另外一个姿势，把孩子翻过来，躺在坚硬的地面或床板上，施救者跪下或立于其足侧，或取坐位，并使患儿骑在施救者的大腿上，面朝前。施救者以两手的中指或食指，放在患儿胸廓下和脐上的腹部，快速向上冲击压迫，但要很轻柔，如图2-19（b）所示。重复之，直至异物排出。

对于极度肥胖及怀孕后期发生呼吸道异物堵塞者，应当采用胸部冲击法，姿势不变，只是将左手的虎口贴在患者胸骨下端即可。注意不要偏向胸骨，以免造成肋骨骨折。

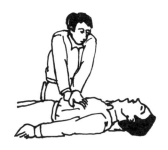

图2-18　仰卧式腹部冲击法

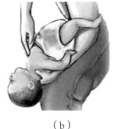

（a）　　　　　　　　　　（b）

图2-19　儿童腹部冲击法
（a）操作方法之一；（b）操作方法之二

2. 开放气道

（1）开放气道的方法。当发现伤患者呼吸微弱或停止时，应立即通畅伤患者的气道以促进伤患者呼吸或便于抢救。开放气道的方法主要有以下几种：

1）仰头提颏法。又称仰头举颏法。施救者用左手小鱼际置于伤患者额部并下压，右手的食指与中指置于下颌骨近下颏或下颌角处，抬起下颏（颌），使头后仰，畅通气道，如图 2-20 所示。

2）仰头托颌法。施救者在伤患者头部，双手分别放在伤患者两下颌角处，向上托起下颌，使头后仰，两拇指放在嘴角两侧，向前推动下唇，让闭合的嘴打开，畅通气道，如图 2-21 所示。

图 2-20　仰头提颏法开放气道　　图 2-21　仰头托颌法开放气道

3）仰头抬颈法。施救者用左手小鱼际置于额部并下压，右手放在伤患者颈部下面，上抬颈部，使口角和耳垂的连线和地面垂直，畅通气道，如图 2-22 所示。

4）垫肩法。施救者将枕头或同类物置于仰卧伤患者的双肩下，利用重力作用使伤患者头部自然后仰（头部与躯干的交角应小于 120°），从而拉直下附的舌咽部肌肉，使呼吸道通畅，如图 2-23 所示。但颈椎损伤患者禁用此法。垫肩法是现场复苏中开放呼吸道最简单易学的一种手法，操作简便。

5）稳定侧卧法。当伤患者多，救护者缺乏，伤患者昏迷而有呼吸者可用此法。伤患者靠近抢救者一侧腿弯曲，如图 2-24（a）所示；伤患者同侧手臂置于臀部下方，如图 2-24（b）所示；抢救者轻柔缓慢将伤患者转向抢救者，如图 2-24（c）所示；伤患者位于上方的手置于脸颊下方，下方手臂置于背后，

图 2-22　仰头抬颈法开放气道　　图 2-23　垫肩法开放气道

如图 2-24（d）所示。

图 2-24　稳定侧卧法开放气道
（a）靠近抢救者一侧腿弯曲；（b）同侧手臂置于臀部下方；
（c）缓慢将患者转向抢救者；（d）上手置于脸颊下方，下手臂置于背后

6）环甲膜穿刺法。呼吸道梗阻用其他方法不能缓解时，环甲膜穿刺是开放气道的急救措施。环甲膜位于甲状软骨和环状软骨之间，前无坚硬遮挡组织（仅有柔软的甲状腺通过），后通气管，它仅为一层薄膜，周围无要害部位，因此利于穿刺。如果自己寻找，可以低头，然后沿喉结最突出处向下轻轻地摸，在 2~3cm 处有一如黄豆大小的凹陷，此处即为环甲膜位置所在。操作时，伤患者呈仰卧位，头后仰，局部消毒后，施救者用食指和拇指固定环状软骨两侧，以一粗注射针垂直刺入环甲膜。由于环甲膜后为中空的气管，因此刺穿后有落空感，施救者会觉得阻力突然消失。接着回抽，如有空气抽出，则穿刺成功，如图 2-25 所示。穿刺后，伤患者可有咳嗽等刺激症状，随即呼吸道梗阻的症状缓解。

图 2-25　环甲膜穿刺法开放气道

（2）开放气道注意事项。开放气道时，应注意以下几点：

1）严禁用枕头等物垫在伤患者头下。

2）有活动的假牙应取出。

3）手指不要压迫伤患者颈前部、颏下软组织，以防压迫气道。

4）不要压迫伤患者的颈部。

5）颈部上抬时不要过度伸展，避免颈椎损伤。

6）儿童颈部极易弯曲，过度抬颈反而使气道闭塞，故不要过度抬颈牵拉。

7）成人头部后仰程度为90°，儿童头部后仰程度应为60°，婴儿头部后仰程度应为30°。

3. 判断呼吸与脉搏

（1）判断伤患者有无呼吸。在通畅呼吸道之后，由于气道通畅可以明确判断呼吸是否存在。判断的方法是：维持开放气道位置，用耳贴近伤患者口鼻，头部侧向伤患者胸部，眼睛观察其胸有无起伏；面部感觉伤患者呼吸道有无气体排出；或耳听呼吸道有无气流通过的声音，如图2-26所示。

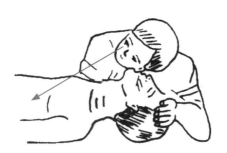

图2-26　判断患者呼吸

判断伤患者有无呼吸时应注意以下几点：

1）保持气道开放位置。

2）观察5s左右时间。

3）有呼吸者，注意保持气道通畅。

4）无呼吸者，立即进行口对口人工呼吸。

（2）判断伤患者有无脉搏。在检查伤患者的意识、呼吸、气道之后，应对伤患者的脉搏进行检查,以判断伤患者的心脏跳动情况。具体方法是:在开放气道的位置下,一手置于伤患者前额,使头部保持后仰,另一手在靠近抢救者一侧触摸颈动脉;用食指及中指指尖先触及气管正中部位,男性可先触及喉结,然后向两侧滑移 2～3cm,在气管旁软组织处轻轻触摸颈动脉搏动,如图2-27 所示。

判断伤患者有无脉搏时应注意以下几点:

1)触摸颈动脉不能用力过大,以免推移颈动脉,妨碍触及。

2)不要同时触摸两侧颈动脉,以防造成头部供血中断。

3)不要压迫气管,以防造成呼吸道阻塞。

4)判断时间不要超过 5s。

5)若未触及搏动,说明心跳已停止,或触摸位置有错误。

6)如无意识,无呼吸,瞳孔散大,面色紫绀或苍白,再加上触不到脉搏,可以判定心跳已经停止。

7)婴、幼儿因颈部肥胖,颈动脉不易触及,可检查肱动脉。肱动脉位于上臂内侧腋窝和肘关节之间的中点,如图 2-28 所示。用食指和中指轻压在内侧,即可感觉到脉搏。

图 2-27 判断患者颈动脉搏动

图 2-28 肱动脉

(四)人工呼吸

1. 人工呼吸的原理

呼吸是维持生命的重要功能。如果停止呼吸,人体内就会失去氧的供应,体内的二氧化碳也排不出去,很快就会导致死亡。人的大脑细胞对缺氧特别敏感，缺氧 4~6min 就会造成脑细胞损伤；缺氧超过 10min，脑组织就会发生不可逆的损伤。因此，呼吸停止后，应首先给伤患者吹两口气，以扩张肺组织，利于气体交换。正常人吸入的空气的含氧量为 21%，肺吸收 20% 氧气，其余80% 氧气按原路呼出，因此正常给伤患者吹气时，只要吹出的气量较多，则进入伤患者的氧气量可达 16%，基本上是够用的。

2. 人工呼吸的方法

人工呼吸一般采用口对口和口对鼻呼吸法，即捏住伤患者的鼻子向伤患者的口腔内吹气或闭拢伤患者的口唇向伤患者的鼻孔内吹气，如图 2-29 所示。

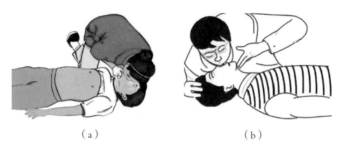

（a）　　　　　　　　　　　（b）

图 2-29　人工呼吸

（a）口对口人工呼吸；（b）口对鼻人工呼吸

（1）口对口人工呼吸。口对口人工呼吸的步骤为：

1）头部后仰。如图 2-30（a）所示，让伤患者头部尽量后仰、鼻孔朝天，以保持呼吸道畅通，避免舌下坠导致呼吸道梗阻。

2）捏鼻掰嘴。如图 2-30（b）所示，施救者跪在伤患者头部的侧面，用放在前额上的手指捏紧其鼻孔，以防止气体从伤患者鼻孔逸出；另一只手的拇指和食指将其下颌拉向前下方，使嘴巴张开，准备接受吹气。

3）贴嘴吹气。如图 2-30（c）所示，施救者深吸一口气屏住，用自己的嘴唇包裹伤患者的嘴，在不漏气的情况下，连续做两次大口吹气，每次吹气时间大于 1s，同时观察伤患者胸部起伏情况，以胸部有明显起伏为宜。如无起伏，说明气未吹进。

4）放松换气。如图 2-30（d）所示，吹完气后，施救者的口立即离开伤患

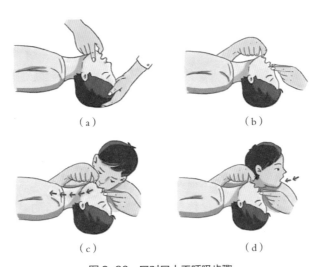

图 2-30　口对口人工呼吸步骤

（a）头部后仰；（b）捏鼻掰嘴；（c）贴嘴吹气；（d）放松换气

者的口，头稍抬起，耳朵轻轻滑过鼻孔，捏鼻子的手立即放松，让伤患者自动呼气。观察伤患者胸部向下恢复时，则有气流从伤患者口腔排出。

若只做人工呼吸，抢救一开始的首次连续吹气两口气，每次吹气时间大于 1s；以后，每隔约 5s 吹一次气，依次不断，一直到呼吸恢复正常。每分钟吹 12 ~ 16 口气，最多不得超过 16 口气。

（2）口对鼻人工呼吸。当伤患者牙关紧闭不能张口，或者口腔严重外伤，以及各种原因造成难以达到施救者与伤患者的口唇密闭进行口对口吹气的情况时，用口对鼻人工呼吸的方式进行人工呼吸。其操作方法是：施救者一手置于伤患者额上并稍微施压使其头部后仰，另一手抬举伤患者的下颌，同时封闭伤患者的口唇，施救者深吸一口气将口唇包住伤患者的鼻子，用力并徐缓向其鼻腔吹气，吹气动作完成离开鼻腔，让其被动呼气。其他要求与口对口人工呼吸相同。

3. 人工呼吸的注意事项

（1）呼吸停止或呼吸微弱时，则要求迅速进行人工呼吸。即便是施救者没有把握确认伤患者的呼吸是否停止，也应该进行人工呼吸。

（2）不管是采用哪种人工呼吸的方法，实际上都是人工向肺内吹气，这就要求每一次都能将气体吹入伤患者肺内，从而使肺能充分膨胀。因此，施救者的口必须完全包裹伤患者的口或鼻或气管瘘口，以制造密闭的空间不漏气。

（3）每次吹气量不要过大，约600ml，大于1200ml会因通气量过大导致急性胃扩张。儿童伤患者需视年龄不同而异，其吹气量约为500ml，以胸廓能上抬时为宜。

（4）吹气时不要按压胸部。

（5）因婴幼儿韧带、肌肉松弛，故头不可过度后仰，以免气管受压，影响气道通畅。可用一手托颈，以保持气道平直。另外，婴幼儿口鼻开口均较小，位置又很靠近，施救者可用口贴住婴幼儿口与鼻的开口处，施行口对口鼻人工呼吸，如图2-31所示。

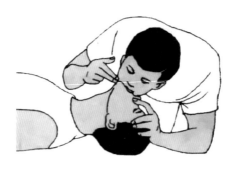

图2-31 婴儿口对口鼻人工呼吸

二、徒手心肺复苏操作流程

徒手心肺复苏的操作分为单人和双人操作。单人心肺复苏指一个人单独完成心脏按压和人工呼吸等心肺复苏急救全过程。双人心肺复苏指两人相互配合，同时进行心肺复苏，即一人进行心脏按压，一人进行人工呼吸。两种操作内容和要求是一样的，只是双人心肺复苏需要两人相互配合但比单人心肺复苏节省体力，当现场抢救人员充足时，双人心肺复苏更容易达到预期效果。

（一）成人单人徒手心肺复苏操作流程

1. 确认现场环境安全

施救环境必须是安全的。周围无高空坠物、塔防坠石、人身触电、交通事故等危及施救者和伤患者安全的危险源。

2.迅速判断意识

呼唤双耳、轻拍双肩，问"喂！你怎么了？"伤患者无反应，确认伤患者意识丧失。

3.呼叫救援

发现伤患者无反应后立即请求周围人援助，高声呼救："快来人啊，有人晕倒了！"或"来人啊，救命啊！"或"准备抢救仪！除颤仪！"，接着拨打120急救电话。

4.判断颈动脉搏动及呼吸

施救者食指和中指指尖触及伤患者气管正中环状软骨位置（相当于喉结的部位），向侧方滑动至近侧胸锁乳突肌前缘凹陷处，默念1001、1002、1003、1004、1005，判断有无颈动脉搏动，同时通过看、听和感觉来判断伤患者有无呼吸，判断时间为5~10s。若伤患者无意识、无呼吸、无循环体征，立即进行心肺复苏。

5.摆放体位

检查伤患者体位是否正常，摆正伤患者体位，将伤患者置于仰卧位，并放在地上或硬板上。松解伤患者衣领和裤腰带。

6.胸外心脏按压

在两乳头连线的中点（胸骨中下1/3处），用左手掌紧贴伤患者的胸部，两手重叠，左手五指翘起，双臂伸直，用上身的力量，以100~120次/min的频率进行胸外心脏按压30次，按压深度5~6cm，每次按压后胸廓完全弹回，保证按压与抬起时间基本相等。

7.开放气道

将伤患者头偏向施救者一侧，观察并清除口、鼻腔异物、假牙，以压额提颌法（也称仰头抬颌法）开放气道。如伤患者有颈椎损伤可能，可用托颌法开放气道。

8. 人工呼吸

如无呼吸，立即口对口吹气两口。如有脉搏，表明心脏尚未停跳，可仅做人工呼吸，频率为 12 ~ 16 次 /min、每次吹气量约为 600ml。如无脉搏，立即在正确定位下在胸外按压位置区叩击 1 ~ 2 次。叩击后再次判断有无脉搏，如有脉搏即表明心跳已经恢复，可仅做人工呼吸即可。如无脉搏，立即在正确的位置进行胸外按压，不能耽误时间。

2min 内按照心脏按压次数：人工呼吸次数 =30：2 的比例进行 5 个循环，完成 1 个按压周期。即按压 30 次，再吹气 2 次为 1 个循环，如此进行 5 个循环为 1 个按压周期。以心脏按压开始，吹气结束，如图 2-32 所示。

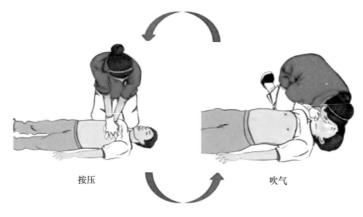

按压　　　　　　　　　　　　吹气

图 2-32　心肺复苏一个循环

9. 判断复苏是否有效

听伤患者是否有呼吸声音，同时触摸是否有颈动脉搏动。检查、判断在 10s 内完成。

10. 结束工作

将伤患者衣服整理好，扣好扣子并由仰卧位翻转为复苏体位，洗手记录。尽早除颤，进一步进行高级生命支持。

复苏体位，实际上是"复苏后"的体位，即患者呼吸心跳突然停止，经心肺脑复苏后患者呼吸心跳恢复但神志尚未恢复，等待进一步救援时采取的安全姿势。仰卧位翻转为复苏体位操作方法是：

（1）将伤患者靠近施救者一侧的上肢肘关节屈曲置于头的外侧，如图 2-33
（a）所示，另一侧的上肢屈曲置于对侧胸前，手置于肩部，如图 2-33（b）所示。

（2）将伤患者远离施救者一侧腿的膝关节屈曲，脚掌平放于地面上，如图
2-33（c）所示，同时扶住患者膝部，施救者用另一只手扶住伤患者对侧肩部，
轻轻将其翻转向施救者一侧，如图 2-33（d）所示。

（3）把伤患者头部轻轻抬起，将放在肩部的手掌心朝下垫在头部下面，如
图 2-33（e）所示。

（4）头稍后仰，开放气道，保持呼吸道畅通，如图 2-33（f）所示。

（5）面口稍微朝向地面，屈曲的腿放于伸直腿的上前方，膝关节内侧着
地，起三角支撑作用，这就是复苏体位，如图 2-33（g）所示。

（6）每隔 5～10min 重复检查伤患者呼吸、心跳、皮肤、意识等情况，如
有异常立即开始进行急救。

（a）　　　　　　（b）　　　　　　（c）　　　　　　（d）

（e）　　　　　　（f）　　　　　　（g）

图 2-33　仰卧位翻转为复苏体位的操作步骤

（a）近侧上肢屈曲于头外侧；（b）另一上肢屈曲于对侧胸前；（c）远侧膝关节屈曲，脚平放于地面；
（d）扶膝、肩翻向内侧；（e）将近侧手掌心朝上垫于头下；（f）远侧腿伸直略靠前，膝部着地；
（g）转为复苏体位

（二）双人心肺复苏操作要求

（1）两人必须协调配合，吹气应在胸外按压的松弛时间内完成，如图 2-34

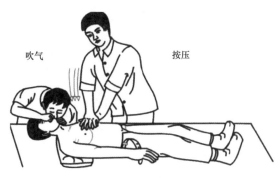

图 2-34　双人心肺复苏

所示。

（2）按压频率为 100 ~ 120 次 / min。

（3）按压与呼吸比例为 30：2，即 30 次心脏按压后，进行 2 次人工呼吸。

（4）为达到配合默契，可由按压者数口诀 01、02、03、04、…、29、吹，当吹气者听到"29"时，做好准备，听到"吹"后，即向伤患者嘴里吹气，按压者继而重数口诀 01、02、03、04、…、29、吹，如此周而复始循环进行。

（5）人工呼吸者除需通畅伤患者呼吸道、吹气外，还应经常触摸其颈动脉和观察瞳孔等。

心肺复苏现场抢救伤患者的抢救程序和步骤可归纳为如图 2-35 所示。

三、心肺复苏时注意事项

（1）心搏骤停的诊断一旦确诊，应立即抢救，切忌等待心电和心脏听诊检查结果后再实施操作。

（2）吹气不能在向下按压心脏的同时进行。

（3）数口诀的速度应均匀，避免快慢不一。

（4）施救者应站或跪在伤患者侧面便于操作的位置，单人急救时应站或跪在伤患者的肩部位置；双人急救时，吹气人应站或跪在伤患者的头部，按压心脏者应站或跪在伤患者胸部、与吹气者相对的一侧。

（5）第二抢救者到现场后，应首先检查颈动脉搏动，然后再开始做人工呼吸。如心脏按压有效，则应触及到搏动，如不能触及，应观察心脏按压者的技

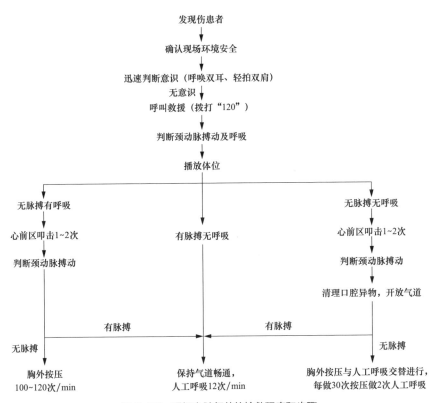

图 2-35　现场心肺复苏的抢救程序和步骤

术操作是否正确，必要时应增加按压深度及重新定位。

（6）人工呼吸者与心脏按压者可以互换位置，互换操作，但中断时间不超过 5s。

（7）可以由第三抢救者及更多的抢救人员轮换操作，以保持精力充沛、姿势正确。

（8）在有条件的情况下，首先使用电击除颤 / 复律，无电击除颤 / 复律条件的抢救操作顺序依据现场情况灵活掌握。

四、心肺复苏有效的指标

心肺复苏操作是否正确，主要靠平时严格训练，掌握正确的方法。而在急救中判断复苏是否有效，可以根据以下五方面综合考虑：

（1）瞳孔。心肺复苏有效时，可见伤患者瞳孔由大变小。如瞳孔由小变大、固定、角膜混浊，则说明心肺复苏无效。

（2）面色（口唇）。心肺复苏有效，可见伤患者面色由紫绀转为红润。若变为灰白，则说明心肺复苏无效。

（3）颈动脉搏动。按压有效时，每一次按压可以摸到一次搏动。若停止按压，搏动亦消失，应继续进行心脏按压；若停止按压后，脉搏仍然跳动，则说明伤患者心跳已恢复。

（4）神志。心肺复苏有效，可见伤患者有眼球活动，睫毛反射与对光反射出现，甚至手脚开始抽动，肌张力增加。

（5）出现自主呼吸。伤患者自主呼吸出现，并不意味可以停止人工呼吸。如果自主呼吸微弱，仍应坚持口对口人工呼吸。

五、心肺复苏伤患者的转移

在现场抢救时，必须争分夺秒抢时间，切勿为了方便或让伤患者舒服去移动伤患者，从而延误现场抢救的时间。

现场心肺复苏应坚持不断地进行，抢救者不应频繁更换，即使送往医院途中也应继续进行。鼻导管给氧绝不能代替心肺复苏术。如需将伤患者由现场移往室内，中断操作时间不得超过7s；通道狭窄、上下楼层、送上救护车等的操作中断不得超过30s。

将心跳、呼吸恢复的伤患者用救护车送医院时，应在伤患者背部放一块长、宽适当的硬板，以备随时进行心肺复苏。将伤患者送到医院而专业人员尚未接手前，仍应继续进行心肺复苏。

六、心肺复苏终止的条件

何时终止心肺复苏是一个涉及医疗、社会、道德等方面的问题。不论在什么情况下，终止心肺复苏，由医生决定，或由医生组成的抢救组的首席医生决定。否则不得放弃抢救。高压或超高压电击的伤患者心跳、呼吸停止，往往是电"假死"现象，更不应随意放弃抢救。现场施救人员停止心肺复苏的条件有以下4条：

（1）威胁人员安全的现场危险近在眼前。

（2）伤患者呼吸和循环已有效恢复。

（3）由医师或其他人员接手并开始急救。

（4）医生已判断伤患者死亡。

培训能力项

项目一：单人徒手心肺复苏

本项目规定的作业任务是针对成人心搏骤停者，以模拟人为操作对象所进行的单人徒手心肺复苏作业。包括心肺复苏前的现场环境观察与判断、意识判断、胸外按压、开放气道、口对口吹气以及复苏后的判断和体位摆放等。

首先对现场环境进行观察与判断和对伤患者意识进行识别判断，快速呼救，在确定伤患者为心搏骤停之后，进行 5 个循环的 C-A-B 心肺复苏操作，之后再进行评估。在伤患者没有恢复意识之前，一直重复以上操作，每 5 个循环为一个周期并判断意识一次，直至救护车到达。

单人徒手心肺复苏作业内容及其质量标准见表 2-1。

表 2-1　单人徒手心肺复苏作业内容及其质量标准

序号	作业项	作业内容	质量标准
1	作业前的工作	—	—
2	判断现场环境	施救者伸开双臂、左右观看，通过看、听、闻、思考的方式快速判断，排查不安全因素，确保环境安全。口述：现场环境安全	观察周围环境方法正确；举止得体规范；口述声音洪亮清晰
3	个人防护	施救者佩戴一次性手套，注意防毒、防辐射、防污染等，做好个人防护，确保自身安全。施救者双手举到胸前示意并口述：我已做好个人防护	正确佩戴一次性手套；举止得体规范；口述声音洪亮清晰
4	判断意识	施救者靠近伤患者（模拟人），轻拍双肩，对双耳各大声呼叫一次，通过呼吸变化、面部表情、手脚动作等判断有无反应。口述：喂，先生你怎么了？喂，先生你醒醒！……患者无意识……	一边拍打一边呼喊，轻拍重叫，力度适当，声音洪亮；保持安全距离（一般为一拳的距离）

（续表）

序号	作业项		作业内容	质量标准
5	快速呼救		施救者口述：快来人哪，这里有人晕倒了！我是救护员。请这位先生帮忙拨打急救电话，打完之后告诉我（伴有手势指向旁边一人）！现场有会急救的吗？有的话请过来协助我！现场有自动除颤器（AED）吗？有的话，请帮忙拿一下（伴有手势指向旁边一人）	口述快速有序、清晰准确、声音洪亮；手势动作到位
6	判断呼吸与脉搏	判断呼吸	维持开放气道位置，施救者用耳贴近伤患者口鼻，头部侧向伤患者胸部，眼睛观察其胸有无起伏；面部感觉伤患者呼吸道有无气体排出；或耳听呼吸道有无气流通过的声音	始终保持气道开放位置；观察5s左右时间
		判断脉搏	在开放气道的位置下，施救者一手置于伤患者前额，使头部保持后仰，另一手在靠近抢救者一侧触摸颈动脉	触摸颈动脉不能用力过大，以免推移颈动脉，妨碍触及；不要同时触摸两侧颈动脉，造成头部供血中断；不要压迫气管，造成呼吸道阻塞；检查时间不要超过10s
			施救者用食指及中指指尖先触及气管正中部位，男性可先触及喉结，然后向两侧滑移2~3cm，在气管旁软组织处轻轻触摸并默念1001、1002、1003、1004、1005，判断颈动脉搏动	
7	摆放体位	伤患者处于平卧位	施救者直接将伤患者（模拟人）扶正，置于仰卧体位	体位摆放正确
		伤患者处于俯卧位	施救者位于伤患者右侧，一手保护肩部，另一手握住腕部，将伤患者（模拟人）双上肢向上伸直	施救者与伤患者体位正确
			施救者将伤患者（模拟人）远离施救者的小腿搭在近侧腿上	体位摆放正确
			施救者一只手保护伤患者（模拟人）头颈部，另一只手插入其腋下至前胸，用前臂夹住其躯干，将其身体向主施救者方向翻转，使其成仰卧位	动作轻缓、到位；体位摆放正确
			施救者将伤患者（模拟人）双上肢置于身体的两侧	体位摆放正确
8	胸外按压（C）	按压准备	施救者跪于伤患者（模拟人）右侧，左膝位于其肩颈部，两腿自然分开，与肩同宽；解开伤患者（模拟人）上衣，裸露前胸，松解裤腰带，释放身体的束缚压力	跪姿、位置正确；动作快速准确

（续表）

序号	作业项		作业内容	质量标准
8	胸外按压（C）	按压定位	施救者一只手无名指沿一侧肋骨最下缘，向中线滑动至两侧肋弓交汇点，无名指定位于下切迹，食指与中指并拢、伸直，紧贴无名指上方；另一只手掌根部拇指边缘紧贴第一只手的食指边沿并排平放于胸骨上，使手掌根部横轴与胸骨长轴重合	动作熟练，定位准确
		按压操作	施救者一手在下，另一手重叠在上，十指相扣，掌心翘起，手指离开胸壁	按压手法准确到位；按压姿势及用力规范；按压深度为5~6cm；按压频率为100~120次/min；按压与吹气之比30∶2；每个循环30次按压均匀且不中断
			施救者上半身前倾，腕、肘、肩关节伸直，以髋关节为轴，借助上半身力量，垂直按压，连续按压30次为一个循环，循环5次为一个周期	
9	开放气道（A）	清理口腔异物	施救者将伤患者的头转向协助施救者一侧，食指与中指并拢，从伤患者的上口角伸向后磨牙，在后磨牙的间隙伸到舌根部，沿舌的方向往外清理，使分泌物从下口角流出	手指不要从正中间插入，以免将异物推向更深处；清掏异物时注意要将头部侧转90°，以免异物再次注入气道；严禁头呈仰起状清理异物
		通畅气道	施救者采用仰头举颏法开放气道：用左手小鱼际置于伤患者额部并下压，右手的食指与中指置于下颌骨近下颏或下颌角处，抬起下颏（颌），使头后仰，畅通气道	下颌角与耳垂连线与地面呈90°；严禁用枕头等物垫在伤患者头下；有活动的假牙应取出；手指不要压迫伤患者颈前部、颏下软组织；颈部上抬时不要过度伸展
10	人工呼吸（B）	头部后仰	施救者让伤患者头部尽量后仰、鼻孔朝天，以保持呼吸道畅通，避免舌下坠导致呼吸道梗阻	吹气方法及姿势规范到位；每次吹气量约600ml；每次吹气时间持续1s；注意观察胸廓起伏，以胸部有明显起伏为宜；气道始终保持开放状态；吹气后，松鼻离唇，眼视胸部回落，吸一口新鲜空气；两次吹气，次数无误；抬头换气与捏鼻松手配合协调；吹气必须在胸外按压的松弛时间内完成
		捏鼻掰嘴	施救者跪在伤患者头部的侧面，用放在前额上的手指捏紧其鼻孔，以防止气体从伤患者鼻孔逸出；另一只手的拇指和食指将其下颌拉向前下方，使嘴巴张开，准备接受吹气	

（续表）

序号	作业项	作业内容		质量标准
10	人工呼吸（B）	贴嘴吹气	施救者深吸一口气屏住，用自己的嘴唇包裹伤患者的嘴，在不漏气的情况下，连续做两次大口吹气，每次吹气时间大于1s，同时观察伤患者胸部起伏情况	吹气方法及姿势规范到位；每次吹气量约600ml；每次吹气时间持续1s；注意观察胸廓起伏，以胸部有明显起伏为宜；气道始终保持开放状态；吹气后，松鼻离唇，眼视胸部回落，吸一口新鲜空气；两次吹气，次数无误；抬头换气与捏鼻松手配合协调；吹气必须在胸外按压的松弛时间内完成
		放松换气	吹完气后，施救者的口立即离开伤患者的口，头稍抬起，耳朵轻轻滑过鼻孔，捏鼻子的手立即放松，让伤患者自动呼气。观察伤患者胸部向下恢复时，则有气流从伤患者口腔排出	
11	复苏后的判断		重复进行5个循环C-A-B操作后，检查脉搏，观察伤患者身体指征（面色、血压、呼吸、瞳孔及对光反射等），判断心肺复苏是否有效	检查颈动脉搏动手法正确；判断其生命指征仔细、到位
12	结束工作	摆放至复苏体位	将伤患者靠近施救者一侧的上肢肘关节屈曲置于头的外侧，另一上肢屈曲置于对侧胸前，手置于肩部	伤患者（模拟人）体位正确，气道开放，衣服整齐
			将伤患者远离施救者一侧腿的膝关节屈曲，脚掌平放于地面上，同时扶住患者膝部，施救者用另一只手扶住伤患者对侧肩部，轻轻将其翻转向施救者一侧	动作轻缓、到位；体位摆放正确
			把伤患者头部轻轻抬起，将其放在肩部的手掌心朝下垫在头部下面，头稍后仰，开放气道，保持呼吸道畅通	动作轻缓、到位；体位摆放正确
			伤患者面口稍微朝向地面，屈曲的腿放于伸直腿的上前方，膝关节内侧着地，起三角支撑作用	体位摆放正确
		心肺复苏完成	保持气道开放，整理伤患者（模拟人）衣物，等待救护车到达。口述：心肺复苏完成	伤患者气道开放、衣物整齐；口述清晰准确、声音洪亮
13	安全文明生产		—	—

项目二：双人徒手心肺复苏操作

本项目规定的作业任务是针对成人心搏骤停者，以模拟人为操作对象所进行的双人徒手心肺复苏作业，包括心肺复苏前的现场环境观察与判断、意识判断、胸外按压、开放气道、口对口吹气以及复苏后的判断和体位摆放等。

主施救者首先对现场环境进行观察与判断和对伤患者意识进行识别判断，在确定伤患者为心搏骤停之后，两人相互配合进行 5 个循环的 C-A-B 心肺复苏操作，之后再进行评估。在伤患者没有恢复意识之前，一直重复以上操作，每5 个循环为一个周期，直至救护车到达。

双人徒手心肺复苏作业内容及其质量标准见表 2-2。

表 2-2 双人徒手心肺复苏作业内容及其质量标准

序号	作业项	作业内容	质量标准
1	作业前的工作	—	—
2	判断现场环境	主施救者伸开双臂、左右观看，通过看、听、闻、思考的方式快速判断，排查不安全因素，确保环境安全。口述：现场环境安全	观察周围环境方法正确；举止得体规范；口述声音洪亮清晰
3	个人防护	两名施救者佩戴一次性手套，注意防毒、防辐射、防污染等，做好个人防护，确保自身安全。主施救者双手举到胸前示意并口述：我们已做好个人防护	正确佩戴一次性手套；举止得体规范；口述声音洪亮清晰
4	判断意识	主施救者靠近伤患者（模拟人），轻拍双肩，对双耳各大声呼叫一次，通过呼吸变化、面部表情、手脚动作等判断有无反应。口述：喂，先生你怎么了？喂，先生你醒醒！……患者无意识……	一边拍打一边呼喊，轻拍重叫，力度适当，声音洪亮；保持安全距离（一般为一拳的距离）
5	快速呼救	主施救者口述：快来人哪，这里有人晕倒了！我是救护员！请这位先生帮忙拨打急救电话，打完之后告诉我（伴有手势指向协助施救者）！现场有会急救的吗？有的话请过来协助我！现场有 AED 吗？有的话，请帮忙拿一下！	口述快速有序、清晰准确、声音洪亮；手势动作到位
		协助施救者模拟拨打电话	

（续表）

序号	作业项	作业内容		质量标准
6	判断呼吸与脉搏	判断呼吸	维持开放气道位置，主施救者用耳贴近伤患者口鼻，头部侧向伤患者胸部，眼睛观察其胸有无起伏；面部感觉伤患者呼吸道有无气体排出；或耳听呼吸道有无气流通过的声音	始终保持气道开放位置；观察5s左右时间
		判断脉搏	在开放气道的位置下，主施救者一手置于伤患者前额，使头部保持后仰，另一手在靠近抢救者一侧触摸颈动脉	触摸颈动脉不能用力过大，以免推移颈动脉，妨碍触及；不要同时触摸两侧颈动脉，造成头部供血中断；不要压迫气管，造成呼吸道阻塞；检查时间不要超过10s
			主施救者用食指及中指指尖先触及气管正中部位，男性可先触及喉结，然后向两侧滑移2~3cm，在气管旁软组织处轻轻触摸并默念1001、1002、1003、1004、1005，判断颈动脉搏动	
7	摆放体位	伤患者处于平卧位	主施救者直接将伤患者（模拟人）扶正，置于仰卧体位	体位摆放正确
		伤患者处于俯卧位	由主施救者完成，作业内容与项目一相同	与项目一相同
8	胸外按压（C）	按压准备	主施救者跪于伤患者（模拟人）右侧，左膝位于其肩颈部，两腿自然分开，与肩同宽；解开伤患者（模拟人）上衣，裸露前胸，松解裤腰带，释放身体的束缚压力	跪姿、位置正确；动作快速准确
			协助施救者跪于伤患者（模拟人）头部右侧	
		按压定位	主施救者一只手无名指沿一侧肋骨最下缘，向中线滑动至两侧肋弓交汇点，无名指定位于下切迹，食指与中指并拢、伸直，紧贴无名指上方；另一只手掌根部拇指边缘紧贴第一只手的食指边沿并排平放于胸骨，使手掌根部横轴与胸骨长轴重合	动作熟练，定位准确

（续表）

序号	作业项		作业内容	质量标准
8	胸外按压（C）	按压操作	主施救者一手在下，另一手重叠在上，十指相扣，掌心翘起，手指离开胸壁	按压手法准确到位；按压姿势及用力规范；按压深度为 5~6cm；按压频率为 100~120 次 /min；按压与吹气之比 30：2；每个循环 30 次按压均匀且不中断
			主施救者上半身前倾，腕、肘、肩关节伸直，以髋关节为轴，借助上半身力量，垂直按压，连续按压 30 次，同时数口诀 01、02、03、04、…、29、吹	
			当协助施救者听到"29"时，做好准备，听到"吹"后，即向伤患者嘴里吹气；按压者继而重数口诀 01、02、03、04、…、29、吹，如此周而复始循环 5 次	
9	开放气道（A）	清理口腔异物	协助施救者将伤患者的头转向协助施救者一侧，食指与中指并拢，从伤患者的上口角伸向后磨牙，在后磨牙的间隙伸到舌根部，沿舌的方向往外清理，使分泌物从下口角流出	手指不要从正中间插入，以免将异物推向更深处；清掏异物时注意要将头部侧转 90°，以免异物再次注入气道；严禁头呈仰起状清理异物
		通畅气道	协助施救者采用仰头举颏法开放气道：用左手小鱼际置于伤患者额部并下压，右手的食指与中指置于下颌骨近下颏或下颌角处，抬起下颏（颌），使头后仰，畅通气道	下颌角与耳垂连线与地面呈 90°；严禁用枕头等物垫在伤患者头下；有活动的假牙应取出；手指不要压迫伤患者颈前部、颏下软组织；颈部上抬时不要过度伸展
10	人工呼吸（B）	头部后仰	协助施救者让伤患者头部尽量后仰、鼻孔朝天，以保持呼吸道畅通，避免舌下坠导致呼吸道梗阻	吹气方法及姿势规范到位；每次吹气量约 600ml；每次吹气时间持续 1s；注意观察胸廓起伏，以胸部有明显起伏为宜；气道始终保持开放状态；吹气后，松鼻离唇，眼视胸部回落，吸一口新鲜空气；两次吹气，次数无误；抬头换气与捏鼻松手配合协调；吹气必须在胸外按压的松弛时间内完成
		捏鼻掰嘴	协助施救者跪在伤患者头部的侧面，用放在前额上的手指捏紧其鼻孔，以防止气体从伤患者鼻孔逸出；另一只手的拇指和食指将其下颌拉向前下方，使嘴巴张开，准备接受吹气	

（续表）

序号	作业项	作业内容		质量标准
10	人工呼吸（B）	贴嘴吹气	协助施救者深吸一口气屏住，用自己的嘴唇包裹伤患者的嘴，在不漏气的情况下，连续做两次大口吹气，每次吹气时间大于1s，同时观察伤患者胸部起伏情况	吹气方法及姿势规范到位；每次吹气量约600ml；每次吹气时间持续1s；注意观察胸廓起伏，以胸部有明显起伏为宜；气道始终保持开放状态；吹气后，松鼻离唇，眼视胸部回落，吸一口新鲜空气；两次吹气，次数无误；抬头换气与捏鼻松手配合协调；吹气必须在胸外按压的松弛时间内完成
		放松换气	吹完气后，协助施救者的口立即离开伤患者的口，头稍抬起，耳朵轻轻滑过鼻孔，捏鼻子的手立即放松，让伤患者自动呼气。观察伤患者胸部向下恢复时，则有气流从伤患者口腔排出	
11	复苏后的判断	重复进行5个循环C-A-B操作后及在主施救者按压期间，协助施救者经常检查脉搏，观察伤患者身体指征（面色、血压、呼吸、瞳孔及对光反射等），判断心肺复苏是否有效		检查颈动脉搏动手法正确；判断其生命指征仔细、到位
12	结束工作	摆放至复苏体位	由主施救者完成，作业内容与项目一相同	与项目一相同
		心肺复苏完成	保持气道开放，整理伤患者（模拟人）衣物，等待救护车到达。主施救者口述：心肺复苏完成	伤患者气道开放、衣物整齐；口述清晰准确、声音洪亮
13	安全文明生产	—		—

第三节 除颤

培训目标

1. 理解室性心动过速和心室颤动的概念及内涵。
2. 正确理解除颤的目的。
3. 掌握自动除颤器的特点。
4. 熟知自动除颤器的使用禁忌。
5. 熟练掌握自动除颤器的操作步骤。

培训知识点

一、室性心动过速和心室颤动

1. 室性心动过速

室性心动过速（以下简称"室速"），指在心室存在异常电通路，当一个电信号进入到这样的通路时，可沿环路运行，心室随每一次环路运行收缩一次，导致快速心率。室速是较为严重的心律失常，死亡率较高，多见于器质性心脏病人。室速通常不能自行终止，有时室速甚至可以恶化为心室颤动和心跳骤停，导致死亡。

室速的表现为：快而略不规则的心律，心率多在 120～200 次 /min，轻者可无自觉症状或仅有心悸、胸闷、乏力、头晕、出汗；重者发绀、气促、晕厥、低血压、休克、急性心衰、心绞痛，甚至衍变为心室颤动而猝死。

2. 心室颤动

心室颤动（以下简称"室颤"），指心室无序地兴奋，导致心室有序的兴奋和收缩功能消失而变成不协调的快速乱颤，其结果是心室无排血，心音和脉搏消失，血压无法测量，心脑等器官及周围组织血液灌注停止，阿－斯综合征发

61

作或猝死。室颤是功能性的心脏停搏，是导致心源性猝死的严重心律失常，也是临终前循环衰竭的心律改变。

室颤的临床表现是：在出现心室颤动几秒钟之内，就会因为心脏停止射血，导致脑供血不足，出现意识丧失、全身抽搐、四肢紫绀、口唇紫绀，听诊心音消失、动脉搏动消失和无法检测到的血压，如果十几秒钟之内仍然得不到抢救的话，则症状会持续，然后再出现四肢软瘫的状态，很快患者即丧失生命体征。

二、除颤的目的

人的正常的心脏是按 60~100 次 /min 的心率有规律、有节奏地搏动，经过这种搏动形成有规律的舒张和收缩，将带有氧的动脉血液送至全身。然而，当心脏的搏动出现问题，它跳动就会不规律，即心律失常。在医学上把低于 60 次 /min 的心率称为心动过缓；把高于 100 次 /min 的心率称为心动过速。但有一点要注意，人机体的高明之处在于，随着所处环境和情景的各种变化，机体会做出相应的调整以适应这种变化，如剧烈运动时心率可能很快，而在熟睡时心率可能很慢，即心动过缓或心动过速在特定的情景下并不一定代表是病态。打个比方：对于一个合唱团来说，如果合唱失去节奏，唱出来的就不再是合声，而是嘈杂的噪声。对心脏来说，如果失去了节奏，血液泵出就不再正常；如果这种心律失常得不到及时解决和纠正，心脏搏动就由最初的"骚乱"变为最后的"罢工"，即心脏骤停。心脏停止跳动的全身标志是意识丧失、脉搏消失，在心脏的胸部体表摸不到搏动也听不到心脏的跳动。心电图标志没有心电能引导出来，表示为一条直线。

在心脏停止跳动之前的一段时间里，伤患者往往表现为室速和室颤。室速和室颤是两种在濒死前典型的心律失常，通常室速最终会变成室颤。室速时，心脏因为跳得太快而无法有效泵出足量血液；室颤时，心脏的电活动处于混乱的状态，不是心脏不跳而是跳动过快，心室无法有效泵出血液。当出现这两种心律失常时，心脏就会出现哆嗦、抖动，结果是步调不一致、方向不一致，内耗的结果是心脏虽有搏动但却无法有效地将血液送至全身。在医学上正确的处置方法是给予紧急电击矫正。在没有矫正的情形下，这两种心律失常会迅速因为血液供给中断而导致脑部损伤和死亡。

心脏性猝死是心血管疾病的主要死亡原因，占心血管病死亡总数的50%以上。由于心脏性猝死具有发病急、进展快、病情凶险，而且80%发生在医院外（其中80%发生在睡眠中），造成抢救困难，常常使伤患者（其中相当一部分是中青年伤患者）突然死亡，给家庭和社会造成重大损失，是严重威胁人民健康和生命的恶性疾病。自1960年人工呼吸、胸外按压对恢复心跳骤停伤患者的循环建立有效以来，除颤治疗心室颤动是提高急救存活率最重大的进步之一。及时电除颤又是救治心脏骤停最重要的决定性因素。

发生心源性猝死时最常见的原因是致命性的心率失常所致，而其中80%为心室颤动，若不能及时纠正，伤患者在发病数分钟后就可能死亡。这个时候，就需要外部的一个高级电流把所有的颤动打趴下，然后心脏重新开始有规律地跳动，这就是心脏除颤。而除颤的过程，必须在发病10min内完成，除颤越早，救活的可能性越大。

电除颤的时机是治疗心室颤动的关键，每延迟除颤时间1min，生存率将下降7%～10%。在心脏骤停发生1min内进行除颤，伤患者存活率可达90%，而5min后则下降到50%左右，第7min时约为30%，9～11min内约为10%，而超过12min则只有2%～5%。根据美国心脏协会《心肺复苏与心血管急救指南》要求，发生心脏骤停4min之内应先使用自动除颤器（AED）进行除颤；如果超过4min，应先进行心肺复苏术，这样的抢救效果最好。

三、自动除颤器

自动除颤器（automated external defibrillator，AED）即自动体外心脏除颤器或称自动体外电击器、自动电击器，俗称傻瓜电击器，如图2-36所示。它是一种便携式、易于操作、便于普及、稍加培训即可熟练使用、专为现场非急救人员设计的一种医疗设备。它的内部智能系统可以自动分析诊断特定的心律失常并通过给予心脏电击的方式，使心脏节律恢复至正常跳动，从而达到挽救伤患者生命的目的，如图2-37所示。

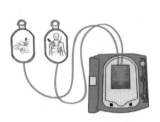

图 2-36　自动除颤器

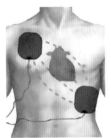
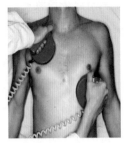

图 2-37　自动除颤器的作用原理

自动除颤器在急救中发挥着不可替代的作用，是不可或缺的急救设备。

（一）自动除颤器的特点

（1）能识别（且只能识别）特定的心电图形。它只对室性心动过速和室颤进行自动识别，其他各种心律不齐它都无法诊断，因此，可放心地交给没有医学基础的大众使用。

（2）能以较小能量的电流进行除颤，从而使心脏受到的伤害最小。

（3）体积小巧，效果可靠，容易掌握操作方法，价格低廉。

（4）为了让它们显而易见，自动除颤器多以鲜红、鲜绿和鲜黄色来标示。且多由坚固的外厢加以保护。并设有警铃，但这警铃只在提醒工作人员机器被搬动，它并没有联络紧急救护体系的功能。

（5）典型的自动除颤器配置有脸罩，可使施救者隔着脸罩对病伤患者进行人工呼吸而感染疾病的担忧。大多会配置有橡胶手套、用来剪开病患者胸前衣物的剪刀、用来擦拭伤患者汗水的毛巾及刮除胸毛的剃刀。

（二）自动除颤器的使用方法

与医院中正规电击器不同的是，自动除颤器只需要短期的培训即可学会使用，因为机器本身会自动判读心电图然后决定是否需要电击。全自动的机型甚至只要求施救者去按下电击按钮。在大部分情况下，施救者即使误按了电击按钮，机器也不会产生电击。有些机型可使用在儿童身上（低于25kg或小于8岁），但一般必须选择儿童专用的电击贴片。

1. 自动除颤器的操作步骤

自动除颤器的操作共分四个步骤：

第一步：打开电源。按下电源开关或打开仪器的盖子，根据语音提示进行操作。

第二步：贴电极片。把患者的衣服敞开，使其露出胸部。在不能除去衣服的情况下需要剪开衣服。在伤患者胸部适当的位置紧密地贴上电极片。

（1）成人电极片的贴放位置。右侧电击片贴在右胸部上方锁骨下面，胸骨右侧处；左侧电击片贴在左乳头外侧，电击片上缘要距离左腋窝下约7cm，如图2-38（a）所示。具体位置可以根据机壳上的图样和电极板上的图例说明。

（2）婴儿和儿童电极片贴放位置。将两片电极片分别贴在婴儿或儿童的胸前正中及背后左肩胛处，如图2-39所示。体格较大的儿童也可如成人的位置贴放电极片。

第三步：分析心律。将电极片插头插入主机插孔，按下"分析"键，机器开始自动分析心率并自动识别，如图2-38（b）所示。在此过程中任何人不得接触伤患者，即使是轻微的触动都可能影响分析结果。5～15s后，仪器分析完毕，通过语音或图形发出是否进行除颤的提示。若不需要，则可能是伤患者已恢复脉搏或心律。

第四步：电击除颤。当仪器发出除颤指令后，在确定无任何人接触伤患者的情况下，操作者按下"放电"或"电击"键进行除颤，如图2-38（c）所示。

一次除颤结束后，机器会再次分析心率，如未恢复有效心率，需进行5个周期CPR，然后再次分析心率，除颤，CPR，反复进行直至专业急救人员到达。

2. 自动除颤器的操作注意事项

（1）使用自动除颤器前。

1）在使用自动除颤器前，必须确认伤患者无意识。

2）检查环境，确保周围无汽油或天然气等可燃性液体及气体。

3）普通的自动除颤器不能用于8岁以下儿童或体重小于25kg者。

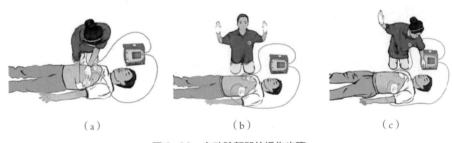

（a）　　　　　　　　　（b）　　　　　　　　　（c）

图2-38　自动除颤器的操作步骤

（a）贴电极片；（b）分析心律；（c）电击除颤

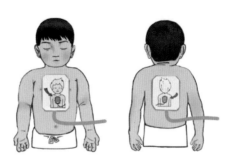

图2-39　婴儿和儿童电极片贴放位置

（2）贴放电极片。

1）在贴电极之前，必须将伤患者衣服解开或剪开。

2）在贴电极片前，必须确保伤患者身体干燥、身上无任何金属物；若伤患者胸毛较多，需先剔除；确保伤患者周边环境无水。

3）电极片需要贴在裸露的皮肤上，与皮肤紧密贴合。电极垫和皮肤之间如果有空气进入，电就不能很好地传递。

4）电极片应避开药物贴片，如止痛膏药、硝酸甘油贴片、激素替代贴片等，否则会影响电击传导。由于去除药物贴片并擦拭干净需要一定时间，如果在自动除颤器到场前发现，可以先予以清除，自动除颤器到场后则不要花费过多时间去清除，否则可能延误电击。

5）若胸部有药物贴片不能清除或胸部内装有心律调节器或电击器，则自动除颤器的电极片须贴在远离上述器具至少2.5cm处。

6）若没有小儿电极片，应将自动除颤器上的病人类型设置为"小儿模式"，并按照屏幕操作指引来粘贴电极片。

7）如果现场有两名施救者，在一名施救者实施心肺复苏的同时，另一名施救者开始操作自动除颤器，不能因为贴电极片而中断心肺复苏。

（3）分析心律。

1）告知周围的人远离伤患者，并确认没有人接触到伤患者。接触伤患者的身体的话，心电图的分析有可能无法顺利进行。

2）如果自动除颤器建议除颤，需要再次确认所有人员均未接触伤患者。待自动除颤器完成充电后，按下"电击"按钮放电或自动除颤器自动放电除颤。

3）自动除颤器反复提示"将电极片贴到患者裸露的胸部""将电极片插头插入自动体外除颤仪中"或者"请检查电极片"时，说明自动除颤器无法分析患者的心律，造成这种情况的原因可能是患者胸部毛发过于浓密，也可能是患者胸部皮肤上有过多的水或汗液。这时需快速清除胸毛或用纸巾（无纸巾时可用伤患者衣服代替）擦拭干净胸部的水或汗液。如果伤患者衣物也被水沾湿，则电击时要特别注意周围人是否有接触到伤患者衣物，防止有人被电击传导。

4）所有可移除的金属物体，如表链、徽章等应该从伤患者前胸去除，不能拿掉的（如身上佩戴的珠宝饰物等）应该从前胸移开，确保胸前没有异物，以免影响电击，使除颤能量减弱或散失。

5）分析心律时，不可摇晃伤患者。若在行驶的车上，自动除颤器将无法分析心律，须先将车停稳再使用。

（4）电击除颤。

1）如果自动除颤器判断为可电击心律，会提示电击且务必离开患者，此时需要再次大声喊出"请所有人离开"或"请离开"，并再次环顾四周以确保没有人接触到伤患者，再按下电击按钮（电击按钮有闪电图标，并会闪烁提醒）。电击完成后自动除颤器会提示"电击完成，请继续心肺复苏"，此时不需要判断患者意识、脉搏、呼吸等，直接从胸外按压开始继续抢救。

2）如果自动除颤器提示"不建议电击，请继续心肺复苏"时，说明自动除颤器分析伤患者为不可电击心律。此时，应立即从胸外按压开始恢复心肺复苏。

3）自动除颤器在电击完成或不建议电击后，不需要移除机器或取下电极片，自动除颤器会每隔 2min 自动从"分析心律"开始，分析患者是否为可电击心律（部分自动除颤器要手动分析）。

（三）自动除颤器的普及

自动除颤器在欧美已经盛行十多年，技术及市场发展相当成熟，而美国早在克林顿总统时代，即以法案推动政府机关安装自动除颤器，布什执政时亦持续推动美国各州投入经费安装自动除颤器，并训练人员操作。最初自动除颤器主要由医护人员、军方或紧急援救（如消防员、警察）使用，后来技术的进步使仪器操作更加简单，使得公共场所的民众皆能使用。除此之外，美国的"善良撒马利亚人法案"（Good Samaritan Law）提供了为抢救伤患者的志愿者免除责任的法律保护，使民众做好事时没有后顾之忧，不用担心因对第三者急救过失造成伤亡而遭到追究。此一法案也间接推动自动除颤器在美国的普及化。

据美国西雅图等城市设置自动除颤器后的调查，在公共场所设置和应用自动除颤器之前，院外心脏病猝死抢救成功率约为 1.2%，自动除颤器设置和应用后，抢救成功率可大幅提高 30%。这也极大地激发了世界各国开发与应用自动除颤器的热情，大大提高了全人类征服猝死的信心和决心。

我国是一个正在发展中的人口大国，随着社会健康进步和人们生活水平的提高，全社会的人口老龄化越来越普遍，心脏猝死的人数也随之上升。据统计，我国每年就有超过 54 万人发生猝死，更何况很多猝死发生在中年人群，给社会和家庭造成重大损失。为降低中国人的猝死率，中国与世界上所有国家一样需要自动除颤器这把征服心脏性猝死的利剑。

我国现在心脏骤停的伤患者基本上都不能得到及时的治疗，并不是技术的原因，主要是因为人们的意识不到位。发生心脏骤停可能在任何时间、任何地点，等到医生赶到基本上都错过了最佳的抢救时间。自动除颤器就为伤患者能得到及时的抢救提供了一种可能。自动除颤器是全自动的，只要稍加宣传和培训，一般人都能使用，如果自动除颤器能像灭火器一样得到广泛的使用，对我国人民的生命安全又是一个新的里程碑。

培训能力项

项目：使用自动体外除颤器（AED）除颤

本项目规定的作业任务是针对成人心搏骤停者，以模拟人／假人为操作对象所进行的利用自动体外除颤器（AED）所进行的除颤作业。

在对心搏骤停者进行 5 个循环的 C-A-B 心肺复苏操作同时，尽快准备自动除颤装置，一旦自动除颤器准备就绪，立即对伤患者进行体外电击除颤一次，除颤之后，重新对伤患者进行 5 个循环的 C-A-B 心肺复苏操作，之后再进行评估和除颤，在伤患者没有恢复意识之前，一直重复以上操作，每五个循环判断一次，直至救护车到达。

使用自动体外除颤器（AED）除颤作业内容及其质量标准见表 2-3。

表 2-3　使用自动体外除颤器（AED）除颤作业内容及其质量标准

序号	作业项	作业内容	质量标准
1	作业前的工作	—	—
2	判断现场环境	施救者伸开双臂、左右观看，通过看、听、闻、思考的方式快速判断，排查不安全因素，确保环境安全。施救者口述：现场环境安全！	观察周围环境方法正确；举止得体规范；口述声音洪亮清晰
3	个人防护	施救者佩戴一次性手套，注意防毒、防辐射、防污染等，做好个人防护，确保自身安全。施救者双手举到胸前示意并口述：我已做好个人防护！	正确佩戴一次性手套；举止得体规范；口述声音洪亮清晰
4	摆放体位	伤患者处于平卧位	体位正确
5	除颤准备	施救者跪于伤患者右侧胸前，解开其上衣，裸露前胸，松解裤腰带，释放身体的束缚压力	跪姿、位置正确；动作快速准确

（续表）

序号	作业项	作业内容		质量标准
6	打开电源	取出 AED 并摆放到伤患者旁边，按下电源开关或打开仪器的盖子，等待语音提示，并按照语音提示进行操作		轻拿轻放，AED 置于伤患者头部右方侧上位置
7	按语音提示贴电极片	取出贴片	语音提示：请撕开贴片包装袋，取出贴片	撕开包装袋不得伤及袋内贴片
		贴右上胸贴片	语音提示：请取出其中一贴片；请将贴片贴在伤患者右上胸（重复）	贴片位置正确，粘贴牢固
		贴左下胸贴片	语音提示：请取下另一贴片，并将贴片贴在伤患者左下胸（重复）	贴片位置正确，粘贴牢固
8	按语音提示分析心律	将电极片插头插入主机插孔，按下"分析"键。语音提示：正在检查贴片，请等待；请不要接触伤患者身体，保持冷静，等待语音提示；开始进行心率分析		保持安静，等待语音提示；不得接触伤患者身体
9	按语音提示电击除颤	语音提示：建议除颤，正在充电，请等待；请不要接触伤患者身体，保持冷静，等待语音提示；充电完毕，请按下红色心形按钮，进行电击		不得接触伤患者身体；保持冷静，等待语音提示
		按下红色心形5按钮后，语音提示：嘀……；除颤结束		
		一次除颤结束后，按语音提示继续操作。语音提示：检查伤患者脉搏，如果没有脉搏，请开始 CPR 操作；如需继续 AED，请按下红色心形按钮；请不要接触伤患者身体，保持冷静，等待语音提示		
10	除颤结束	如需单次除颤，上述操作完毕之后即可关闭 AED，如需多次除颤，重复 8、9 项操作		整理规范，轻拿轻放
		除颤操作完毕之后，关闭除颤器，将除颤器与伤患者分离，将除颤器整理好后放到指定位置		
11	安全文明生产	—		—

第三章

创伤现场自救
急救技术

第一节 创伤现场急救基本知识

培训目标

1. 正确理解创伤的概念及分类方法。
2. 熟悉创伤的局部表现。
3. 熟知现场伤者的分级方法。
4. 熟练掌握创伤现场急救的基本原则和要求。
5. 正确理解创伤现场急救注意事项。

培训知识点

一、创伤的概念及分类

（一）创伤的概念

创伤指各种物理、化学和生物等致伤因素作用于机体，造成组织结构完整性损害或功能障碍。严重创伤可引起全身反应，局部表现有伤区疼痛、肿胀、压痛等；骨折脱位时有畸形及功能障碍。严重创伤还可能有致命的大出血、休克、窒息及意识障碍。

（二）创伤的分类

创伤可以根据致伤因素、受伤部位、伤后皮肤完整性与否、伤情轻重等进行分类。

1. 按致伤因素分类

创伤按致伤因素，可分为冷武（兵）器伤、火器伤、热烧伤、冷伤、冲击伤和化学伤等。

（1）冷武（兵）器伤。与火器相对而言，冷武（兵）器是多指不用火药发射，以其利刃或锐利尖端而致伤的武器，如刀、剑、戟等，此类武器所致的损伤称为冷武（兵）伤。

（2）火器伤。火器伤为各种枪弹、弹片、弹珠等投射物所致的损伤。高速弹头击中人体，特别在200m以内击中时，因其速度快，质量小，易发生破裂，大量能量迅速传递给人体组织，故常造成严重损伤。高速小弹片（珠）的速度随距离增加而迅速衰减，但在近距离内，却有很大的杀伤力。此外，小弹片（珠）常呈"面杀伤"，即一定范围内含有许多弹片（珠）散布，同一人可同时被许多弹片（珠）击中，从而造成多处受伤。

（3）热烧伤。热烧伤为因热力作用而引起的损伤。如近代战争中所使用的凝固汽油弹、磷弹、铝热弹、镁弹、火焰喷射器等各种纵火武器造成的损伤。在平时，因火灾、接触炽热物体（如烙铁、开水等）也可发生热烧伤或烫伤。

（4）冷伤。冷伤为因寒冷环境而造成的全身性或局部性损伤。根据损伤性质可将冷伤分为冻结性损伤和非冻结性损伤两类。前者亦称局部冷伤或冻伤；后者包括一般的冻疮、战壕足和浸泡足。两类损伤的区别在于，发生冻结性损伤的环境温度已达到组织冰点以下，且局部组织有冻结；而非冻结性损伤是长期或反复暴露于寒冷潮湿环境中导致的无组织冻结和融化过程的寒冷性损伤。在寒冷的地区和季节，如保温措施不力，不论平时还是战时均可能发生大量冻伤。

（5）冲击伤。冲击伤为在冲击波作用下人体所产生的损伤。冲击波先使人体向冲击波前进的方向偏斜，随后从四面八方挤压人体，使人体内脏损伤，常引起鼓膜破裂、肺出血、肺水肿和其他内脏出血，严重者可引起肺组织和小血管撕裂，导致空气入血，形成气栓，出现致死性后果，此即临床上常说的爆震伤。而冲击波动压，就像暴风一样，将人和物体向冲击波前进的方向推动和抛掷等，可造成不同程度的软组织损伤、内脏破裂和骨折，类似于一般的机械性创伤。除空气冲击波可致伤外，水下冲击波和固体冲击波（经固体传导）也可造成各种损伤。此外，冲击波还可使建筑物倒塌或碎片飞散而产生继发性损伤。

（6）化学伤。化学伤是因沾染或吸入危险化学品所致的创伤。例如，糜烂性毒剂芥子气和路易剂可使皮肤产生糜烂和水疱；刺激性毒剂西埃斯和亚当剂对眼和上呼吸道黏膜有强烈刺激作用；窒息性毒剂光气和双光气作用于呼吸道可引起中毒性肺水肿；各种酸碱腐蚀品则可能引起化学品烧伤并伴有化学品中毒。

2. 按受伤部位分类

人体致伤部位的区分和划定，与正常的解剖部位相同。按受伤部位，创伤可分为颅脑伤、颌面颈部伤、胸部伤、腹部伤、骨盆部（阴臀部）伤、脊柱脊髓伤、上肢伤、下肢伤及多发伤等。

（1）颅脑伤。颅脑部位为前起于眉间，经眼眶上缘、颧骨上缘、颞颌关节、外耳道、乳突根部，到枕外粗隆连线以上部分。该部有完整的颅骨，脑组织正存于其间。颅脑伤是常见的一类损伤，以跌坠伤和撞伤最为多见，击伤次之。常发生于灾难、战争或交通事故中，在全身各处的外伤当中占重要的地位。

（2）颌面颈部伤。颌面颈部部位为上界与颅脑部连接，下界前起于胸部上切迹，经锁骨上缘内1/3，斜方肌上缘，到第5颈椎棘突的连线，其中眼部以骨性眶缘为界。该部内含气管、食管、甲状腺、甲状旁腺、大血管、神经和肌肉等器官和组织。发生颌面颈部伤时，可不同程度地影响呼吸、语言、进食和内分泌功能，颈部大血管破裂时，可因大出血而迅速致死。

（3）胸部伤。胸部部位为上界与颈部连接，下界从胸骨剑突向外下斜行，沿肋下缘到第8肋间，水平向后，横过第11肋中点，到第12胸椎下缘。胸壁的半骨性结构使胸腔保持一定的形状，因而可有效地保护胸腔内心肺等重要器官。胸部损伤轻时仅伤及胸壁，重则伤及心肺和大血管，造成气胸、血气胸、心包积血，心肺出血和破裂。

（4）腹部伤。腹部部位为上界与胸部连接，下界为骨盆上缘。腹腔内含有许多实质内脏器官和空腔内脏器官，腹壁的表面积大，质地软，受外界致伤因子作用的概率较高，故易发生损伤，重者可造成内出血、器官破裂和腹腔感染。

（5）骨盆部（阴臀部）伤。骨盆部（阴臀部）部位为上界与腹部连接，下界为耻骨下缘，包括外阴部和会阴部。盆腔内主要有膀胱、直肠和泌尿生殖与消化两系统的排出口。发生骨折时易引起内脏器官继发损伤。大小便时，伤部易受到污染。

（6）脊柱脊髓伤。脊柱脊髓部位为上起于枕外粗隆，下达骶骨上缘，两侧到横突尖部。脊柱损伤伴有脊髓损伤时，可发生不同高度和范围的截瘫，甚至造成终身残疾。

（7）上肢伤。上肢部位为上界与颈部和胸部连接，下界为手指末端。上肢是人体工作和生活的重要部位，常见的损伤为肱骨、桡骨和尺骨骨折，重者可发生断指或断肢，同时可伴有神经血管和肌损伤。

（8）下肢伤。下肢部位为上界与骨盆部相连接，下界为游离的脚趾。下肢的主要功能是支持和移动身体的质量，常见的损伤有股骨和胫腓骨骨折、挤压伤等，同时可伴有神经血管和肌损伤。

（9）多发伤。除了以上按部位进行分类外，还有多个部位同时出现的损伤。凡有两个或两个以上部位出现的损伤，而其中一处可危及生命者称为多发伤。同一部位（如下肢或腹部）发生多个损伤，一般不称为多发伤。

3. 按伤后皮肤完整性与否分类

按伤后皮肤完整性与否，可将创伤分为开放性创伤和闭合性创伤两类。一般地说，开放性创伤易于诊断，但易发生伤口污染以至感染；闭合性创伤诊断有时相当困难（如某些内脏损伤等）。闭合性实质性内脏器官创伤时，污染往往不严重；而空腔内脏器官损伤时（如肠破裂、膀胱破裂等），则可能发生严重的感染。

（1）开放性创伤。有皮肤破损的创伤称为开放性创伤，简称开放伤。在开放性创伤中，有穿入伤和穿透伤两种。穿入伤是指利器或投射物穿入人体表面后造成的损伤，可能仅限于皮下，也可能伤及内脏。与此相对应的是非穿入伤，指体表完整而皮肤下组织发生的损伤，如挫伤、扭伤等闭合性损伤。穿透伤指穿透体腔和伤及内脏的穿入伤。也就是说，凡穿透各种体腔（如脑膜腔、脊髓膜腔、胸膜腔、腹膜腔、关节腔等）造成内脏损伤者均称之为穿透伤，反之为非穿透伤。常见的开放性创伤有：

1）擦伤。擦伤是最轻的一种创伤，系致伤物与皮肤表面发生切线方向运动所致，即皮肤与物体粗糙面摩擦后而产生的浅表损伤。通常仅有表皮剥脱，少量出血或渗血，可能出现轻度炎症，一般 1～2 天内可自愈。

2）切伤和砍伤。切伤为锐利物体（如刀刃、剪子等）切开体表所致，其创缘较整齐，伤口大小及深浅不一，严重者其深部血管、神经或肌可被切断。因利器对伤口周围组织无明显刺激，故切断的血管多无明显收缩，出血量较多。砍伤与切伤相似，但刃器较重（如斧子、砍刀等）或作用力较大，故伤口多较深，并常伤及骨组织，伤后的炎症反应较为明显。

3）撕裂伤。撕裂伤是钝性暴力作用于体表，造成皮肤和皮下组织撕开和断裂。如行驶的车辆、开动的机器和奔跑的马匹等撞击人体时，易产生此类损伤。撕裂伤伤口形态各异，有瓣状、线状、星状等。撕裂伤伤口多污染较严重。

4）刺伤。刺伤为尖细物体（如刺刀、竹签、铁钉等）猛力插入软组织所致的损伤。刺伤的伤口多较小，易被血凝块堵塞，但较深，有时会伤及内脏。此类伤口易并发感染，尤其是厌氧菌感染。纤细的竹丝或木丝存留皮下时可造成剧痛。

（2）闭合性创伤。皮肤完整无伤口的创伤称为闭合性创伤，简称闭合伤。常见的闭合性创伤有：

1）挫伤。挫伤最为常见，是钝性暴力（如枪托、石块等）或重物打击所致的皮下软组织损伤。主要表现为伤部肿胀、皮下瘀血，有压痛，严重者可有肌纤维撕裂和深部血肿。如致伤力为螺旋方向，形成的挫伤称为捻挫伤，其损伤更为严重。内脏发生挫伤（如脑挫伤等）时，可造成实质细胞坏死和功能障碍。

2）挤压伤。挤压伤为肌丰富的肢体或躯干在受到外部重物（如倒塌的工事、房屋、楼板等）较长时间的挤压而造成的肌组织创伤。挤压伤与挫伤相似，但受力更大，致伤物与体表接触面积也更大，压迫的时间较长，故损伤常较挫伤更重。

3）扭伤。扭伤为关节部位一侧受到过大的牵张力，相关的韧带超过其正常活动范围而造成的损伤。扭伤一般有淤血、局部肿胀、青紫和活动障碍等症状。严重的扭伤可伤及肌和肌腱，以至发生关节软骨损伤和骨撕脱等，治愈后可因韧带或关节囊薄弱而复发。

4）震荡伤。震荡伤为头部受钝力打击所致的暂时性意识丧失，无明显或仅有很轻微的脑组织形态变化。

5）关节脱位。关节脱位也称脱臼，为关节部位受到不匀称的暴力作用后所引起的损伤。

6）闭合性骨折。闭合性骨折为强暴力作用于骨组织所产生的骨断裂。

7）闭合性内脏伤。闭合性内脏伤为强暴力传入体内后所造成的内脏损伤。头部受撞击后，能量传入颅内，形成应力波，迫使脑组织产生短暂的压缩、变位，在这一过程中可发生神经元的轻度损伤；如较重，可发生出血和脑组织挫裂，形成脑挫伤。行驶的机动车撞击胸腹部时，体表可能完好无损，而心、肺、大血管可发生挫伤和破裂，肝、脾等实质内脏器官或充盈的膀胱等也可发生撕裂或破裂性损伤。在高速行驶的车辆紧急制动时，佩戴安全带的人员因人体惯性运动受到安全带的阻挡，此时可发生闭合性的安全带伤，表现为内脏器官挫伤、破裂和出血，甚至脊柱压缩性骨折。

4. 按伤情轻重分类

创伤按伤情轻重分为轻伤、中等伤和重伤三类。

（1）轻伤。轻伤指不影响生命，一般无需住院治疗的伤情。如局部软组织伤、一般轻微的撕裂伤和扭伤等。

（2）中等伤。中等伤指伤情虽重但尚未危及生命的伤情。如上下肢开放性骨折、肢体挤压伤、创伤性截肢及一般的腹腔器官伤等。中等伤者常丧失劳动能力及生活能力，需手术治疗，一般无生命危险。

（3）重伤。重伤指危及生命或治愈后有严重残疾的伤情。例如严重休克、内脏伤等。

二、创伤的局部表现

1. 疼痛

创伤的伤处疼痛与受伤部位的神经分布、创伤轻重、炎症反应强弱等因素有关。伤处活动时疼痛加剧，制动后则减轻。一般创伤所致疼痛常在 2~3 天后缓解，疼痛持续或加重常提示可能并发感染。疼痛部位多为受伤部位。

2. 肿胀

局部出血和炎性渗出可导致伤处肿胀。浅部组织受伤时肿胀处多有触痛、发红、青紫或波动感。肢体节段性严重肿胀常预示着静脉血回流受阻致使远侧肢体也发生肿胀，如果组织内张力进一步增高而影响动脉血流，则可造成远侧肢体皮色苍白、皮肤温度降低。

3. 功能障碍

创伤本身可引起机体的功能障碍，如骨折导致肢体活动受限、气胸造成呼吸困难等。创伤炎症会引起机体的功能障碍，如咽喉创伤造成炎性水肿引起呼吸困难，腹腔脏器伤造成腹膜炎可发生呕吐和腹胀等。创伤疼痛也会引起机体的功能障碍，如下肢伤的疼痛影响行走，腹部伤的疼痛使腹式呼吸减弱等。

4. 皮下瘀斑

浅部组织受伤、皮下血管出血常表现为皮下瘀斑，瘀斑的大小因受伤范围和出血多少以及机体凝血机制的好坏而不同。如果有血肿形成常可在皮下瘀斑处触及波动感。深部受伤时有压痛，但瘀斑及波动感并不明显。

5. 伤口和创面

开放性创伤均有伤口和创面，其形状、大小、深度不一，伤口内有出血或瘀血。伤口或创面还可能有泥沙、木刺、衣服碎片、弹片等异物存留。如发生感染，伤口和创面则可发生溃烂或流脓。金黄色葡萄球菌感染时脓液呈现黄色，黏稠、无臭。溶血性链球菌感染时脓液较稀薄。铜绿假单胞菌（绿脓杆菌）感染时脓液呈现淡绿色。厌氧菌感染其分泌物有恶臭。

三、现场伤者的分级

当发生重特大自然灾害或生产事故时，往往出现批量伤员。而现场大量伤员的健康需求与可利用的医疗资源之间可能存在着潜在的不平衡，即供需不匹配，应把有限的资源用到急需的伤员身上。这就是要将伤员进行分类，经现场伤者分检，可将伤者按受伤情况和治疗的优先顺序，分为轻伤、重伤、危重伤和死伤四级，分别以"绿、黄、红、黑"的伤病卡做出标志，置于伤者的左胸部或其他明显部位，便于医疗救护人员辨认并及时采取相应的急救措施，如图 3-1 所示。经过现场伤者分级后，现场急救的救治顺序便确定了，即先重后轻，先急后缓，先红色，后黄色，再绿色，最后黑色。也就是说第一优先救治的是红色。

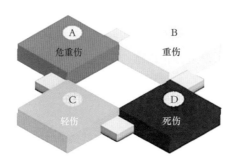

图 3-1　现场伤者的分级

1. A 级优先处理

A 级又称 1 级优先处理，为危重伤，用红色标签标识，如窒息、大出血、严重中毒、严重挤压伤、心室颤动等。A 级伤者需要立即进行现场心肺复苏和（或）立即手术，治疗绝不能耽搁。可在送院前做维持生命的治疗，如插管、止血、静脉输液等。A 级伤者应优先送往附近医院抢救。

2. B 级优先处理

B 级又称 2 级优先处理，为重伤，用黄色标签标识，如单纯性骨折、软组织伤、非窒息性胸外伤等。B 级伤者损伤严重，但全身情况稳定，一般不危及生命，需要进行手术治疗。有中等量出血、较大骨折或烧伤的伤者，转送前应建立静脉通道，改善机体紊乱状况。

3. C级优先处理

C级又称3级优先处理，为轻伤，用绿色标签标识，如一般挫伤、擦伤等。C级伤者受伤较轻，通常是局部的，没有呼吸困难或低血容量等全身紊乱情况，可自行行走，对症处理即可。C级伤者转送和治疗可以耽搁1.5～2h。

4. D级优先处理

D级又称4级优先处理，为死伤，用黑色标签标识，包括濒死的和抢救无望的两类。这类伤员抢救费时而困难，救治效果差，生存机会不大。

四、创伤现场急救的目的

1. 抢救、延长生命

创伤伤者由于重要脏器损伤（心、脑、肺、肝、脾及颈部脊髓损伤）及大出血导致休克时，可出现呼吸、循环功能障碍。故在呼吸、循环骤停时，现场急救要立即实施徒手心肺复苏，以维持生命，为专业医护人员或医院进一步治疗赢得时间。

2. 减少出血，防止休克

血液是生命的源泉，有效止血是现场急救的基本任务之一。严重创伤或大血管损伤时出血量大，需要迅速用一切可能的方法止血。

3. 保护伤口

保护伤口能预防和减少伤口污染，减少出血，保护深部组织免受进一步损伤。因此，开放性损伤的伤口要妥善包扎。

4. 固定骨折

骨折固定能减少骨折端对神经、血管等组织的损伤，同时能缓解疼痛。颈椎骨折如予妥善固定，能防止搬运过程中脊髓的损伤。因此，现场急救要用最简便有效的方法对骨折部位进行固定。

5. 防止并发症及伤势恶化

现场必要的通气、止血、包扎、固定处理，能够最大限度地防止伤者发生并发症，避免伤者伤势进一步恶化，减轻伤者痛苦。同时，现场急救过程中要注意防止脊髓损伤、止血带过紧造成肢体缺血坏死、胸外按压用力过猛造成肋骨骨折以及骨折固定不当造成血管神经损伤及皮肤损伤等并发症。

6.快速转运

现场经必要的通气、止血、包扎、固定处理后，要用最短的时间将伤者安全地转运到就近医院。

五、创伤现场急救的基本原则

1.现场安全

现场安全是现场急救的首要原则，是现场急救得以顺利开展的前提。如果是在高速公路上，或者在触电、火灾现场，或者是地震灾难现场，就不可以第一时间就地抢救，需要及时地消除安全隐患，解除危险因素，或者将伤者搬离至安全的环境，方可进行施救。

2.先救命，后治伤

对大出血、呼吸异常、脉搏细弱或心跳停止、神志不清的伤者，应立即采取急救措施，挽救生命。伤口处理一般应先止血，后包扎，再固定，并尽快妥善地转送医院。遇到大出血又有创口者，首先立即止血再消毒创口并进行包扎；遇到大出血又伴有骨折者，应先立即止血再进行骨折固定；遇有心跳呼吸骤停又有骨折者，应首先用口对口呼吸和胸外按压等技术使心肺脑复苏，直到心跳呼吸恢复后，再进行骨折固定。

3.先重伤，后轻伤

在严重的事故灾害中，可能出现大量伤者，一般按照伤者的伤情轻重展开急救。要优先抢救危重伤者，后抢救较轻的伤者。

4.先抢后救，抢中有救

在可能再次发生事故或引发其他事故的现场，如失火可能引起爆炸的现场、造成建筑物坍塌随时可能再次坍塌的现场、大地震后随时可能有余震发生的现场等，应先抢后救，抢中有救，以免发生二次伤害、爆炸或有害气体中毒等，确保救护者与伤者的安全。现场急救过程中，医护人员以救为主，其他人员以抢为主。施救者应各负其责，相互配合，以免延误抢救时机。

5. 先抢救再转送，先分类再转送

为避免耽误抢救时机，致使不应死亡者丧失生命，现场所有的伤者需经过急救处理后，方可转送至医院。不管伤轻还是伤重，甚至对大出血、严重撕裂伤、内脏损伤、颅脑损伤伤者，如果未经检伤和任何医疗急救处置就急送医院，后果十分严重。因此，必须先进行伤情分类，把伤者集中到标志相同的救护区，以便分别救治、转送。

6. 急救与呼救并重

当意外伤害发生时，在进行现场急救的同时，应尽快拨打电话120、110呼叫急救车，或拨打当地担负急救任务的医疗部门电话。在遇到成批伤者，又有多人在现场的情况下，应分工负责，急救和呼救同时进行。

7. 就地抢救，就地取材

在没有明确伤情和确保现场安全的情况下，现场急救都强调就地施救。不要轻易地去搬动伤者，以防止有其他的重要脏器或者中枢神经系统的损伤。意外伤害现场一般没有现成的急救器材，为了提高急救效率，要就地取材进行急救。比如，可用领带、衣服、毛巾和布条等代替止血带和绑扎带；用木棍、树枝和杂志等来代替固定夹板；用椅子、木板和桌子等代替担架等。

六、创伤现场急救不当的后果

在各种灾难性事件的现场急救过程中，由于很多人缺乏相关的知识，加之救人心切，使用了一些错误的方法对伤者进行止血、包扎、固定、搬运，或者为减轻疼痛习惯用手揉捏并按摩受伤部位，结果导致了十分严重的后果。

1. 导致截瘫

脊柱部位的骨折、脱位，随意搬动可能造成骨折、脱位加重而导致截瘫。颈椎部位的骨折，随意搬动可能造成四肢高位截瘫。胸腰部位骨折，不恰当的搬运可以损伤腰脊髓神经，发生下肢截瘫。比如，煤矿井下工人受伤后，工友们为了及早使伤者升井得到妥当的救治，常常把伤者从低矮的工作面背负着进行搬运，或者一人抬头另一人抬脚，没有注意腰部的保护，结果导致了原来没有神经症状的脊柱骨折者发生了截瘫。

2. 加重出血

对于骨盆、锁骨或四肢骨折者，由于骨折端锋利如同刀子，随意乱搬动会刺破局部血管导致出血，甚至是危及生命的大出血，或者可能使已经停止出血的骨折断端再次出血。锁骨粉碎性骨折，揉捏可能伤及锁骨下动脉。肋骨骨折，随意搬动可致骨折断端刺破肺脏，发生血胸、气胸及皮下气肿等。肱骨髁上骨折，揉压可能伤及肱动脉。股骨下段骨折，乱动可能损伤股动脉。

3. 损伤神经

四肢的长骨干骨折，其骨折断端会像刀子一样锋利。在此状态下，随意拉动、抬起、揉捏、按压受伤的肢体，除可能造成出血外，还可能使骨折断端刺伤或切断周围神经，从而造成神经麻痹，导致肢体局部功能丧失。

4. 加重休克

严重的骨折，如大腿、骨盆或多发性肋骨骨折合并内脏损伤时，由于失血和疼痛，伤者可能发生休克。如果再施以搬运颠簸就会进一步加重休克，甚至造成伤者死亡。也有的长时间被困井下的工人，虽说没有任何外伤，但一旦被解救出来，由于精神崩溃或应激反应，也会出现休克，甚至呼吸、心搏停止。

5. 导致肢体伤口感染

创伤发生后，创面渗血、渗液、血肉模糊，有时甚至被煤灰、污水、油渍所污染，这时很多伤者会因为慌乱随便拿东西捂在伤口上，如用污染的手套、纸巾、棉花等包扎伤口，这样很容易导致伤口的感染。另外，如果用上述物品包扎伤口不但会给医生清创时带来不便，非常费事、费时，难以清创干净，还会增加伤者感染机会、增加创伤创面、增加伤者痛苦。对四肢开放性骨折、胸腹开放伤，如果用不洁净的衣物、敷料盲目包扎，会将细菌带入伤口中，导致伤口感染，甚至产生败血症、脓毒血症、骨髓炎等，造成严重后果。

6. 引起二便障碍

对于骨盆骨折，特别是耻骨、坐骨支的骨折，如果搬运不当，扭转肢体，骨折端很容易造成男性尿道的断裂或挫伤，甚至直肠挫伤，从而引起排便、排尿困难。

7. 引起合并伤

关节脱位后随意按捏是很危险的。比如肩关节脱位，如果自己或非专业人员盲目复位，容易合并局部肱骨骨折、血管损伤和神经损伤。

8. 造成骨坏死

如果股骨颈、腕骨骨折后翻动搬抬，会损伤仅存的关节囊血管和骨干的滋养血管，从而导致股骨颈、腕骨的血运严重破坏，不仅会造成骨折愈合困难，而且可能导致股骨、腕骨头无菌性坏死。

9. 导致肢体坏死

肢体受伤后，特别是合并骨折后，局部肿胀非常严重。此时如果固定不当，使用大量敷料包扎，虽然可能暂时有一定的止血效果，但时间不久会导致肢体麻木，超过 2h 以上就可能导致肢体缺血性坏死。

培训能力项

项目：现场伤者分级

本项目规定的作业任务是针对重特大自然灾害或生产事故现场多人受伤的情况，模拟不同伤情所进行的现场伤者分级作业。

现场分散布置若干写有窒息、大出血、严重中毒、严重挤压伤、心室颤动、单纯性骨折、软组织伤、非窒息性胸外伤、挫伤、擦伤、濒死的和抢救无望的等标明伤员不同伤情的牌子，操作者拿红色、黄色、绿色、黑色标签分别对所有伤者进行分级。

现场伤者分级作业内容及其质量标准见表 3-1。

表 3-1　现场伤者分级作业内容及其质量标准

序号	作业项	作业内容	质量标准
1	作业前的准备工作	—	—
2	现场环境布置	现场分散布置写有窒息、大出血、严重中毒、严重挤压伤、心室颤动、单纯性骨折、软组织伤、非窒息性胸外伤、挫伤、擦伤、濒死的和抢救无望的表明伤员不同伤情的牌子各1个，绿色、黄色、红色、黑色标签各若干	表明伤员不同伤情的牌子不均匀地分散各处
3	A级（1级）优先处理	为危重伤，用红色标签标识。危重伤者有：窒息、大出血、严重中毒、严重挤压伤、心室颤动	伤情判断准确，放置标签颜色正确
4	B级（2级）优先处理	为重伤，用黄色标签标识。重伤者有：单纯性骨折、软组织伤、非窒息性胸外伤、严重烧伤	伤情判断准确，放置标签颜色正确
5	C级（3级）优先处理	为轻伤，用绿色标签标识。轻伤者有：一般挫伤、擦伤	伤情判断准确，放置标签颜色正确
6	D级（4级）优先处理	为死伤，用黑色标签标识。死伤者有：濒死的、抢救无望的	伤情判断准确，放置标签颜色正确
7	伤者分级完成	口述：现场伤者分级完成	声音洪亮，叙述清晰
8	安全文明生产	—	—

第二节 创伤的现场止血技术

培训知识点

血液是维持生命的重要物质，正常人的血液总量约相当于体重的 7%~8%，一个体重 50kg 的人约有血液 4000ml。

出血是创伤的突出表现，如擦伤、撞伤、挫伤、锐器割伤等都可能导致出血。现场及时有效地止血是减缓出血、挽救生命、减少伤亡、为伤者赢得进一步治疗时间的重要技术。

一、失血的表现

失血量是影响伤者健康和生命的主要因素。如果失血量较少，不超过总血量的 10%，可以通过身体的自我调节，很快恢复正常。如果失血量超过总血量的 20%（约 800ml）时，会出现头晕、脉搏增快、血压下降、出冷汗、肤色苍白、少尿等症状。当失血量超过 40%（约 1600ml）时，可能出现昏迷，意识丧失，甚至威胁生命安全。

二、出血类型

出血可根据出血部位不同和血管破裂类型进行分类。

1. 根据出血部位不同分类

根据出血部位不同，出血分为皮下出血、内出血和外出血三种。

（1）皮下出血。皮下出血多见于因跌伤、撞伤、挤伤、挫伤，造成皮下软组织内出血，形成血肿、瘀斑。

（2）内出血。内出血是深部组织和内脏损伤，如肝、脾、肾等，血液由破损的血管流入组织脏器和器官，形成脏器血肿或积血。

（3）外出血。外出血是血管受到外力作用后血管破裂，血液由破裂的血管流向体表。

2. 根据血管破裂类型分类

根据血管破裂的类型不同，出血分为动脉出血、静脉出血和毛细血管出血三种。

（1）动脉出血。动脉出血时血液呈鲜红色，呈喷射状，短时间内可造成大量出血，危及生命。

（2）静脉出血。静脉出血时血液色暗，呈涌泉状，缓慢向外流出，危险性较动脉性出血小。

（3）毛细血管出血。毛细血管出血时血液由鲜红变为暗红，呈水珠状渗出，速度慢且量少，常能自行凝固，危险性小。

三、止血材料

1. 医用止血材料

常用的医用止血材料主要有无菌纱布、敷料、橡胶止血带、绷带、创可贴、三角巾等。

（1）无菌纱布。如图 3-2（a）所示，无菌纱布主要用于保护和覆盖创口、吸收皮肤表面或创伤渗出的液体等。无菌纱布采用脱脂棉纱或天然纤维制成。

（2）敷料。如图 3-2（b）所示，医用敷料主要指止血纱布，用以覆盖疮、伤口或其他损害，包括天然纱布、合成纤维类敷料、多聚膜类敷料、发泡多聚类敷料、水胶体类敷料、藻酸盐敷料等。天然纱布是使用最早、最为广泛的一类敷料。

（3）橡胶止血带。如图 3-2（c）所示，橡胶止血带适用于医疗机构在常规治疗及救治中输液、抽血、输血，或肢体出血、野外蛇虫咬伤出血时的应急止血。橡胶止血带采用医用高分子材料天然橡胶或特种橡胶精制而成，一般呈乳白色，长条扁平型，伸缩性强。

（4）绷带。如图 3-2（d）所示，绷带是现场止血、包扎、固定的常用医用材料。绷带根据用途分为多种类型和规格，可适用于身体不同部位的止血包扎。最简单的一种是单绷带，由纱布或棉布制成，适用于四肢、尾部、头部以及胸腹部止血包扎。复绷带是按人体部位和形状而制成的各种形状的绷带，材料为双层棉布，其间可夹不同厚度的棉花，周边有布条，以便打结固定，如眼绷带、背腰绷带、前胸绷带和腹绷带等。

（5）创可贴。如图 3-2（e）所示，创可贴又称止血药膏，是生活中最常用的一种外科用药，主要用于小伤口、擦伤的止血、护创。它由一条长形的胶布中间附以小块浸过药物的纱布构成。

（6）三角巾。如图 3-2（f）所示，三角巾是现场急救中较通用的材料，适合全身各部位的包扎，也可临时固定夹板、敷料和代替止血带使用。三角巾的规格有多种，常用的展开状态规格为底边 135cm、两斜边均为 85cm 的等腰三角形。三角巾还可根据需要做成不同的形状，用以固定伤肢、固定敷料等。常见的形状有条形、燕尾形和环形。

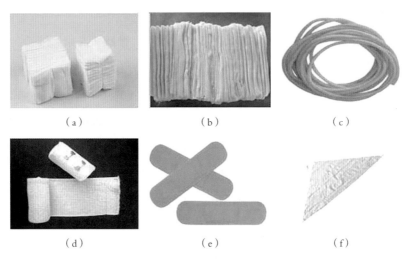

（a）　　　　　　　　（b）　　　　　　　　（c）

（d）　　　　　　　　（e）　　　　　　　　（f）

图 3-2　常用医用止血材料

（a）无菌纱布；（b）敷料；（c）橡胶止血带；（d）绷带；（e）创可贴；（f）三角巾

1）条形。先把三角巾的顶角折向底边中央，然后根据需要折叠成三横指或四横指宽窄的条带，如图 3-3 所示。

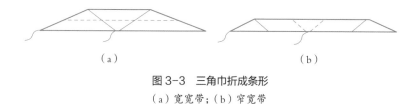

（a）　　　　　　　　　　　　（b）

图 3-3　三角巾折成条形

（a）宽宽带；（b）窄宽带

2）燕尾形。将三角巾的两底角对折重叠，然后将两底角错开并形成一定夹角的燕尾形状。燕尾的夹角大小可根据包扎部位的不同而定，如图 3-4 所示。

燕尾夹角

图 3-4　三角巾折成燕尾形

3）环形。将三角巾折成带状，一端在手指周围缠绕数次，形成环状，将另一端穿过此环并反复缠绕。

2. 就地取材止血材料

就地取材止血材料有衣服、毛巾、手帕、领带、宽布条等。但要注意，电线、鞋带、皮带、绳子、铁丝等太细且没有弹性的材料不能用来止血，以免造成皮肤甚至表浅组织损伤。

四、止血方法

现场急救止血的方法主要有包扎止血法、加压包扎止血法、指压动脉止血法、填塞止血法、加垫屈肢止血法和止血带止血法等。

（一）包扎止血法

包扎止血法适用于表浅伤口出血或小血管和毛细血管出血。现场可用创可贴止血；也可将足够厚度的敷料、纱布覆盖在伤口上，覆盖面积要超过伤口周边至少 3cm；还可选用头巾、手帕、清洁的布料、衣物等进行包扎止血。

（二）加压包扎止血法

加压包扎止血法适用于全身各部位的小动脉、静脉、毛细血管出血。用敷料或清洁的毛巾、绷带、三角巾等覆盖伤口，加压包扎达到止血的目的。加压包扎止血法分为直接加压法和间接加压法两种。

1. 直接加压法

直接加压法是通过直接压迫出血部位而止血的。直接加压法止血的操作要点是：

（1）伤者坐位或卧位，抬高患肢（骨折除外）。

（2）检查伤口无异物，用敷料覆盖伤口，敷料要超过伤口周边至少 3cm，如果敷料已被血液浸湿，再加上一块敷料。

（3）用手加压压迫，然后用绷带或三角巾包扎，最后检查包扎后的血液循环情况。

2. 间接加压法

若伤者伤口有异物（如扎入体内的剪刀、刀子、钢筋、竹木片、玻璃片等），采用间接加压法止血，即先保留异物并在伤口边缘固定异物，然后在伤口周围覆盖敷料，再用绷带或三角巾加压包扎。

（三）指压动脉止血法

指压动脉止血法就是用手指压住出血的血管上端（近心端），以压闭血管，阻断血流，从而达到止血目的。此法简单、快速，适用于头部、颈部、四肢部位的应急止血，但压迫时间不宜过长。采用此法，施救者需熟悉各部位血管出血的压迫点。人体不同部位出血的止血按压位置和按压方法是：

1. 面部出血

用拇指压迫下颌角与咬肌前沿交界处凹陷的面动脉可用于面部止血，如图 3-5 所示。面部的大出血需压住双侧面动脉才能止血。

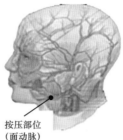

按压部位
（面动脉）

图 3-5　面部压迫止血

2. 额部、头顶部出血

用拇指在耳前对着下颌关节上方（耳屏前上方 1.5cm 的凹陷处）的颞浅动脉用力压住，可用于额部、头顶部止血，如图 3-6 所示。

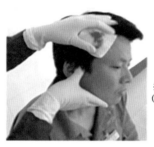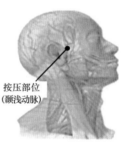

按压部位
（颞浅动脉）

图 3-6　额部、头顶部压迫止血

3. 头面部大出血

在颈根部同侧气管外侧，摸到跳动的血管（颈总动脉），用大拇指放在跳动处向后、向内压下，可用于头面部大出血止血，图 3-7 所示。注意不要同时压迫两侧颈总动脉，以免造成脑部缺血缺氧。

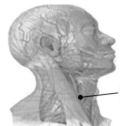

按压部位
（双动脉）

图 3-7　头面部压迫止血

4. 臂部出血

指压锁骨下的动脉在锁骨中点上方凹处向下向后摸到跳动的锁骨下的动脉，用大拇指压住，可用于腋窝、肩部及上前臂止血。指压位于上臂内侧中部的肱二头肌内侧沟处的肱动脉能止住前臂出血，如图 3-8 所示。

图 3-8　前臂压迫止血

5. 鼻子出血

指压鼻翼用于鼻子止血。按压时，头微前倾，手指压迫出血一侧鼻翼 10～15min。如超过 30min 仍未止血，需送医院检查治疗。

6. 手部出血

一手压在腕关节内侧（通常摸脉搏处）的桡动脉，另一手压在腕关节外侧的尺动脉，可用于手掌、手背止血，如图 3-9 所示。用拇指和中指分别压住出血手指两侧的指动脉，可用于手指止血，如图 3-10 所示。把出血的手指屈入掌内，形成紧握拳头式也可以进行手指止血。

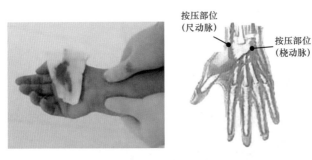

图 3-9　手掌、手背压迫止血

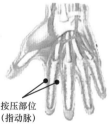

按压部位
（指动脉）

图 3-10　手指压迫止血

7. 腿部出血

稍屈大腿使肌肉松弛，用大拇指向后压住腹股沟韧带中点偏内侧的下方跳动的股动脉或用手掌垂直压于其上部，可用于大腿及下肢止血，如图 3-11 所示。用大拇指用力压迫位于腘窝中部跳动的腘动脉，可用于小腿及以下部位止血，如图 3-12 所示。

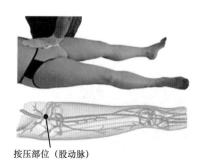

按压部位（股动脉）

图 3-11　大腿压迫止血

按压位置（腘动脉）

图 3-12　小腿压迫止血

8. 足部出血

用两手拇指分别压迫位于足背皮肤横纹中点的足背动脉和位于内踝与跟腱之间的胫后动脉，可用于足部止血，如图 3-13 所示。

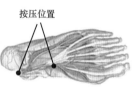

按压位置

图 3-13　足部压迫止血

（四）填塞止血法

填塞止血法用于四肢较大、较深的伤口或穿通伤，且出血多、组织损伤严重时。用消毒的急救包、棉垫或消毒纱布，填塞在创口内，再用纱布、绷带、三角巾或四头带做适当包扎，如图3-14所示。松紧度以能达到止血目的为宜。填塞物不宜全部置于伤口内，最好留一小部分在伤口外，以方便取出。

（五）加垫屈肢止血法

加垫屈肢止血法用于外伤较大的上肢或小腿出血。屈曲的肢体应无骨折、关节损伤。加垫屈肢止血法就是在肢体关节弯曲处加垫子（如一卷纱布、一卷毛巾等），如放在肘窝、腘窝处，然后用绷带或三角巾把肢体弯曲起来，使用环形或"8"字形包扎，如图3-15所示。使用此法时要注意肢体远端的血液循环情况，每隔40~50min缓慢松开3~5min。此法对伤者痛苦较大，不宜首选。

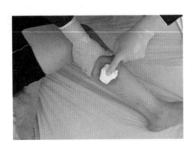 

图 3-14 填塞止血法　　　　图 3-15 加垫屈肢止血法

（六）止血带止血法

止血带止血法主要用于其他方法不能控制的大血管损伤出血。止血带止血法能有效地控制四肢出血，但损伤较大，应用不当可致肢体坏死，故应谨慎使用。

1. 常用止血带操作方法

止血带有橡皮止血带（橡皮条和橡皮带）、气囊止血带和布制止血带等，其操作方法各有不同。

（1）橡皮止血带止血。先在上止血带的部位垫上1~2层纱布，左手在橡皮带一端约 10cm 处由拇指、食指和中指紧握，使手背向靠在扎止血带的部位，右手持带的中段拉紧，绕伤肢一圈后，把带塞入左手的食指与中指之间，左手的食指与中指紧夹止血带向下拉出一段，使之成为一个活结，外观呈 A 字形。

（2）气囊止血带止血。常用血压计袖带。操作方法比较简单，只要把袖带绕在扎止血带的部位，然后打气至伤口停止出血（上肢止血时，一般压力表指示 300mmHg）为止。为防止止血带松脱，上止血带后再缠绕绷带加强。

（3）布制止血带止血。将三角巾折成带状或将其他布料折叠成三四指宽的布条，在伤肢的正确部位垫好衬垫，布条两端从上向下拉紧绕伤肢一圈，在伤肢下方交叉后提起，如图 3-16（a）所示；在伤肢的上方打个蝴蝶结，结的下面留出 2~3 指的空隙，取一根绞棒穿在蝴蝶下面的空隙内，如图 3-16（b）所示；提起绞棒按顺时针方向拧紧，如图 3-16（c）所示；将绞棒一端插入蝴蝶结环内，最后拉紧活结并与另一头打结固定，如图 3-16（d）所示。

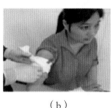

（a）　　　　　　　（b）　　　　　　　（c）　　　　　　　（d）

图 3-16　布制止血带止血

（a）布条绕伤肢一圈；（b）打蝴蝶结并插入绞棒；（c）绞紧绞棒；（d）固定绞棒

2. 止血带使用注意事项

不管采用哪种止血带，用止血带止血时都应注意以下几点：

（1）上止血带时应标记时间，因为上肢耐受缺血的时间是 1h，下肢耐受缺血的时间是 1.5h。扎止血带时间越短越好，一般不超过 1h，如必须延长，则应每隔 40~50min 放松 3~5min，在放松止血带期间需用指压法临时止血。在松止血带时，应缓慢松开，并观察是否还有出血，切忌突然完全松开止血带。

（2）上止血带的部位，上肢在上臂上 1/3 处，下肢在大腿中上段。

（3）缚扎止血带松紧度要适宜，以出血停止、远端摸不到动脉搏动为准。

过松达不到止血目的，且会增加出血量；过紧易造成肢体肿胀和坏死。

（4）止血带只是一种应急的措施，而不是最终的目的，因此上了止血带应尽快到医院急诊科处理。

（5）禁忌使用铁丝、绳索、鞋带、电线等无弹性且很细的物品用作止血带。

培训能力项

项目一：指压动脉止血

本项目规定的作业任务是针对多处外伤出血者，两人相互配合，互为操作对象（或以创伤急救模拟人为操作对象）所进行的指压动脉止血作业。

伤者面部、头顶部、头面部、上肢、前臂手掌手背、手指、下肢、小腿、足部等多处出血，先检查伤口，迅速、准确地查找出血位置后，准确查找压迫点并用指压动脉法进行止血。

指压动脉止血作业内容及其质量标准见表 3-2。

表 3-2　指压动脉止血作业内容及其质量标准

序号	作业项	作业内容		质量标准
1	作业前的工作	—		—
2	摆正体位	模拟人处于仰卧位（扮演伤者处于坐位）		体位正确
3	指压动脉止血	面部出血	检查伤口位置，口述：伤者面部出血，用指压面动脉进行止血	伤口位置确认准确，口述清晰，声音洪亮
			用拇指压迫下颌角与咬肌前沿交界处凹陷的面动脉，直至伤口不出血或轻微渗血	动脉压迫点正确，压迫力度适度
		头顶部出血	检查伤口位置，口述：伤者头顶部出血，用指压颞浅动脉进行止血	伤口位置确认准确，口述清晰，声音洪亮
			用拇指在耳前对着下颌关节上用力，可将颞动脉压住，直至伤口不出血或轻微渗血	动脉压迫点正确，压迫力度适度

（续表）

序号	作业项		作业内容	质量标准
3	指压动脉止血	头面部大出血	检查伤口位置，口述：伤者头面部大出血，用指压颈总动脉进行止血	伤口位置确认准确，口述清晰，声音洪亮
			指压颈总动脉可用于头面部大出血止血。在颈根部，同侧气管外侧，摸到跳动的血管，用大拇指放在跳动处向后、向内压住，直至伤口不出血或轻微渗血	动脉压迫点正确，压迫力度适度、压迫方向正确。不可同时压迫两侧颈动脉
		上肢出血	检查伤口位置，口述：伤者上肢出血，用指压锁骨下动脉进行止血	伤口位置确认准确，口述清晰，声音洪亮
			在锁骨中点上方凹处向下向后摸到跳动的锁骨下动脉，用大拇指压住，直至伤口不出血或轻微渗血	动脉压迫点正确，压迫力度适度
		前臂出血	检查伤口位置，口述：伤者前臂出血，用指压肱动脉进行止血	伤口位置确认准确，口述清晰，声音洪亮
			一手握住伤者伤肢的腕部，将上肢外展外旋，并屈肘抬高上肢，一手食指或无名指，在出血侧上臂肱二头肌内侧沟找到肱动脉搏动点，压至伤口不出血或轻微渗血	伤肢位置摆放动作正确，动脉压迫点正确，压迫力度适度
		手掌、手背出血	检查伤口位置，口述：伤者手掌、手背出血，用指压桡动脉、尺动脉进行止血	伤口位置确认准确，口述清晰，声音洪亮
			一手压在腕关节内侧的桡动脉，另一手压在腕关节外侧的尺动脉处，直至伤口不出血或轻微渗血	动脉压迫点正确，压迫力度适度
		手指出血	检查伤口位置，口述：伤者手指出血，用指压指动脉进行止血	伤口位置确认准确，口述清晰，声音洪亮
			用拇指和中指分别压住出血手指的两侧根部，直至伤口不出血或轻微渗血	动脉压迫点正确，压迫力度适度。不可压住手指的上下面
		下肢出血	检查伤口位置，口述：伤者下肢出血，用指压股动脉进行止血	伤口位置确认准确，口述清晰，声音洪亮
			在大腿根部中间处，稍屈大腿使肌肉松弛，用大拇指向后压住跳动的股动脉或用手掌垂直压于其上部，直至伤口不出血或轻微渗血	动脉压迫点正确，压迫力度适度
		小腿出血	检查伤口位置，口述：伤者下肢出血，用指压腘动脉进行止血	伤口位置确认准确，口述清晰，声音洪亮
			在腘窝中部摸到跳动的腘动脉，用大拇指用力压迫，直至伤口不出血或轻微渗血	动脉压迫点正确，压迫力度适度

（续表）

序号	作业项	作业内容		质量标准
3	指压动脉止血	足部出血	检查伤口位置，口述：伤者足部出血，用指压足背脉和胫后动脉进行止血	伤口位置确认准确，口述清晰，声音洪亮
			用两手拇指分别压迫位于足背皮肤横纹中点的足背动脉和位于跟骨与内踝之间内踝与跟腱之间的胫后动脉，直至伤口不出血或轻微渗血	动脉压迫点正确，压迫力度适度
4	指压止血完成	口述：伤者伤口已全部止血，指压动脉止血完成		口述清晰，声音洪亮
5	安全文明生产	—		—

项目二：上前臂简易止血带止血

本项目规定的作业任务是针对上前臂大出血者，两人相互配合，互为操作对象，利用三角巾和小木棒制作简易止血带进行止血作业。

在对伤者进行全面检查，确认出血位置并确认伤口无异物后，先用三角巾制作一条布制止血带，在上止血带部位垫好衬垫，然后进行止血带止血操作。

上前臂简易止血带止血作业内容及其质量标准见表 3-3。

表 3-3　上前臂简易止血带止血作业内容及其质量标准

序号	作业项	作业内容		质量标准
1	作业前的工作	—		—
2	摆正体位	扮演伤者处于站位或坐位，伤肢抬高；施救者站或坐于其对面		伤者体位及施救者站位准确
3	伤情判断	迅速、准确地查找伤者出血位置及受伤情况，口述：伤者上前臂大出血，无伤口异物，需进行止血带止血		查找伤口位置正确，口述清晰，声音洪亮
4	确定止血带结扎位置	确定止血带结扎位置在伤臂的上臂上 1/3 处		止血带结扎位置应避开伤口
5	结扎止血带	结扎前处理	尽可能将伤者上臂抬高	上臂抬高至受伤部位在心脏以上位置
			将三角巾折成条形	将三角巾折叠成三四横指宽的布条

（续表）

序号	作业项		作业内容	质量标准
5	结扎止血带	结扎前处理	在准备上止血带的部位垫一层布垫，用以保护皮肤	布垫要包裹上臂一周；操作时手指不直接触碰伤口
		扎结止血带	两手分别握住布条两端从上向下拉紧绕伤臂一圈，在伤臂下方交叉后提起，在伤臂的上方打个蝴蝶结	两手间距不宜过大，以方便缠绕；缠绕时注意两手配合
			结的下面留出约二三指的空隙，取一根绞棒穿在蝴蝶下面的空隙内，提起绞棒按顺时针方向拧紧	止血带的松紧以末端充血为宜
			将绞棒一端插入蝴蝶结环内，最后拉紧活结并与另一头打结固定	活结拉紧，固定牢靠
			在明显部位加上标记，注明结扎止血带的日期、时间	标记明显，填写日期、时间清楚
6	止血带松紧度检查		检查止血带的松紧程度，检查手指尖血液循环情况。口述：止血带松紧度适宜，末梢血液循环正常	止血带的松紧度以出血停止、远端摸不到动脉搏动为准；指尖无紫红、肿胀
7	松解止血带	松解	松解止血带同时用指压止血法止血，口述：止血带使用总时间不能超过5h，每隔40~50min应松解3~5min	不得以手指直接接触伤口；指压位置正确；口述清晰，声音洪亮
		重新结扎	按步骤5、6重新结扎止血带	重新结扎位置比原来结扎部位稍低
8	安全文明生产		—	—

项目三：小腿出血加压包扎

本项目规定的作业任务是针对小腿出血伴有伤口异物者，两人相互配合，互为操作对象或以创伤急救模拟人为操作对象所进行的加压包扎作业。

在对伤者进行全面检查，确认出血位置并确认伤口有异物后，先保留并固定异物，再用绷带螺旋反折包扎法进行加压包扎。

小腿出血加压包扎作业内容及其质量标准见表3-4。

表 3-4　小腿出血加压包扎作业内容及其质量标准

序号	作业项	作业内容	质量标准
1	作业前的工作	—	—
2	摆正体位	模拟人/扮演伤者处于仰卧位，伤肢微屈抬高，施救者蹲于伤者脚部位置	操作规范，手指不直接触碰伤口；伤者体位及施救者站位准确
3	检查伤口	准确查找伤者受伤位置，口述：伤者小腿出血并有异物，先进行异物固定，再进行加压包扎	查找伤口位置正确；口述清晰，声音洪亮
4	伤口异物固定	用纱布制作成超出伤口 3cm 的敷料，加在异物两旁，直接压迫止血	敷料不能过小或过大；操作过程中，手指不得直接触碰伤口；压迫止血至不出血或轻微渗血为止
		用三角巾做一个环形垫，围在异物周围	环形垫的高度应高于异物；操作过程中，手指不得直接触碰伤口
5	加压包扎	一手将绷带固定在敷料上，另一手持绷带卷将绷带打开，一端稍作斜状环绕第一圈，将第一圈斜出一角压入环形圈内，环绕第二圈	必须将绷带固定并覆盖在敷料上；开始必须环绕两圈
		第三圈开始向上，每圈绷带反折，盖住前圈 1/2～1/3，由远心端向近心端缠绕 4～6 圈，完全覆盖敷料后再环绕两圈	绷带必须完全覆盖敷料；最后必须环绕两圈
		将绷带尾从中央纵向剪开形成两个布条，两布条先打一结，再绕肢体打平结固定	绷带剪开后先打一结再打成平结；打结应避开伤口
6	包扎后的检查	用小指头插入包扎绷带与小腿之间，检查包扎形状及松紧度。口述：包扎松紧合适，无敷料脱落或移动	包扎松紧合适，绷带内能容纳一小指头，但不会使敷料脱落或移动
7	安全文明生产	—	—

第三节　创伤的现场包扎技术

培训目标

1. 正确理解现场包扎的目的。
2. 熟练掌握现场包扎的要点及注意事项。
3. 熟练掌握尼龙网套、创可贴包扎的方法及其适用场合。
4. 熟练掌握绷带包扎方法及其适用场合。
5. 熟练掌握三角巾包扎方法及其适用场合。

培训知识点

一、现场包扎的目的

现场包扎是开放性创伤处理中较简单但行之有效的保护措施，是创伤现场急救的四大技术之一。及时正确的创面包扎可以达到保护伤口、减少感染、压迫止血、减轻疼痛、保护组织，以及固定敷料和夹板等目的，有利于伤口早期愈合、伤员转运和进一步治疗。

二、现场包扎的材料

常用的包扎材料有创可贴、绷带、三角巾、胶带、尼龙网套和简易材料。创可贴、绷带、三角巾在上一节已作介绍。胶带用于固定绷带、敷料等，具有多种宽度，呈卷状。尼龙网套可用于头部及肢体包扎，具有良好的弹性，使用方便。简易材料包括现场能够找到的毛巾、头巾、手绢、衣物、窗帘、领带等，属于应急包扎材料。

三、现场包扎的动作要点及注意事项

1. 现场包扎的动作要点

现场包扎的动作要点是"快、准、轻、牢"。

"快"——包扎动作要迅速敏捷。

"准"——包扎部位要准确、严密，不遗漏伤口。

"轻"——包扎动作要轻柔，不要碰触伤口，以免增加伤者的疼痛和出血。

"牢"——包扎要牢靠。过松易造成敷料脱落；过紧会妨碍血液流通和压迫神经。

2. 现场包扎的注意事项

（1）包扎时尽可能戴上医用手套。如必须用裸露的手进行伤口处理，在处理前，应用肥皂清洗双手。

（2）包扎前脱去或剪开伤者衣服，以便暴露伤口，检查伤情。

（3）包扎前在伤口加盖够大、够厚的敷料，以封闭伤口，防止污染。

（4）除热烧伤、化学烧伤外，一般伤口不要用水冲洗。

（5）打结时应避开伤口、眼睛、乳头、男性生殖器和坐卧受压位置。

（6）包扎时，乳房下、腋下、两指（趾）间、骨隆突部分应加垫保护。

（7）不要对嵌有异物或骨折断端外露的伤口直接进行包扎，也不要将伤口异物拔出。

（8）不要在伤口上涂抹任何消毒剂或药物。

（9）不管用哪种包扎方法，包扎时松紧要适度。若手、足的甲床发紫，绷带缠绕肢体远心端皮肤发紫，有麻木感或感觉消失，严重者手指、足趾不能活动时，说明绷带包扎过紧，应立即松开绷带，重新缠绕。无手指、足趾末端损伤者，包扎时要暴露肢体末端，以便观察末梢血液循环情况。

四、现场包扎的方法

现场包扎的方法有尼龙网套包扎法、创可贴包扎法、绷带包扎法和三角巾包扎法。

（一）尼龙网套包扎法

先用无菌敷料覆盖伤口并固定，再将尼龙网套套在敷料上。尼龙网套在现场急救时可有效帮助止血、保护伤口。

（二）创可贴包扎法

创可贴具有止血、消炎、止疼、保护伤口等作用，使用方便，效果佳，可根据伤口大小选择不同规格的创可贴伤口进行包扎。

（三）绷带包扎法

绷带包扎法有环形包扎法、回返式包扎法、"8"字形包扎法、螺旋包扎法和螺旋反折包扎法。

1. 环形包扎法

环形包扎法是绷带包扎中最基础、最常用的方法，适用于肢体粗细均匀处伤口的包扎或一般小伤口清洁后的包扎。其具体操作方法是：

（1）用无菌敷料覆盖伤口。

（2）用左手将绷带固定在敷料上，右手持绷带卷环绕肢体进行包扎，如图3-17（a）所示。

（3）将绷带打开，一端稍作斜状环绕第一圈，将第一圈斜出一角压入环形圈内，环绕第二圈并压住斜角。

（4）加压绕肢体环形缠绕4～5圈，每圈盖住前一圈，绷带缠绕范围要超出敷料边缘，如图3-17（b）所示。

（5）最后用胶布将绷带粘贴固定，如图3-17（c）所示；或将绷带尾端从中央纵向剪成两个布条，两布条先打一结，然后再缠绕肢体一圈，打结固定。

（6）检查末梢血液循环情况。

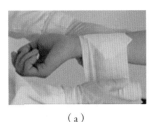 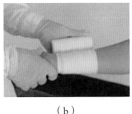 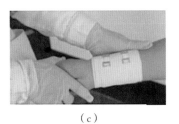

（a）　　　　　　　　（b）　　　　　　　　（c）

图3-17　环形包扎法

（a）将绷带固定在敷料上；（b）加压绕肢体环形缠绕4～5层；（c）用胶布粘贴固定

2. 回返式包扎法

回返式包扎法用于头部、肢体末端或断肢残端部位的包扎。头部回返式包扎的具体操作方法是：

（1）用无菌敷料覆盖伤口。

（2）先环形固定两圈，固定时前方齐眉，后方达枕骨下方，如图3-18（a）所示。

（3）左手持绷带一端于头后中部，右手持绷带卷从头后方向前绕到前额，然后再固定前额处绷带向后反折，如图3-18（b）所示。

（4）反复呈放射性反折，每圈覆盖上圈 1/3 ~ 1/2，直至将敷料完全覆盖，如图3-18（c）所示。

（5）最后环形缠绕两圈，反折将绷带固定，如图3-18（d）所示。

（6）检查末梢血液循环情况。

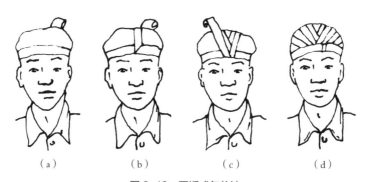

（a） （b） （c） （d）

图3-18　回返式包扎法

（a）环形固定两圈；（b）从头后绕到前额，固定前额处绷带向后返折；
（c）反复放射性返折；（d）环形缠绕两圈

3. "8"字形包扎法

"8"字形包扎法多用于手掌、踝部和其他关节处伤口包扎，各部位的包扎方法基本相同。如图3-19（a）为脚踝"8"字形包扎，图3-19（b）为手腕"8"字形包扎。"8"字形包扎时最好选用弹力绷带。现以手掌"8"字形包扎法为例进行说明：

（1）用无菌敷料覆盖伤口。

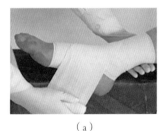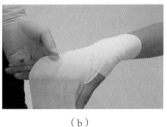

（a）　　　　　　　　　　　（b）

图 3-19　"8"字形包扎法

（a）脚踝"8"字包扎；（b）手腕"8"字包扎

（2）握住绷带，用绷带斜向压住敷料，先从手腕开始环形缠绕一圈，将预留的绷带一角内折，在第二圈缠绕时压住。

（3）将绷带向远端（手指方向）绕手指缠绕一圈，露出小指的指甲，再向下绕手指和手腕进行"8"字形缠绕，直到完全覆盖敷料。缠绕时，每次重叠压住绷带宽度的 2/3。

（4）最后，绷带在手腕上缠绕两圈，尾端在腕部固定。

（5）检查末梢血液循环情况。

注：包扎踝部时先从脚腕开始缠绕；包扎关节时绕关节上下"8"字形缠绕。

4. 螺旋包扎法

螺旋包扎法适用肢体粗细基本相同和躯干部位的包扎，如图 3-20 所示。具体操作方法是：

（1）用无菌敷料覆盖伤口。

（2）先从近心端开始环形缠绕两圈。

（3）从第三圈开始，环绕时压住前一圈的 1/3 ~ 1/2。

（4）完全覆盖伤口及敷料后，用胶布将绷带尾部固定或打结固定。

（5）检查末梢血液循环情况。

5. 螺旋反折包扎法

螺旋反折包扎法用于肢体上下粗细不等部位的包扎，如小腿、前臂等，如图 3-21 所示。具体操作方法是：

（1）用无菌敷料覆盖伤口。

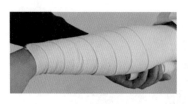
图 3-20 螺旋包扎法

图 3-21 螺旋反折包扎法

（2）用环形法固定伤肢近心端后作螺旋包扎。

（3）螺旋至肢体较粗或较细的部位时，每绕一圈在同一部位把绷带反折一次，盖住前一圈的 1/3 ~ 1/2，反折时，以左手拇指按住绷带上面的正中处，右手将绷带向下反折，向后绕并拉紧。注意反折处不要处在伤口部位。

（4）由远而近缠绕，直至完全覆盖伤口及敷料，再打结固定。

（5）检查末梢血液循环情况。

（四）三角巾包扎法

三角巾包扎法操作简便，材料简单，适用于身体各个部位的包扎。使用三角巾包扎时要注意边要固定、角要拉紧、中心伸展、敷料贴实。在应用时可按需要折叠成不同的形状，适用于身体不同部位的包扎。

1. 三角巾头部包扎

三角巾头部包扎采用头顶帽式包扎法，其具体操作方法是：

（1）用无菌敷料覆盖伤口。

（2）将三角巾的底边叠成约两横指宽，边缘置于伤者前额齐眉处，顶角向后。

（3）三角巾的两底角经两耳上方拉向头后部交叉并压住顶角，如图 3-22（a）所示。

（4）再绕回前额齐眉打结，如图 3-22（b）所示。

（5）将顶角拉紧，折叠后掖入头后部交叉处内，如图 3-22（c）所示。

（6）检查末梢血液循环情况。

2. 三角巾肩部包扎

三角巾肩部包扎分为单肩包扎和双肩包扎。

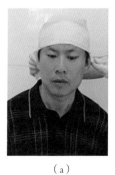
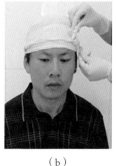
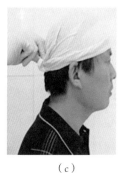

（a）　　　　　　　　（b）　　　　　　　　（c）

图 3-22　三角巾头部帽式包扎

（a）两底角拉向头后部交叉；（b）绕回前额齐眉打结；
（c）折叠后掖入头后部交叉处内

（1）单肩包扎。如图 3-23 所示，单肩包扎的具体操作方法是：

1）用无菌敷料覆盖伤口。

2）将三角巾的折成夹角约为 90° 的燕尾形，大片在后压住小片，放于肩上。

3）燕尾夹角对准伤侧颈部，燕尾底边两角包绕上臂上部并打结。

4）拉紧两燕尾角，分别经胸、背部至对侧腋前或腋后打结。

5）检查末梢血液循环情况。

（2）双肩包扎。如图 3-24 所示，双肩包扎的具体操作方法是：

1）用无菌敷料覆盖伤口。

2）将三角巾的折成夹角约为 100° 的燕尾形，披在双肩上，燕尾夹角对准

（a）　　　　　　　　（b）

图 3-23　三角巾单肩包扎

（a）单肩包扎正面；（b）单肩包扎侧面

颈后正中部。

3）燕尾角过肩，由前向后包肩于腋前或腋后，与燕尾底边打结。

4）检查末梢血液循环情况。

3. 三角巾胸（背）部包扎

背部包扎方法与胸部相同，只是把燕尾调到背部即可。胸部包扎如图 3-25 所示，其操作方法是：

（1）用无菌敷料覆盖伤口。

（2）将三角巾折成夹角约为 100° 的燕尾形，置于胸前，夹角对准胸骨上凹处。

（3）两燕尾角过肩于背后，将燕尾顶角系带围胸与底边在背后打结。

（4）将一燕尾角系带拉紧绕横带后上提，再与另一燕尾角打结。

（5）检查末梢血液循环情况。

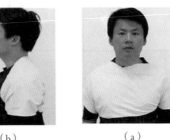

| （a） | （b） | （a） | （b） |

图 3-24　三角巾双肩包扎
（a）双肩包扎正面；（b）双肩包扎侧面

图 3-25　三角巾胸部包扎
（a）胸部包扎正面；（b）胸部包扎背面

4. 三角巾腹部包扎

三角巾腹部包扎分为腹部正面包扎和侧腹部包扎。

（1）三角巾腹部正面包扎。三角巾腹部正面包扎的操作方法是：

1）用无菌敷料覆盖伤口。

2）三角巾底边向上，顶角向下横放在腹部。

3）两底角围绕到腰部后面打结。

4）顶角系带由两腿间拉向后面与两底角连接处打结固定。

5）检查末梢血液循环情况。

（2）三角巾侧腹部包扎。三角巾侧腹部包扎的操作方法是：

1）用无菌敷料覆盖伤口。

2）将三角巾折成夹角约为60°的燕尾形，燕尾朝下，大片置于侧腹部，压住后面小片。

3）其余操作方法与单侧臀部包扎相同。

5. 三角巾单侧臀部包扎

三角巾单侧臀部包扎的操作方法是：

（1）用无菌敷料覆盖伤口。

（2）将三角巾折成夹角约为60°的燕尾形，燕尾朝下，对准外侧裤线。

（3）伤侧臀部的后大片压住前面的小片。

（4）顶角与底边中央分别过腹腰部到对侧打结。

（5）两底角包绕伤侧大腿根部打结。

（6）检查末梢血液循环情况。

6. 三角巾手（足）包扎

三角巾手和足的包扎的操作方法相同，现以手部包扎为例进行说明：

（1）用无菌敷料覆盖伤口。

（2）三角巾展开，手指尖指向三角巾的顶角，手掌平放在三角巾的中央，如图3-26（a）所示。

（3）指缝间插入敷料，将三角巾顶角折回，盖于手背，再沿手两侧折回，如图3-26（b）所示。

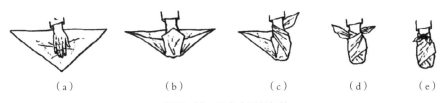

（a）　　　　　（b）　　　　　（c）　　　　　（d）　　　　　（e）

图3-26　三角巾手部包扎

（a）伤手平放于三角巾中央；（b）顶角折回，盖于手背，再沿手两侧折回；
（c）两底角分别围绕到手背交叉；（d）在腕部绕一圈；（e）在手背打结

（4）三角巾两底角分别围绕到手背交叉，如图3-26（c）所示。

（5）在腕部围绕一圈，如图3-26（d）所示。

（6）在手背打结固定，如图3-26（e）所示。

（7）检查末梢血液循环情况。

7. 三角巾膝部（肘部）带式包扎

三角巾膝部和肘部包扎的操作方法相同，均为带式包扎，现以膝部包扎为例进行说明：

（1）用无菌敷料覆盖伤口。

（2）将三角巾折叠成适当宽度的带状。

（3）将中段斜放于伤部，如图3-27（a）所示。

（4）两端向后缠绕，返回时分别压于中段上下两边，如图3-27（b）所示。

（5）包绕肢体一周后打结，如图3-27（c）所示。

（6）检查末梢血液循环情况。

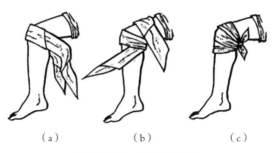

（a）　　　　　（b）　　　　　（c）

图3-27　三角巾膝部包扎

（a）三角巾叠成宽带，将中段斜放于伤部；（b）两端向后缠绕，返回时压于中段上下两边；（c）包绕肢体一周后打结

8. 三角巾眼部包扎

三角巾眼部包扎分为单眼包扎和双眼包扎。

（1）三角巾单眼包扎。三角巾单眼包扎的操作方法是：

1）用无菌敷料覆盖伤口。

2）将三角巾折叠成四指宽的带状，斜置于眼部。

3）从伤侧耳上绕至枕后，在耳下反折，如图3-28（a）所示。

4）经过健侧耳上拉至前额与另一端交叉反折绕头一周，于伤侧耳上端打结固定，如图 3-28（b）所示。

5）检查末梢血液循环情况。

（2）三角巾双眼包扎。三角巾双眼包扎的操作方法是：

1）用无菌敷料覆盖伤口。

2）将三角巾折叠成四指宽的带状，中央置于后颈部。

3）两底角分别经耳下拉向眼部，在鼻梁处左右交叉抱紧两眼，如图 3-29（a）所示。

4）呈"8"字形经两耳上方在枕部交叉后打结固定，如图 3-29（b）所示。

5）检查末梢血液循环情况。

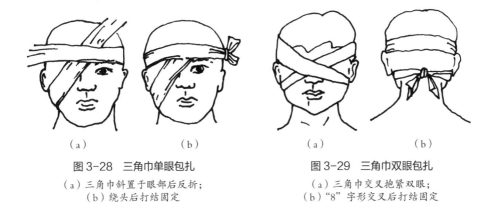

图 3-28　三角巾单眼包扎
（a）三角巾斜置于眼部后反折；
（b）绕头后打结固定

图 3-29　三角巾双眼包扎
（a）三角巾交叉抱紧双眼；
（b）"8"字形交叉后打结固定

9. 悬臂带

（1）大悬臂带。大悬臂带用于前臂、肘关节的损伤。其制作方法为：三角巾顶角对着伤肢肘关节，一底角置于伤臂侧胸部过肩于背后，伤臂屈肘（功能位）放于三角巾中部，另一底角包绕伤臂反折至健侧肩部；两底角在颈侧方打结；顶角向肘前反折，用别针固定或卷紧后掖入肘部，也可将顶角系带绕到背部至对侧腋前与底边相系，如图 3-30（a）所示。

为使伤臂紧贴胸部，大悬臂带也可采用反向包绕肩部的方法，即一底角置于健侧胸部过肩于背后，另一底角包绕伤臂反折后从伤侧腋下至背后，两底角

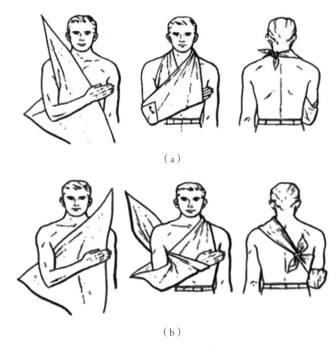

（a）

（b）

图 3-30　大悬臂带的制作方法

（a）大悬臂带的制作方法一；（b）大悬臂带的制作方法二

在背后方打结，如图 3-30（b）所示。

（2）小悬臂带。小悬臂带用于锁骨、肱骨骨折及上臂、肩关节损伤。其制作方法为：三角巾折叠成适当宽度的条带，中央放在前臂的下 1/3 处或腕部，一底角放于健侧肩上，另一底角放于伤侧肩上并绕颈与健侧底角在颈侧方打结。

培训能力项

项目一：头部伤口三角巾帽式包扎

本项目规定的作业任务是针对头顶部创伤者，两人相互配合，互为操作对象所进行的头部伤口三角巾帽式包扎作业。

在对伤者进行全面检查，确认受伤位置并确认伤口无异物后，用三角巾进行帽式包扎作业。

头顶部伤口三角巾帽式包扎作业内容及其质量标准见表3-5。

表3-5　头顶部伤口三角巾帽式包扎作业内容及其质量标准

序号	作业项	作业内容		质量标准
1	作业前的工作	—		—
2	摆正体位	扮演伤者处于坐位，双下肢自然下垂；施救者站或坐于其对面，面对伤口		操作规范，手指不直接触碰伤口；伤者体位及施救者站位准确
3	伤情判断	迅速、准确地查找伤者伤口位置及受伤情况，口述：伤者头顶部受伤，无伤口异物，需进行头部三角巾帽式包扎		查找伤口位置正确；口述清晰，声音洪亮
4	包扎	覆盖敷料	在伤口覆盖敷料	敷料大小超出伤口周边3～5mm
		三角巾包扎	将三角巾的底边叠成约两横指宽，边缘置于伤者前额齐眉处，顶角向后越过头顶垂于脑后	三角巾底边折叠宽度合适；三角巾压住眉毛，避免盖到眼睛、耳朵
			将底角之两端由耳上绕至头后交叉并压住顶角，再绕于前额打平结固定	三角巾在头后必须进行交叉并压住顶角；前额必须打平结固定；打结不可打成死结
			将头后下垂之三角巾顶角向上翻折、拉紧，整齐塞入头后部交叉处	三角巾必须拉紧并整齐塞入交叉处
5	松紧程度检查	将小指插入三角巾与伤者头之间，检查止扎松紧程度，口述：包扎松紧度适宜，包扎完成		三角巾内能容纳一小指头，但不会使敷料脱落或移动；口述清晰，声音洪亮
6	安全文明生产	—		—

项目二：手掌伤口绷带"8"字形包扎

本项目规定的作业任务是针对手掌部创伤者，两人相互配合，互为操作对象所进行的手掌伤口绷带"8"字形包扎作业。

在对伤者进行全面检查，确认受伤位置并确认伤口无异物后，用绷带进行"8"字形包扎作业。

手掌伤口绷带"8"字形包扎作业内容及其质量标准见表3-6。

表 3-6　手掌伤口绷带"8"字形包扎作业内容及其质量标准

序号	作业项	作业内容		质量标准
1	作业前的工作	—		—
2	摆正体位	扮演伤者处于坐位，双下肢自然下垂；施救者站或坐于其对面，面对伤口		操作规范，手指不直接触碰伤口；伤者体位及施救者站位准确
3	伤情判断	迅速、准确地查找伤者伤口位置及受伤情况，口述：伤者手掌部受伤，无伤口异物，需进行手掌伤口绷带"8"字形包扎		查找伤口位置正确；口述清晰，声音洪亮
4	包扎	覆盖敷料	在伤口覆盖无菌敷料	敷料大小超出伤口周边3~5mm
		绷带"8"字形包扎	握住绷带，用绷带斜向压住敷料，先从手腕开始环形缠绕一圈，将预留的绷带一角内折，在第二圈缠绕时压住	环形缠绕必须是两圈；必须从腕部开始缠绕；预留的绷带一角要内折、压牢
			将绷带向远端（手指方向）绕手指缠绕一圈，露出小指的指甲，再向下绕手指和手腕进行"8"字形缠绕，直到完全覆盖敷料	必须完全覆盖伤口及敷料；缠绕时，每次重叠压住绷带宽度的1/3~1/2
			绷带在手腕上缠绕两圈，尾端在腕部固定	用胶布固定应牢固；打结不可打成死结
5	松紧程度检查	将小指插入绷带与伤者手掌之间检查止包扎松紧程度，或压迫伤者指甲，检查末梢血液循环情况。口述：包扎松紧度适宜，包扎完成		绷带内能容纳一小指头，但不会使敷料脱落或移动；口述清晰，声音洪亮
6	安全文明生产	—		—

项目三：小腿伤口绷带螺旋反折包扎

本项目规定的作业任务是针对小腿部创伤者，两人相互配合，互为操作对象所进行的小腿伤口绷带螺旋反折包扎作业。

在对伤者进行全面检查，确认受伤位置并确认伤口无异物后，用绷带螺旋反折包扎法包扎伤口。

小腿伤口绷带螺旋反折包扎作业内容及其质量标准见表3-7。

表 3-7　小腿伤口绷带螺旋反折包扎作业内容及其质量标准

序号	作业项	作业内容		质量标准
1	作业前的工作	—		—
2	摆正体位	扮演伤者处于仰卧位，伤肢微屈抬高，施救者蹲或跪于伤者腿部位置		操作规范，手指不直接触碰伤口；伤者体位及施救者体位准确
3	伤情判断	迅速、准确地查找伤者伤口位置及受伤情况，口述：伤者小腿部受伤，无伤口异物，需进行小腿伤口绷带螺旋反折包扎		查找伤口位置正确；口述清晰，声音洪亮
4	包扎	覆盖敷料	在伤口覆盖无菌敷料	敷料大小超出伤口周边 3~5mm
		螺旋反折包扎	先环形缠绕两圈	环形缠绕必须是两圈；固定要牢靠
			从第三圈开始，环绕时压住前一圈的 1/3~1/2	下圈必须压紧上圈；压住的部分不少于 1/3
			螺旋至肢体较粗（或较细）的部位时，每绕一圈在同一部位把绷带反折一次，盖住前一圈的 1/3~1/2，反折时，以左手拇指按住绷带上面的正中处，右手将绷带向下反折，向后绕并拉紧	下圈必须压紧上圈；压住的部分不少于 1/3；反折处不要处在伤口部位
			由远而近缠绕，直至完全覆盖伤口及敷料，再用胶布将绷带尾部固定或打结固定	必须完全覆盖伤口及敷料；用胶布固定应牢固；打结不可打成死结
5	松紧程度检查	将小指插入绷带与伤者小腿之间，检查包扎的松紧程度，口述：包扎松紧度适宜，包扎完成		绷带内能容纳一小指头，但不会使敷料脱落或移动；口述清晰，声音洪亮
6	安全文明生产	—		—

第四节　骨折的现场固定技术

培训知识点

骨折的现场固定是创伤现场急救的一项基本任务。正确良好的固定技术不仅能够迅速缓解伤者疼痛，减少出血和肿胀，避免闭合性骨折转化为开放性骨折，防止损伤脊髓、血管、神经和内脏等重要组织，也是伤者搬运的基础，有利于送医后的进一步治疗。

一、骨折概述

（一）骨折的概念

成人由 206 块大小、形状不同的骨头通过关节连接，构成人体坚硬的骨架。正常情况下，人体的骨头是很坚硬的，但当身体受到外力猛烈撞击、扭转、弯曲和过分牵拉时，会使骨头的连续性、完整性受到破坏而发生骨折。

（二）骨折的类型

骨折可根据骨折后是否与外界相通、骨折的程度和形态、骨折端稳定程度进行分类。

1. 根据骨折后是否与外界相通分类

根据骨折后是否与外界相通进行分类，骨折可分为闭合性骨折和开放性骨折两类。

（1）闭合性骨折。骨折断端与外界不相通，骨折处皮肤未破损，受伤部位可能出现严重的肿胀或淤血。

（2）开放性骨折。骨折断端与外界相通，骨折局部皮肤破裂损伤，骨折端暴露在空气中。骨折处的创口可由刀伤、枪伤由外向内形成，亦可由骨折端刺破皮肤或黏膜从内向外所致。

2. 根据骨折的程度和形态分类

根据骨折的程度和形态进行分类，骨折可分为不完全性骨折和完全性骨折两类。

（1）不完全性骨折。不完全性骨折就是骨头的完整性和连续性部分中断。不完全性骨折按其形态又可分为裂缝骨折和青枝骨折两类。裂缝骨折是指骨头发生裂缝，有骨折，无移位。多见于颅骨、肩胛骨等。青枝骨折骨仅表现为骨皮质劈裂，就像青嫩的树枝被折断，树皮却仍相连的情形一样，多见于儿童。

（2）完全性骨折。完全性骨折就是骨头的完整性和连续性全部中断。完全性骨折按骨折线的方向及其形态可分为以下 7 类：

1）横骨折。骨折线与骨干纵轴接近垂直，如图 3-31（a）所示。

2）斜骨折。骨折线与骨干纵轴呈一定角度，如图 3-31（b）所示。

3）螺旋骨折。骨折线呈螺旋状，如图 3-31（c）所示。

4）粉碎性骨折。骨质碎裂成三块以上。骨折线呈 T 形或 Y 形者又称为 T 形或 Y 形骨折，如图 3-31（d）、（e）所示。

5）嵌插骨折。骨折片相互嵌插，多见于干骺端骨折，即骨干的坚质骨嵌插入骺端的松质骨内，如图 3-31（f）所示。

6）压缩性骨折。骨质因压缩而变形，多见于松质骨，如脊椎骨和跟骨，如图 3-31（g）所示。

7）凹陷性骨折。骨折处呈局部下陷状，多见于颅骨。

3. 根据骨折端稳定程度分类

根据骨折端稳定程度进行分类，骨折可分为稳定性骨折和不稳定性骨折两类。

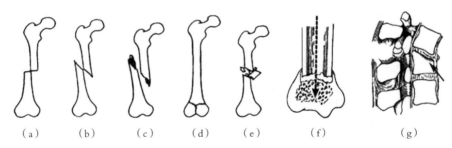

图 3-31　完全性骨折类型

（b）横骨折；（b）斜骨折；（c）螺旋骨折；（d）T形骨折；（e）Y形骨折；（f）嵌插骨折；
（g）压缩性骨折

（1）稳定性骨折。骨折端不易移位或复位后不易再发生移位者，如裂缝骨折、青枝骨折、横形骨折、压缩性骨折、嵌插骨折等。

（2）不稳定性骨折。骨折端易移位或复位后易再移位者，如斜形骨折、螺旋形骨折、粉碎性骨折等。

（三）骨折的判断

1.骨折的一般特征

（1）疼痛。突出表现是剧烈疼痛，受伤处有明显的压痛点，移动时疼痛加剧，安静时则疼痛减轻。

（2）肿胀。血管破裂出血，软组织损伤和骨折端错位、重叠，都会使外表呈现肿胀现象。

（3）功能障碍。骨折处原有的运动功能受到影响或完全丧失。如上肢骨折时不能屈伸、握拳，腿部骨折时不能走路等。

2.骨折的特有特征

（1）畸形。骨折段移位可使患肢外形发生改变，呈现畸形，主要表现为缩短、成角或旋转等。

（2）异常活动。正常情况下肢体不能活动的部位，骨折后出现不正常的活动。

（3）骨擦音或骨擦感。骨折后，两骨折端相互摩擦时，可产生骨擦音或骨擦感。

具有以上三个骨折特有体征之一者，即可诊断为骨折。但有的骨折可能不出现上述三个典型的骨折特有特征，如裂缝骨折等。

（四）骨折并发症

发生骨折后，断裂或变形的骨头会对周围的组织或重要内脏器官造成损伤，从而产生并发症。

1. 导致休克

严重创伤/骨折后可引起大出血或重要器官损伤导致伤者休克。骨折所致的休克主要原因是严重的开放性骨折后大量出血。不同的人、不同部位骨折的出血量各不相同。骨盆骨折、股骨骨折和多发性骨折，其出血量大者可达2000ml 以上。

2. 产生脂肪栓塞综合征

脂肪栓塞综合征发生于成人，是由于骨折处髓腔内血肿张力过大，骨髓被破坏，脂肪栓子脱落进入血流阻塞小血管，尤其是阻塞肺内毛细血管，使其发生一系列的病理改变，引起肺、脑脂肪栓塞。

3. 造成重要内脏器官损伤

（1）肝、脾破裂。严重的下胸壁损伤，除可致肋骨骨折外，还可能引起左侧的脾和右侧的肝破裂出血，导致休克。

（2）肺损伤。肋骨骨折时，骨折端可使肋间血管及肺组织损伤，而出现气胸、血胸或血气胸，引起严重的呼吸困难。

（3）膀胱和尿道损伤。由骨盆骨折所致，引起尿外渗所致的下腹部、会阴疼痛、肿胀以及血尿、排尿困难。

（4）直肠损伤。可由骶尾骨骨折所致，而出现下腹部疼痛和直肠内出血。

4. 重要周围组织损伤

（1）重要血管损伤。股骨髁上骨折，远侧骨折端可致腘动脉损伤；胫骨上段骨折的胫前或胫后动脉损伤；伸直型肱骨髁上骨折，近侧骨折端易造成肱动脉损伤。

（2）周围神经损伤。在神经与其骨紧密相邻的部位，如肱骨中、下 1/3

交界处骨折极易损伤紧贴肱骨行走的桡神经；腓骨颈骨折易致腓总神经损伤。

（3）脊髓损伤。为脊柱骨折和脱位的严重并发症，多见于脊柱颈段和胸腰段，出现损伤平面以下的截瘫。

二、骨折的现场急救原则和目的

（一）骨折的现场急救原则

1. 抢救生命

骨折现场急救的首要原则是抢救生命。如发现伤者心跳、呼吸已经停止或濒于停止，应立即进行胸外心脏按压和人工呼吸；昏迷伤者应保持其呼吸道通畅，及时清除口咽部异物；根据伤员身体状况紧急处理危及生命的情况。如果有条件应及时补液。

2. 伤口处理

开放性骨折伤口处会有大量出血，一般用敷料进行加压包扎止血；严重出血者可使用止血带止血。伤口用消毒纱布或干净布料进行包扎，以免继续被污染。若骨折端已戳出伤口并已污染，但未压迫血管神经，不应立即复位，以防污染深层组织，可待清创处理后，再进行复位。

3. 简单固定

骨折现场的固定是暂时的，应力求简单而有效，不要求对骨折准确复位。开放性骨折有骨端外露者不宜复位，应原位固定；闭合性骨折尽量不要搬动，以免增加疼痛；也不要脱去衣裤，可以用剪刀将衣袖或者是裤脚剪开。若在包扎时，骨折端自行滑入伤口内，应做好记录，以便在清创时做进一步处理。急救现场可就地取材，可采用木棍、板条、树枝、手杖或硬纸板等作为固定器材。如果找不到固定的硬物，也可用布带直接将伤肢绑在身上，如骨折的上肢可固定在胸壁上，骨折的前臂可用自己的衣襟反折固定，骨折的下肢可同健肢固定在一起等。

4. 安全转运

经以上现场急救处理后，应将伤者迅速、安全地转运到医院救治。在搬运过程中尽量要先将身体固定好，防止过度活动加重疼痛；转运途中要注意动作轻稳，防止振动和碰坏伤肢；密切观察伤者生命体征的变化，必要时途中给予输液、吸氧等。

（二）骨折的现场固定目的

（1）减少骨折端的活动，缓解伤者疼痛。

（2）避免骨折端在搬运过程中对周围组织、血管、神经进一步损伤。

（3）减少出血和肿胀。

（4）防止闭合性骨折转化为开放性骨折。

（5）便于伤员搬运、转送。

三、骨折的现场固定材料

1. 医用固定材料

骨折的医用固定材料有颈托（如图 3-32 所示）、脊柱板和头部固定器（如图 3-33 所示）、夹板（如图 3-34 所示）、绷带等。不同的骨折部位，使用不同的固定材料。如颈椎骨折用颈托固定、脊柱骨折用脊柱板固定、四肢骨折用夹板固定等。

图 3-32　颈托　　　　图 3-33　脊柱板和头部固定器　　　　图 3-34　夹板

2. 就地取材固定材料

现场可就地取材，现场制作固定材料。如用报纸、毛巾、衣物等卷成卷，从颈后向前围于颈部，制作成临时颈托；用杂志、硬纸板、木板（棍）、床板、树枝等制作成临时夹板。

注意：临时颈托的粗细以围于颈部后限制下颌活动为宜；临时夹板的大小以超过伤员的肩宽和身高为宜，且需用用布带固定。

四、骨折的现场固定一般要求及注意事项

（1）首先检查伤者意识、呼吸、脉搏及处理严重出血。

（2）开放性骨折先要处理伤口、止血、包扎后，再固定。

（3）凡是骨折、关节伤、血管神经伤、广泛软组织伤及疑有骨折者，在送往医院前均须做好伤肢固定。

（4）闭合性骨折者，急救时不必脱去伤肢的衣裤和鞋袜，以免过多地搬动伤肢，增加痛苦。若伤肢肿胀重，可用剪刀将伤肢衣袖或裤脚剪开，以减轻压迫。

（5）发现骨折，先用手握住折骨两端，轻巧地顺着骨头牵拉，避免断端互相交叉，然后再上夹板。骨折处有明显畸形，并有穿破软组织或损伤附近重要血管、神经的危险时，可适当牵引伤肢，使之变直后再行固定。骨断端暴露在外时，不要拉动，不要将其送回伤口内，也不要涂抹药物。一般畸形则按原形态固定，以免增加污染和刺伤血管、神经的可能。

（6）夹板的长短，宽窄，应根据骨折部位的需要来决定。夹板的长度要超过骨折处上下相邻的两个关节。夹板与皮肤、关节、骨突出部位之间要加衬垫，固定时操作要轻。木棍、竹枝、枪杆等代用品在使用时要包上棉花、布块等，以免夹伤皮肤。

（7）四肢骨折时，先固定骨折的上端，再固定下端。绑扎时绷带不要系在骨折处。

（8）固定时要暴露肢体末端，以便观察血液循环。固定后要检查末梢循环，若出现苍白、发凉、青紫、麻木等现象，说明固定太紧，应重新固定。

（9）送往医院途中应重视伤者主诉，注意观察伤肢，适当抬高伤肢并予以保护。严寒地区应注意保暖。

五、各类骨折的现场固定

（一）锁骨骨折的现场固定

锁骨骨折常见于车祸或摔伤。锁骨骨折主要表现为锁骨变形、疼痛、肿胀，肩部活动时疼痛加重。伤者本能地将头偏向伤侧肩膀。锁骨骨折时应尽量

减少对骨折部位的刺激，以免损伤锁骨下血管。其现场固定方法是：

1. 锁骨带固定

伤者坐位，双肩向后中线靠拢，安放锁骨带固定，如图3-35所示。

（a） （b）

图3-35 锁骨骨折锁骨带固定

（a）正面；（b）背面

2. 上肢悬吊固定

如果现场没有锁骨固定带，可用三角巾屈肘位悬吊上肢即可。如无三角巾可用围巾代替，或用伤者自己的衣襟反折固定。

（二）上肢骨折的现场固定

上肢骨折可因直接或间接暴力所致，常发生于重物撞击、挤压、打击和扑倒。上肢各部位的骨折均可用木夹板固定。

1. 肱骨骨干骨折

肱骨骨干骨折主要表现为上臂肿胀、瘀血、疼痛，活动时出现畸形，上肢活动受限制。肱骨骨干骨折的现场固定处理方法有以下几种：

（1）夹板固定。上臂放衬垫，然后放后侧夹板，再放前侧，最后放内、外侧夹板，最后用四条绷带或2~3条三角巾固定，如图3-36所示。由于桡神经紧贴肱骨干，固定时骨折部位要加厚垫保护以防止桡神经损伤（桡神经负责支配整个上肢的伸肌功能，一旦受损，便不能伸肘，不能抬腕，手指伸直有障碍），同时肘部要弯曲，悬吊上肢，指端露出，检查末梢循环。如果现场没有夹板，可用木板代替。

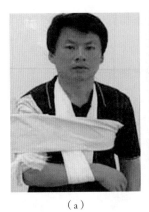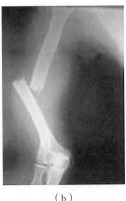

（a）　　　　　　　　　　　（b）

图3-36　肱骨骨干骨折夹板固定

（a）肱骨骨干骨折夹板固定效果图；（b）肱骨骨干骨折造影图

（2）纸板固定。现场如没有木板和夹板，可用纸板、杂志、书本等代替。用纸板固定时，将纸板的上边剪成弧形，将弧形的边放于肩部包住上臂。用纸板固定，可起到暂时固定作用，固定后同样屈肘位悬吊前臂，指端露出，检查末梢循环。

（3）躯干固定。现场无夹板和其他可利用物时，则用三角巾折叠成宽带或用宽带通过上臂骨折上、下端，绕过胸廓在对侧打结固定，同样屈肘位悬吊前臂，指端露出，检查末梢循环。

2. 肱骨髁上骨折

肱骨髁上骨折后局部肿胀，畸形，肘关节半屈位。肱骨髁上骨折位置低，接近肘关节，局部有肱动脉、尺神经以及正中神经，容易损伤。肱骨髁上骨折现场不宜用夹板固定，直接用三角巾或围巾等固定于躯干即可。

3. 前臂骨折

前臂骨折分桡骨骨折、尺骨骨折和桡尺骨双骨折。活动时有假关节运动，显现畸形。前臂骨折对血管神经损伤机会不大。

（1）夹板固定。现场可用一块或两块夹板或木板进行固定。用两块板固定时，两块板分别放于掌侧和背侧；用一块板固定时，板放于掌侧。一块夹板固定的流程是：

1）固定前有创口者须预先妥善包扎。

2）夹板长度要超过断骨的两端关节。夹板放在掌侧并在伤者手心里放一团棉花或纱布，让伤者握住，使腕关节稍有背屈，如图 3-37（a）所示。

3）垫衬垫后用绷带或布带将夹板与伤肢固定在一起，如图 3-37（b）所示。

4）肘部弯曲 90° 悬吊在胸前，用三角巾或布带悬吊，也可用上衣、领带、围巾、腰带等做临时悬吊来固定上肢，如图 3-38（a）所示为布带悬吊，图 3-38（b）所示为上衣衣襟反折悬吊，图 3-38（c）所示为领带悬吊。

5）指端露出，检查末梢循环。

（2）临时固定。现场若没有夹板，可用书本、杂志等垫在前臂下方直接吊起前臂。其固定流程和要求与夹板固定相同。

（a）　　　　　　　　　　　　　（b）

图 3-37　前臂骨折一块夹板固定

（a）固定夹板长度超过断骨两端关节；（b）绷带或布带固定夹板与伤肢

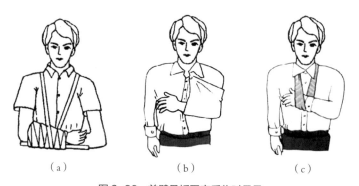

（a）　　　　　（b）　　　　　（c）

图 3-38　前臂骨折固定后临时悬吊

（a）布带悬吊；（b）上衣衣襟反折悬吊；（c）领带悬吊

（三）下肢骨折的现场固定

下肢骨折主要有股骨干骨折、小腿骨折和膝盖骨折，常见于车祸、高空坠落及重物砸伤，常伴有大出血、休克。

1．股骨干骨折

股骨干粗大，只有巨大暴力如车祸等才能导致股骨干骨折。股骨干骨折后大腿肿胀、疼痛、变形或缩短。损伤大时出血多，易出现休克。其现场固定处理方法有木板固定和宽带固定。

（1）木板固定。木板固定的操作流程是：

1）固定前有创口者须预先妥善包扎。

2）在受伤处和膝关节、踝关节骨突出部位放上棉垫保护，空隙部位用柔软物品填充。

3）用一块长木板置于伤侧从腋窝下到脚后跟，一块短木板置于从大腿根内侧到脚后跟，同时将另一条腿与伤肢并拢。

4）用宽带先固定骨折断面的上下两端，再从上往下依次固定腋下、腰部、髋部、小腿及踝部，如图3-39所示。

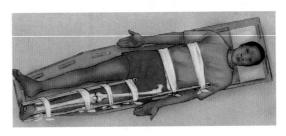

图3-39　股骨干骨折木板固定

5）指端露出，检查末梢循环。

（2）宽带固定。现场如果没有木板，可用宽带直接固定（现场可用三角巾、腰带、布带、床单等制作宽带）。宽带固定的操作流程是：

1）固定前有创口者须预先妥善包扎。

2）轻轻抬起伤肢与健肢并拢，如图3-40（a）所示。

3）放好宽带，双下肢间加厚垫，如图3-40（b）所示。

4）自上而下打结固定，如图3-40（c）所示。

5）双踝关节"8"字固定，如图3-40（d）所示。

6）指端露出，检查末梢循环。

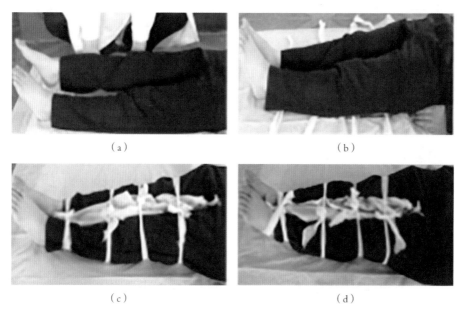

图3-40　股骨干骨折宽带固定

（a）抬起伤肢与健肢并拢；（b）放置宽带；（c）打结固定；（d）双踝关节"8"字固定

2. 小腿骨折

小腿骨折处肿胀、变形、疼痛，骨折端刺破皮肤，出血。小腿骨折现场固定处理的方法夹板固定和健肢固定。

（1）夹板固定。夹板固定的操作流程是：

1）固定前有创口者须预先妥善包扎。

2）先在骨折部位加厚垫保护，再用5块小夹板，分别放在小腿的前外侧、前内侧、内侧、外侧、后侧（如果只有两块木板则分别放在伤腿的内侧和外侧，如只有一块木板，就放在伤腿外侧或两腿之间）。

3）放好夹板后，用绷带或三角巾分别固定骨折上下端、膝上部、膝下部及踝部。

4）指端露出，检查末梢循环。

（2）健肢固定。如果现场没有夹板，可将伤肢与健肢固定在一起。方法同股骨干骨折宽带固定。

3. 膝盖骨折

膝盖骨折常见于重力摔倒、膝盖触地。现场在膝盖下方加软垫支撑，使膝盖微微弯曲，处于舒适体位，然后用毛巾等较柔软的物品包裹整个膝盖，用绷带进行"8"字法固定，以减轻肿胀。

（四）脊柱骨折的现场固定

脊柱骨折常见于高处坠落、跌倒的跌伤，交通事故、意外碰撞的撞伤，地震、坍塌的砸伤等。脊柱骨折可发生在颈椎和胸腰椎，骨折部位移位可压迫脊髓造成瘫痪。

1. 颈椎骨折

颈椎骨折时，脊柱疼痛，头晕，无力。严重者出现高位截瘫、大小便失禁，甚至窒息死亡。颈椎骨折的现场固定方法有颈托固定和木板固定。

（1）颈托固定。取出颈托，分开颈托的两片，把前后两部分固定于颈部，如图 3-41 所示。伤者位于平卧位时，施救者双膝跪在伤者的头顶上方，双手牵引其头部处于中轴位后，再上颈托；伤者处于前倾坐位时，一名施救者位于伤者侧面，双前臂夹紧伤者的前胸后背，固定其颈部，另一名施救者位于伤者背后，用双手牵引伤者头部，确保恢复颈椎中轴位后，再上颈托。现场没有颈托，可用毛巾、衣物、报纸等制成颈套，从颈后围于颈部，可起到临时固定作用。

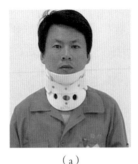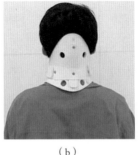

（a） （b）

图 3-41 颈托固定

（a）颈托固定正面图；（b）颈托固定背面图

（2）木板固定。若现场没有颈托，可取一块长宽与伤者身高、肩宽相仿的木板，将伤者轻轻平移、平卧在木板上，颈后枕部垫以软垫，头的两旁放置软垫并将头部用绷带（或布带）固定在木板上，双手用绷带（或布带）固定放于胸前，双肩、骨盆、双下肢及足部用绷带（或布带）固定在木板上。

2.胸腰椎骨折的固定

胸腰椎骨折时，腰背疼痛，伴有双下肢感觉麻痹，运动障碍。胸腰椎骨折与颈椎骨折木板固定的方法相同，但不用颈托。注意伤者要平卧在木板上，禁止伤者站立或坐位，不宜用高枕，要在腰部垫以软垫，使伤者感到舒适，没有压迫感，平整地搬运。

（五）骨盆骨折的现场固定

骨盆骨折常见于高空坠落、摔伤时臀部着地。骨盆骨折时臀部局部剧痛或麻木、肿胀，不能走路。骨盆骨折的现场固定处理方法是：

（1）根据伤者情况，首先对休克及各种危及生命的合并症进行处理。

（2）伤者置仰卧、屈膝并拢以减轻疼痛，双膝下方放置软垫。

（3）以宽绷带或宽布带包扎骨盆，暂时固定，或使用骨盆布兜。用绷带或宽布带包扎时从臀后向前包绕骨盆，捆扎牢固后在腹部打结固定，如图 3-42 所示。骨盆肚兜的做法是选用一块床单或现场能找到的布料，平整地围绕于骨盆周围，然后在骨盆前方打结固定或绑扎牢固。

（4）双膝间加垫后用宽带固定。

图 3-42　骨盆骨折的现场固定

培训能力项

项目一：前臂骨折夹板固定

本项目规定的作业任务是针对前臂骨折伤者，两人相互配合，互为操作对象所进行的前臂骨折夹板固定作业。

在对伤者进行全面检查，确认伤者为前臂骨折后，先用夹板进行骨折固定，再制作大悬臂带将骨折的前臂悬吊于胸前。

前臂骨折夹板固定作业内容及其质量标准见表 3-8。

表 3-8　前臂骨折夹板固定作业内容及其质量标准

序号	作业项		作业内容	质量标准
1	作业前的工作		—	—
2	摆正体位		扮演伤者处于坐位，双下肢自然下垂；施救者站或坐于其对面，面对伤口	操作规范，手指不直接触碰伤口；伤者体位及施救者站位准确
3	伤情判断		迅速、准确判断受伤情况及受伤部位是否骨折，口述：伤者前臂局部剧烈疼痛，有明显压痛、肿胀，形态改变，发生前臂骨折，需进行现场固定	查找伤口位置正确、判断准确；口述清晰，声音洪亮
4	固定	制动	尽可能保持伤臂于伤后位置	不得任意牵拉或搬动伤者
		材料准备	选择用于垫衬夹板的棉垫、软布材料以及用于包扎捆绑夹板的绷带	材料选择正确，数量充足，尺寸合适
		夹板选择	根据伤者前臂尺寸，选择 2 块用于扶托固定伤臂的夹板	其宽度与伤臂相适应；一块夹板长度要跨过伤臂腕和肘关节，另一块夹板长度要上至肘关节，下到掌心
		加垫	在骨突起的腕和肘部及夹板可能接触的皮肤处，用棉垫、软布垫起；垫子无法固定时，用绷带固定或将垫子固定在夹板上	不得使夹板直接接触骨骼突出部位与皮肤
		上夹板	把两块夹板分别置于伤者前臂的掌侧和背侧，在伤者患侧的掌心放一团棉花，让伤者握住掌侧夹板的一端，使腕关节稍向背屈	上夹板时，要露出指端并随时观察伤臂的血液循环情况
		绷带包扎固定	先用绷带 将骨折部位上、下两端固定，然后分别固定腕、肘处；每个部位捆绑 3~5 圈，并打上活结	固定时，要松紧适度，位置正确，捆绑圈数足够；打结不可打成死结

（续表）

序号	作业项	作业内容		质量标准
4	固定	悬臂带悬吊	三角巾顶角对着伤肢肘关节，一底角置于健侧胸部过肩于背后，伤臂屈肘放于三角巾中部，另一底角包绕伤臂反折至伤侧肩部	悬吊高度适中，手臂与水平面呈15°夹角，手指末端略微高于心脏；悬臂带制作方法正确；打结位置正确；打结不可打成死结
			两底角在颈侧方打一活结，顶角向肘前反折，用曲别针固定	
			将前臂吊挂于胸前	
			指端露出，检查末梢循环	
5	质量检查	检查夹板的摆放位置、悬臂带悬吊高度、绷带松紧度。口述：夹板摆放位置合适，悬臂带悬吊高度适中，绷带松紧度适中，伤者前臂骨折固定完成		检查全面、到位；口述清晰，声音洪亮
6	安全文明生产	—		—

项目二：小腿骨折夹板固定

本项目规定的作业任务是针对小腿骨折伤者，两人相互配合，互为操作对象所进行的小腿骨折夹板固定作业。

在对伤者进行全面检查，确认骨折位置为小腿后，用夹板进行骨折固定（其中，足根部用"8"字形绷带固定）。

小腿骨折夹板固定作业内容及其质量标准见表3-9。

表3-9　小腿骨折夹板固定作业内容及其质量标准

序号	作业项	作业内容	质量标准
1	作业前的工作	—	—
2	摆正体位	扮演伤者处于仰卧位，双下肢自然放平；施救者蹲在伤者伤腿一侧	操作规范，手指不直接触碰伤口；伤者体位及施救者体位准确
3	伤情判断	迅速、准确判断受伤情况及受伤部位是否骨折，口述：伤者小腿局部剧烈疼痛，有明显压痛、肿胀，形态改变、功能障碍，发生小腿骨折，需进行现场固定	查找伤口位置正确、判断准确；口述清晰，声音洪亮

（续表）

序号	作业项		作业内容	质量标准
4	固定	制动	尽可能保持受伤小腿于伤后位置	不得任意牵拉或搬动伤者
		材料准备	正确选择用于垫衬夹板的棉垫、软布材料以及用于包扎捆绑夹板的绷带	材料选择正确，数量充足，尺寸合适
		夹板选择	根据伤者小腿尺寸，选择两块用于扶托固定小腿的夹板	夹板宽度与受伤小腿相适应，两块夹板长度上至大腿中部，下至足根部
		加垫	在骨突起的膝、踝关节处和夹板可能接触的皮肤处，用棉垫、软布垫起	不得使夹板直接接触骨骼突出部位与皮肤
		上夹板	将两块夹板放在小腿的内、外两侧，夹板上至大腿中部，下至足根部	上夹板时，要露出趾端并随时观察伤腿的血液循环情况
		绷带包扎固定	先用绷带或布带将骨折部位上、下两端固定，然后分别固定膝关节上方；每个部位捆绑 3~5 圈，并打上活结	固定时，要松紧适度，位置正确，捆绑圈数足够；不可打成死结；打结打在夹板边棱处，以免伤及伤腿
		绷带包扎固定	足根部在足根部用"8"字形绷带固定：先从脚腕部开始环形缠绕两圈，然后经脚和腕"8"字形缠绕，最后绷带尾端在脚腕部打活结固定	足跟部固定后脚掌与小腿呈直角；不可打成死结
		整理伤者	夹板固定后，将伤者健肢靠近伤肢，使双下肢并列	动作轻柔，两足对齐
5	质量检查		检查夹板的摆放位置、绷带或布条松紧度。口述：夹板摆放位置合适，绷带或布条松紧度适中，伤者小腿骨折固定完成	检查全面、到位；口述清晰，声音洪亮
6	安全文明生产		—	—

项目三：颈椎骨折木板固定

　　本项目规定的作业任务是针对颈椎骨折伤者，两人相互配合，互为操作对象或以创伤急救模拟人为操作对象所进行的颈椎骨折木板固定作业。

　　在对伤者进行全面检查，确认骨折位置为颈椎后，在现场没有颈托的情况下，就地取材，用木板进行颈椎骨折伤者现场固定。

　　颈椎骨折木板固定作业内容及其质量标准见表 3-10。

表 3-10　颈椎骨折木板固定作业内容及其质量标准

序号	作业项	作业内容		质量标准
1	作业前的工作	—		—
2	作业前体位	扮演伤/模拟人者处于平卧位，双臂自然伸开于身体两侧；施救者蹲或跪于其头部一侧		伤者体位及施救者体位正确
3	伤情判断	迅速、准确判断受伤情况及受伤部位是否骨折，口述：伤者脊柱疼痛，头晕，浑身无力，发生颈椎骨折，无出血，现场无颈托，需用木板进行固定		查找伤口位置正确、判断准确；口述清晰，声音洪亮
4	木板固定	材料准备与选择	选择用于垫衬木板的棉垫/软布材料以及用于包扎捆绑的绷带；选择用于扶托固定的木板	材料选择正确，数量充足；木板宽度与伤者身高、肩宽相适应
		移动伤者	将伤者轻轻平移、平卧在木板上，使伤者的头颈与躯干保持在一条直线上	动作轻缓，不可扭转伤者头部
		加垫	颈后枕部垫以软垫，头的两旁放置软垫，防止伤者头部左右摆动	软垫尺寸合适，放置位置正确
		绑扎固定木板	将头部用绷带或布带固定在木板上	不可打成死结
			双手用绷带或布带固定放于胸前	不可打成死结
			双肩、骨盆、双下肢及足部用绷带或布带固定在木板上	不可打成死结
5	质量检查	检查绷带或布带松紧度。口述：绷带（或布带）松紧度适中，颈椎木板固定完成		检查到位；口述清晰，声音洪亮
6	安全文明生产	—		—

第五节　创伤的现场搬运技术

培训目标

1. 正确理解伤员搬运护送的目的。

2. 熟悉各种搬运体位。

3. 熟练掌握伤员徒手搬运的方法及其适用场合。

4. 掌握担架的种类及用途。

5. 正确理解伤员担架搬运的注意事项。

6. 熟练掌握脊柱（脊髓）损伤、骨盆骨折、颅脑损伤、胸部伤、腹部
   伤者的搬运方法。

7. 熟练掌握休克、呼吸困难、昏迷伤者的搬运方法。

8. 正确理解伤员搬运的注意事项。

培训知识点

　　规范、正确的搬运技术是保证伤者在现场经过初步的紧急处理后安全转运
送院的关键。

一、搬运护送的目的

（1）使伤者脱离危险区，实施现场救护。

（2）尽快使伤者获得专业医疗。

（3）防止损伤加重或再次受伤。

（4）最大限度地挽救生命，减轻伤残。

二、搬运体位

1. 仰卧位

对所有重伤者，均可以采用这种体位。它可以避免颈部及脊椎的过度弯

曲，从而防止椎体错位的发生。对腹壁缺损的开放伤的伤者，当伤者喊叫屏气时，肠管会脱出，让伤者采取仰卧屈曲下肢体位，可防止腹腔脏器脱出。

2. 侧卧位

在排除颈部损伤后，对有意识障碍的伤者，可采用侧卧位，以防止伤者在呕吐时，食物吸入气管。伤者侧卧时，可在其颈部垫一枕头。

3. 半卧位

对于仅有胸部损伤的伤者，常因疼痛、血气胸而致严重呼吸困难，宜采用半卧位，以利于伤者呼吸。但胸椎、腰椎损伤及休克时，不可以采用这种体位。

4. 俯卧位

对胸壁广泛损伤、出现反常呼吸而严重缺氧的伤者，可以采用俯卧位，以压迫、限制反常呼吸。

5. 坐位

坐位适用于胸腔积液、心衰、呼吸困难伤者。

三、搬运方法

（一）徒手搬运

徒手搬运指在搬运伤者过程中凭人力和技巧，不使用任何器具的一种搬运方法。该方法常适用于距离较近、伤情较轻、无骨折的伤员搬运或担架及其他简易搬运工具无法通过（如狭窄的阁楼和通道等）时的伤员搬运。此法虽实用，但对搬运者来说比较劳累，而且有时容易给伤者带来不利影响。徒手搬运的方法有扶行法、背驮法、手抱持法、双人搭椅法和双人拉车法。

1. 扶行法

有一位或两位搬运者托住伤者的腋下，也可由伤者一手搭在搬运者的肩上，搬运者用一手拉住，另一手扶伤者的腰部，然后和伤者一起缓慢移步，如图 3-43 所示。

扶行法适用于病情较轻、能够站立行走的伤者。

2. 背驮法

搬运者先蹲下，然后将伤者上肢拉到自己胸前，使伤者前胸紧贴自己后背，再用双手托住伤者的大腿中部，使其大腿向前弯曲，搬运者站立后上身略向前倾斜行走，如图 3-44 所示。

背驮法适用于一般伤者的搬运。呼吸困难的伤者（如患有心脏病、哮喘、急性呼吸窘迫综合征等）和胸部创伤者不宜用此法。

3. 抱持法

搬运者一手抱住伤者的后背上部，另一手从伤者膝盖下将伤者抱起，伤者双手或单手搭在搬运者肩上，如图 3-45 所示。

抱持法适用于不能行走且体重较轻的伤者。

图 3-43 扶行法　　　　图 3-44 背驮法　　　　3-45 抱持法

4. 双人搭椅法

两个搬运者站立于伤者的两侧，然后两人弯腰，搬运者右手紧握自己的左手手腕，左手紧握另一搬运者的右手手腕，形成口字形，如图 3-46（a）、（b）所示；或者搬运者各用一手伸入伤者大腿下方相互十字交叉紧握，另一手彼此交替支持伤者背部。这两种不同的握手方法，都因类似于椅状而得名。此法要点是两人的手必须握紧，移动脚步必须协调一致，且伤者的双臂必须搭在两个搬运者的肩上，如图 3-46（c）所示。

5. 双人拉车法

一个搬运者站在伤者的头侧，两手从伤者腋下抬起，将其头部抱在自己胸前，另一个搬运者面向前蹲在伤者两腿中间，同时夹住伤者的两腿，如图 3-47 所示。两人步调一致慢慢将伤者抬起。

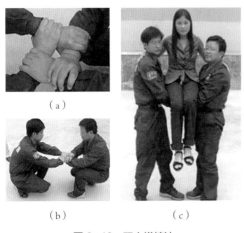

（a）

（b）　　　　　　（c）

图 3-46　双人搭椅法

（a）双手口字握法；（b）施救者取蹲位；
（c）伤者双臂搭在搬运者肩上

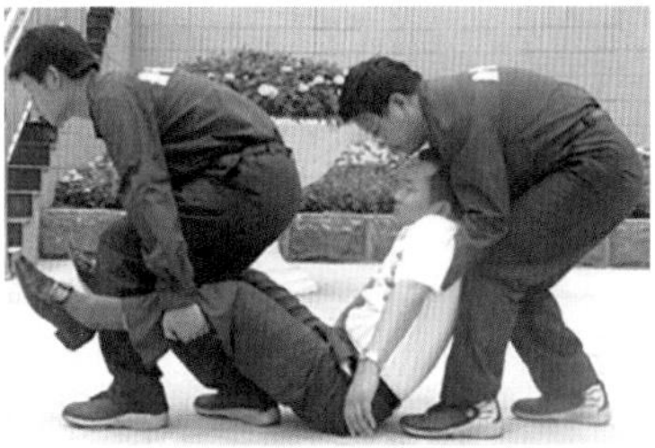

图 3-47　双人拉车法

（二）器械搬运

器材搬运指用担架（包括软担架、移动床、轮式担架等）或者因陋就简利用床单、被褥、竹木椅等作为搬运器械（工具）的一种搬运方法。

1. 担架搬运

担架是一种最基本的伤者搬运工具，能将伤者快速转运到救治场所。担架种类繁多、名字各异，按其结构、功能、材料特征可将其分为简易担架、通用担架、特种用途担架、智能担架等。本书只介绍简易担架、通用担架和特种用途担架。

（1）简易担架。简易担架是在缺少担架或担架不足的情况下，就地取材临时制作的担架，一般采用两根结实的长杆物配合毛毯、衣物等结实的织物制成临时担架，用以应付紧急情况下的伤者转运，如图 3-48（a）为用椅子做成的坐式担架；图 3-48（b）为木板做成的担架；图 3-48（c）为床单做成的担架；图 3-48（d）为上衣做成的担架；图 3-48（e）为床单做成的肩抬担架。

（2）通用担架。通用担架采用统一制式规格，由担架杆、担架面、担架支

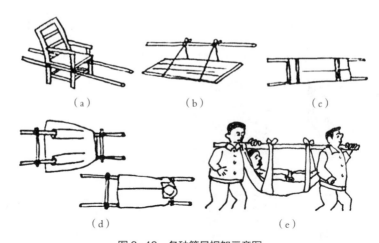

（a）　　　　　　　　（b）　　　　　　　　（c）

（d）　　　　　　　　　　　（e）

图 3-48　各种简易担架示意图

（a）椅子担架；（b）木板担架；（c）床单担架；（d）上衣担架；
（e）床单肩抬担架

脚、横支撑以及有关附件组成，能够在不同伤者间互换使用。担架杆采用铝合金材料，担架面采用聚乙烯涂层，质量较轻，容易洗涤，外形包括直杆式、两折式和四折式。直杆式担架适用于大型救护所及医院；两折式担架适用于阵地抢救；四折担架适用于特种部队。通用担架与不同运输工具结合，作为伤者运送载体，能适应不同伤者搬运或长途运输后送需求。图 3-49 为常用的铲式担架。

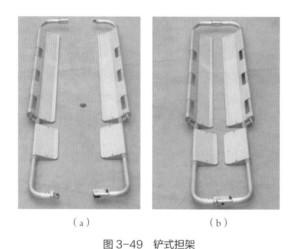

（a）　　　　　　　　（b）

图 3-49　铲式担架

（a）组合前；（b）组合后

（3）特种用途担架。特种用途担架是针对不同气候、地形、作战条件和伤者伤情特点而设计的担架，主要有山岳丛林担架、海上急救担架、雪地沙漠担架、多功能卷式救援担架等。

目前我国大多数住宅的楼道狭窄，高层建筑虽有电梯，但难以容纳平放的普通担架或轮式担架，给搬运伤者带来了困难。

2. 床单、被褥搬运

床单、被褥搬运是遇有狭窄楼梯道路、担架或其他搬运工具难以搬运、徒手搬运会因天气寒冷使伤者受凉的情况下所采用的一种搬运方法，其步骤为：取一条牢固的被单（被褥，毛毯也可以），把一半平铺在床上，将伤者轻轻地搬到被单上，然后把另一半盖在伤者身上，露出头部（俗称半垫半盖），搬运者面对面抓紧被单两角，保持伤者脚前头后（上楼者相反）的体位缓慢移动。这种搬运方式会使伤者肢体弯曲，故胸部创伤、四肢骨折、脊柱损伤以及呼吸困难等伤者不能用。

3. 椅子搬运

楼梯比较窄和陡直时，可以用坚固的竹木椅子搬运。搬运时，伤者取坐位，并用宽带将其固定在椅背上，两位施救者一人抓住椅背，另一人抓握椅脚，搬运时向椅背方向倾斜45°角，缓慢地移动脚步。一般地说，失去知觉的患者不宜用此法。

四、搬运注意事项

（一）搬运的一般注意事项

（1）搬运伤者之前先要检查伤者的生命体征和受伤部位，重点检查伤者的头部、脊柱、胸部有无外伤，特别是颈椎是否受到损伤。

（2）在人员、担架等未准备妥当时，切忌搬运。搬运体重过大和神志不清的伤者时，要考虑全面。防止搬运途中发生坠落、摔伤等意外。

（3）先救命后治伤，先止血、包扎、固定后再搬运。

（4）搬运过程中，要时刻注意伤情的变化。重点观察呼吸、神志等。注意伤者保暖，但不要将伤者头面部包盖太严，以免影响呼吸。一旦在途中发生紧急情况，如面色苍白、呼吸停止、脉搏减弱、抽搐时，应暂停搬运，立即就地进行急救处理。

（5）在特殊的现场，应按特殊的方法进行搬运。火灾现场，在浓烟中搬运伤者，应弯腰或匍匐前进；在有毒气泄漏的现场，搬运者应先用湿毛巾掩住口鼻或使用防毒面具，以免被毒气熏倒。

（二）担架搬运注意事项

（1）担架搬运时要注意对不同伤情的伤者采取不同的体位搬运并扣好担架的安全带，以防伤者翻落（或跌落）。

（2）担架搬运过程中，担架员要相互配合、步调一致，尽量使伤者保持水平状态；上下楼梯必须倾斜时应保持伤者头部处于高位。

（3）担架上车后应当固定，伤者应保持头朝前脚向后的体位。

（三）提抬担架时的正确姿势及其注意事项

1. 保持正确的提抬姿势

提抬担架时，应该用腿部、背部和腹肌的力量。背部和腹肌同时收缩时，背部就会"锁"在正常的前凸位，使整个提抬过程中脊柱处于前凸位。在升高或降低担架和伤者时，腰、背部及大腿正处于工作状态，担架或伤者离搬运者越远，搬运者肌肉的负荷就越大。因此，提抬时应使担架和伤者尽量与自己靠近。

2. 搬运时互相协调

当担架和伤者总质量大于 30kg 时，应由两人提抬，并尽可能将其放在轮式担架上滚动，这样既可节省体力，又可减少受伤的机会。搬运者在提抬担架或伤者过程中，应用语言沟通并保持协调，尤其是当担架和伤者离地面小于70cm 时要特别注意这一点。例如可同时喊"一、二、三，抬起"，以保持动作协调。

3. 安全抬起的两种类型

（1）半蹲位。膝或股四头肌弱的人可采用两膝呈部分弯曲的半蹲位抬起方式。方法是双足适当分开，然后背部及腹肌拉紧，使身体稍向前倾，重心在两脚中间或稍偏后，站立抬起时，背部也要稍向前倾，以保持双足平稳。若重心向后超过足跟，会造成不平衡，半蹲位抬起方式要求穿的鞋子要合适，鞋跟不能过高，在整个提抬过程中应使脚跟保持平稳。

（2）全蹲位。全蹲位有两种情况，一种是搬运者两腿均强壮，与半蹲位一样，全蹲位两腿适当分开，除下蹲的程度与半蹲位不同外（膝关节弯曲90°），其他同半蹲位；另一种是搬运者有一只脚的脚力稍弱或一条腿疼痛，此脚的位置应稍靠前，抬起时，重心要落在另一力量较强的腿上。

五、危重伤者搬运的方法及其注意事项

1. 脊柱、脊髓损伤者的搬运

脊柱、脊髓损伤或疑似脊柱、脊髓损伤的伤者，在确定性诊断治疗前，均按脊柱损伤原则处理。脊柱、脊髓损伤的搬运采用四人搬运法。其方法步骤是：

（1）一人在伤者的头部，双手掌抱于头部两侧纵向牵引颈部，有条件时戴上颈托。

（2）另外三人在伤者的同一侧（一般为右侧），分别在伤者的肩背部、腰臀部、膝踝部，双手掌平伸到伤者的对侧，如图3-50（a）所示。

（3）四人单膝跪地，同时用力，保持脊柱为中立位，平稳地将伤者抬起，放在脊柱板或木板上，如图3-50（b）所示。

（a）   （b）

图3-50　四人搬运法

（a）三人在同一侧，一人在头部；（b）四人同时用力平稳抬起

2. 骨盆骨折者的搬运

应根据伤者受伤情况，首先对休克及各种危及生命的合并症进行处理，然

后按骨盆骨折固定的方法固定伤者的骨盆，再进行搬运。骨盆骨折者的搬运采用三人搬运法，其方法步骤是：

（1）三名施救者位于伤者的同一侧（一人位于伤者的胸部，一人位于腿部，一人在中间专门保护骨盆），如图3-51（a）所示。

（2）双手平伸，单膝跪地，三人同时用力，抬起伤者放于硬板担架或木板上，如图3-51（b）所示。

（3）扣好担架安全带，或用宽布带将伤者头部、双肩、骨盆、膝部固定于木板上，以防搬运防止途中颠簸和转动。

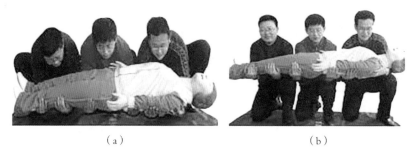

（a）　　　　　　　　　　　　　　　　　　（b）

图3-51　三人搬运法

（a）施救者分别位于胸部、腿部、骨盆位置；（b）三人同时用力抬起伤者

3. 颅脑损伤者的搬运

颅脑损伤者常有脑组织暴露和呼吸道不畅等表现。颅脑损伤者搬运时应使伤者采取半仰卧位或侧卧位，以保持呼吸道通畅；脑组织暴露者，应保护好其脑组织，并用衣物、枕头等物将伤者头部垫好，以减轻振动。同时要注意，颅脑损伤者常合并颈椎损伤。

4. 胸部伤者的搬运

胸部受伤者常伴有开放性血气胸，需先进行包扎处理。搬运已封闭的气胸伤者时，以座椅式搬运为宜，伤者取坐位或半卧位。有条件时最好使用坐式担架、折叠椅或能调整至靠背状的担架。

5. 腹部伤者的搬运

腹部伤者宜用担架或木板搬运。搬运时，伤者取仰卧位，下肢屈曲，以防止腹腔脏器受压而脱出。脱出的腹腔脏器要包扎好，但不要回纳。

6.休克伤者的搬运

休克伤者取平卧位，不用枕头，或取脚高头低位。休克伤者搬运时用普通担架即可。

7.呼吸困难伤者的搬运

呼吸困难伤者搬运取坐位，不能背驮，使呼吸更通畅。用软担架（床单、被褥）搬运时注意不能使伤者躯干屈曲。如有条件，最好用折叠担架（或椅子）搬运。

8.昏迷伤者的搬运

昏迷伤者咽喉部肌肉松弛，仰卧位易引起呼吸道阻塞。因此，昏迷伤者搬运采用平卧位并使头转向一侧或采用侧卧位，以便呕吐物或痰液污物顺利流出。搬运时用普通担架或活动床即可。

培训能力项

项目一：脊柱损伤者固定搬运

本项目规定的作业任务是针对脊柱损伤者，四人相互配合，以模拟人为操作对象所进行的脊柱损伤者固定搬运作业。

在对伤者进行全面检查，确认伤者为脊柱损伤并怀疑颈椎损伤后，对伤者先用颈托固定，后用四人搬运法搬运至担架上，担架固定后再用担架搬运。

脊柱损伤者固定搬运作业内容及其质量标准见表 3-11。

表 3-11 脊柱损伤者固定搬运作业内容及其质量标准

序号	作业项	作业内容	质量标准
1	作业前的工作	—	—
2	施救前体位	模拟人处于倾坐位，坐在地垫上；主施救者蹲或双膝跪于其正前方；其余施救者站在周围待命	作业前确定一人为主施救者；伤者体位及主施救者体位正确

（续表）

序号	作业项	作业内容	质量标准
3	伤情判断	主施救者迅速判断受伤情况及受伤部位，口述：伤者脊柱疼痛，头晕，浑身无力，发生脊柱损伤，怀疑颈椎骨折，无出血，需颈托固定头部，四人搬运至担架并用担架进行搬运，请3位同学前来帮忙	查找伤口位置正确、判断准确；口述清晰，声音洪亮
4	装备、人员准备	主施救者准备颈托；另外三人：一人准备担架，一人协助主施救者，一人随时待命	检查装备是否完好；人员分别到达分工位置
5	颈托固定	协助者位于伤者侧面，双前臂夹紧伤者的前胸后背，固定其颈部	动作轻缓
		主施救者位于伤者背后，用双手牵引伤者头部，使其恢复颈椎中轴位	头部仰至嘴角和耳垂的连线与地面平行，鼻尖与肚脐呈一直线；如遇阻力或伤者感到疼痛时应立即停止
		主施救者分开颈托的两片，先把后片小心穿入后颈，再将前片慢慢穿入，紧贴下颌，最后小心绑紧颈托	动作轻缓、小心；始终保持伤者颈椎中轴位，避免移动伤者头颈和脊椎
		主施救者将小指插入颈托内侧，检查颈托松紧程度	颈托松紧合适，与身体指尖的间隙能容纳一小指
6	转移伤者体位	主施救者双手扶住伤者头部，协助者抱住伤者腰部，将伤者轻轻转移至平卧位	动作轻缓、小心；始终保持伤者颈椎中轴位；不得将伤者头部偏移、错位
7	四人搬运	主施救者单膝跪在伤者的头部，双手掌抱于头部两侧纵向牵引颈部	保持伤者颈椎为中轴位
		另外三名施救者在伤者的同一侧（一般为右侧），分别位于伤者的肩背部，腰臀部，膝踝部，单膝跪地，双手掌平伸到伤者的对侧	三人双手位置正确，用力位置正确
		主施救者喊"一、二、三、起"，四人同时用力，保持颈椎、脊柱为中轴位，平稳地将伤者抬起，然后平移至担架旁，平稳地放在担架上	动作、姿势准确到位，用力均匀；抬起、移动平稳；搬运过程中由指挥者统一下令
8	担架搬运	扣好担架安全带，以防伤者跌落；伤者骨突起处或摩擦处加垫保护	安全带锁扣扣紧，保护垫松紧适度
		主施救者和协助者一前一后，双脚适当分开，采用半蹲位，双手握住担架杆，然后背部及腹肌拉紧，使身体稍向前倾，重心在两脚中间或稍偏后，主施救者喊"一、二、三、起"，二人同时用力将担架抬起。站立抬起时，背部也要稍向前倾，以保持双足平稳	提抬姿势正确；抬起和搬运过程中尽量保持水平状态，必须倾斜（如上下楼梯）时应保持伤者头部处于高位
		将伤者平稳地抬至指定安全地点，平稳放下担架，等待下一步治疗	安全地点为指定任务终止地点
9	安全文明生产	—	—

項目二：骨盆骨折伤者固定搬运

本项目规定的作业任务是针对骨盆骨折伤者，三人相互配合，以模拟人为操作对象所进行的骨盆骨折伤者固定搬运作业。

在对伤者进行全面检查，确认伤者为骨盆骨折后，对伤者先进行骨盆固定，再用三人搬运法搬运至担架，担架固定后，用担架搬运。

骨盆骨折伤者固定搬运作业内容及其质量标准见表 3-12。

表 3-12　骨盆骨折伤者固定搬运作业内容及其质量标准

序号	作业项	作业内容	质量标准
1	作业前的工作	—	—
2	施救前体位	模拟人处于倾坐位，坐在地垫上；主施救者蹲或双膝跪于其正前方；其余施救者站在周围待命	作业前确定一人为主施救者；伤者体位及主施救者体位正确
3	伤情判断	主施救者迅速判断受伤情况及受伤部位，口述：伤者臀部局部剧痛、肿胀，不能走路，发生骨盆骨折，需要三人搬运至担架并用担架进行搬运，请 2 位同学前来帮忙	查找伤口位置正确、判断准确；口述清晰，声音洪亮
4	装备、人员准备	主施救者准备骨盆肚兜；另外一人准备担架，一人协助主施救者	检查装备是否完好；人员分别到达分工位置
5	骨盆固定	伤者置仰卧位、屈膝并拢以减轻疼痛，双膝下方放置软垫	伤者体位正确；软垫放置位置合适；操作动作轻缓
		主施救者用一块现场能找到的布料（已提前备好），平整地围绕于骨盆周围，从臀后向前包绕骨盆	布料大小合适，骨盆包绕严密
		主施救者将布料捆扎于骨盆前方	动作轻缓、小心；捆扎牢固
		双膝间加垫后用宽带固定	垫子尺寸、厚度合适；宽带固定牢固
6	三人搬运	三名施救者单膝跪在伤者的同一侧（一般为右侧），主施救者在伤者中间保护骨盆，一人位于伤者胸部，另外一人位于伤者腿部	三人位置正确
		三人单膝跪地，双手掌平伸到伤者的对侧	三人双手平伸到伤者对侧
		主施救者喊"一、二、三、起"，三人同时用力，平稳地将伤者抬起，然后平移至担架旁，平稳地放在担架上	动作、姿势准确到位，用力均匀；抬起、移动平稳；搬运过程中由主施救者统一下令
7	担架搬运	同本节【培训能力项】项目一	
8	安全文明生产	—	—

第四章

常见创伤的
现场急救

第一节　头颅外伤的现场急救

培训知识点

常见的头颅外伤根据颅脑解剖部位可分为头皮损伤、颅骨骨折与颅脑损伤，三者可合并存在。头皮损伤包括头皮血肿、头皮裂伤、头皮撕脱伤等。颅骨骨折包括颅盖骨线状骨折、颅底骨折、凹陷性骨折等。颅脑损伤包括脑震荡、弥漫性轴索损伤、脑挫裂伤、脑干损伤等。

一、头皮损伤的现场急救

头皮损伤是由直接损伤头皮所致，常因暴力的性质、方向及强度不同导致损伤各异。

1. 表现

头皮血管丰富，所以损伤时出血量多且止血时间长。可表现为头皮擦伤、头皮挫伤、头皮裂伤、头皮血肿（包括皮下血肿、帽状腱膜下血肿、骨膜下血肿）和头皮撕脱伤等。

2. 现场急救处理

（1）对伤口直接进行加压包扎止血。

（2）若无颈椎损伤，可抬高头部以减少出血。

（3）撕脱的头皮应与伤者一起快速送往医院。

（4）头皮血肿早期可冷敷，加压包扎，感染时需切开引流。

二、颅骨骨折的现场急救

颅骨具有保护颅内脑组织的作用，当外力超过其承受能力时就会造成颅骨骨折。颅骨骨折主要包括颅盖骨骨折（线形骨折、凹陷骨折）和颅底骨折（颅前窝骨折、颅中窝骨折、颅后窝骨折）。

1. 表现

（1）骨折处有头皮肿胀、血肿或出血。

（2）单或双眼周围皮下有淤血，出现"熊猫眼"特征，如图 4-1 所示。

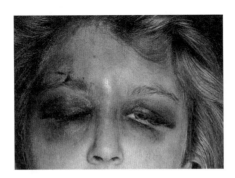

图 4-1　熊猫眼

（3）脑脊液漏，表现为从鼻孔或外耳道有清亮的液体流出。

（4）伤者产生不同程度的意识障碍。

2. 现场急救处理

（1）应采取头略高卧位。

（2）颅底骨折时，伤者耳鼻溢液或流血，流出的液体颜色呈淡红色或清亮色，此时切忌用棉花、卫生纸堵塞鼻孔或外耳道，由于流出的是脑脊液，是由颅底骨折脑膜破裂所致，单纯的堵塞不能阻止脑脊液的外溢，且若用不洁物品堵塞，会引发感染或感染扩散到颅内。

（3）密切观察人员生命体征的变化，迅速送入医院。

三、颅脑损伤的现场急救

常见的颅脑损伤有脑震荡、脑挫裂伤及脑干损伤。

1. 脑震荡

脑震荡指脑外伤后出现短暂的意识丧失和记忆丧失，没有明确的脑组织结构的器质性损害。脑震荡是颅脑最轻微的损伤，以中枢神经功能障碍为主。

（1）表现。有头部受外伤史，伤后有昏迷但可在 30min 内清醒。有逆行性遗忘，即对受伤当时所有情况都记不清楚，会有头痛、恶心和呕吐等症状。

（2）现场急救处理。

1）应适当卧床休息并减少脑力和体力劳动。

2）对症支持治疗。

3）对伤者进行精神鼓励，消除其顾虑。

4）定时观察人员意识、瞳孔及生命体征的变化，便于及时发现可能并发的颅内血肿。

2. 脑挫裂伤及脑干损伤

脑挫裂伤是指脑组织、神经、血管的器质性损伤；脑干损伤是指脑组织严重的器质性损伤。

（1）表现。

1）脑挫裂伤。伤者有头部受外伤史，伤后昏迷时间在 30min 以上，有头痛、呕吐、视物不清及颅内压增高等表现，有偏瘫、失语、尿崩等神经系统体征。

2）脑干损伤。脑干有挫裂、水肿、血肿、坏死等现象，伤后立即昏迷并逐渐加重，早期发生呼吸循环功能障碍。

（2）现场急救处理。脑挫裂伤及脑干损伤的现场急救处理方法基本相同。

1）对于颅脑外伤伴有呕吐者，要注意呼吸道的通畅，必要时给予插管。

2）对于开放性的颅脑损伤者，要先给予伤口包扎，防止再污染，再做检查和处理。

3）观察伤者生命体征变化，给予正确处理。

4）给予伤者减轻脑水肿、降低颅内压的治疗。

5）现场处理应简单准确，并迅速送医院。

第二节 胸部创伤的现场急救

1. 正确理解肋骨骨折、外伤性气胸和血胸的概念及表现特征。
2. 熟练掌握肋骨骨折、外伤性气胸和血胸的现场处理方法。

培训知识点

常见的胸部创伤有肋骨骨折、外伤性气胸和血胸。

一、肋骨骨折

肋骨一共 12 对，平分在胸部两侧，前与胸骨后与胸椎相连，构成一个完整的胸廓。胸部损伤时，无论闭合性损伤还是开放性损伤（如图 4-2 所示），肋骨骨折最为常见，约占胸廓骨折的 90%。儿童肋骨富有弹性，不易折断，而成人，尤其是老年人，肋骨弹性减弱，容易发生骨折。

一根肋骨在两处折断时称为肋骨双骨折，多根肋骨双骨折会造成胸壁软化，出现反常呼吸，又称连枷胸。反常呼吸呼气时软化区的胸壁内陷，吸气时软化区的胸壁外突，如图 4-3 所示。

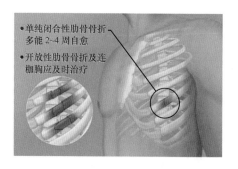

• 单纯闭合性肋骨骨折多能 2~4 周自愈
• 开放性肋骨骨折及连枷胸应及时治疗

图 4-2 开放性骨折和闭合性骨折

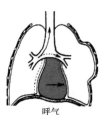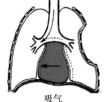

呼气　　　　吸气

图 4-3 反常呼吸

1. 致伤因素

（1）当直接暴力作用于胸部时，肋骨骨折常发生于受打击的部位，骨折端向内折断，同时对胸内脏器会造成损伤。

（2）当间接暴力作用于胸部时，如胸部受挤压的暴力，容易造成胸壁软组织，产生胸部血肿。

（3）开放性骨折多见于火器或锐器的直接损伤。

（4）当肋骨有病理性改变（如骨质疏松或骨质软化），或在原发性和转移性肋骨肿瘤的基础上，也容易发生病理性肋骨骨折。

2. 表现

（1）胸部青紫，有血肿。

（2）胸部有剧烈疼痛。

（3）产生呼吸困难。

（4）开放性肋骨骨折的伤口可能有气泡或发出"吱吱"声响。

3. 现场急救处理

（1）单纯肋骨骨折，可采用多条布带或弹性胸带固定胸廓。

（2）出现反常呼吸时，用厚敷料垫放在软化的胸壁上并进行加压包扎。

（3）开放性肋骨骨折，伤口盖上清洁敷料并密封，进行全胸或单胸包扎。

二、外伤性气胸

常见的外伤性气胸有闭合性气胸、开放性气胸和张力性气胸。

1. 闭合性气胸

闭合性气胸是指空气由伤口进入胸膜腔后伤口闭合，多见于闭合性胸部损伤。小量气胸时肺压缩小于15%，中量气胸时肺压缩为15%～60%，大量气胸时肺压缩大于60%。

（1）表现。少量气胸只有疼痛，中量气胸会产生胸痛、胸闷、呼吸困难、皮下气肿或呈鼓音，大量气胸则严重呼吸困难，伤侧呼吸音减弱或消失。

（2）现场急救处理。少量气胸无需特殊治疗，中量和大量气胸则需进行胸腔闭式引流术，紧急时可行胸腔穿刺术，应紧急送往医院治疗。

2. 开放性气胸

胸膜腔经伤口与外界大气相通后，胸膜腔负压消失，伤侧的肺部完全受压萎陷，纵隔因受胸腔内压的变化来回摆动。胸腔负压消失，导致静脉回流受阻，心排血量下降，如图4-4所示。

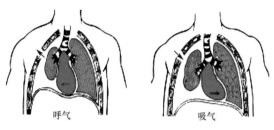

呼气　　　　　　　　　　吸气

图4-4　开放性气胸

（1）表现。患者会出现烦躁不安、呼吸困难、脉搏细速、血压下降等表现，胸壁可见与胸腔相通的开放性伤口，随呼吸运动可听到空气通过伤口时发出的"嘶嘶"样的声音。

（2）现场急救处理。立即封闭胸壁伤口，将开放性气胸变为闭合性气胸。用大块无菌纱布或棉垫压塞伤口，外加胶布固定，再进行加压包扎。

3. 张力性气胸

胸部穿透伤及肺或支气管损伤时，创口周围组织会形成单向活瓣，造成吸气时活瓣开放，呼气时活瓣关闭，导致空气不能排出，使胸膜腔内空气越来越多，压力持续增高，从而形成张力性气胸。

（1）表现。胸部外伤后，患者短时间内会出现严重的呼吸困难，表现为鼻翼翕动，呼吸急促，大汗淋漓，烦躁不安，血压下降，甚至昏迷以及皮下气肿、伤侧呼吸声消失、气管和心脏向健侧移位。

（2）现场急救处理。

1）迅速用粗针头穿刺胸膜腔减压，并外接单项活瓣装置，也可以在针柄外接剪有小口的柔软塑料袋、气球或避孕套等。

2）在伤侧锁骨中线第二肋间安置胸腔闭式引流管引流。

3）立即对胸部创口进行封闭包扎。

三、外伤性血胸

胸部外伤时，出血量在 500ml 以内为小量血胸，出血量在 500～1500ml 为中量血胸，出血量超过 1500ml 为大量血胸。

1. 表现

小量血胸时无明显的失血症状；中量血胸时出现面色苍白、呼吸困难、血压下降等症状；大量血胸时出现严重的呼吸和循环紊乱，大量出血引起休克。

2. 现场急救处理

（1）单纯性血胸时，需进行胸腔穿刺或胸腔闭式引流术，清除胸腔内的积血，使肺及时复张。

（2）胸腔少量出血时，症状轻微，对伤者给予包扎后转送医院。

（3）胸腔大量活动性出血时，症状较重，在输液抗休克治疗的情况下立即转送医院。

培训能力项

项目：开放性气胸的现场处理

本项目规定的作业任务是针对人员由于创伤而发生开放性气胸，两人相互配合或以创伤模拟人为操作对象所进行的开放性气胸的现场处理作业。

在对伤者进行全面检查，确认开放性气胸伤情后，采用现场材料，快速处理，将开放性气胸变为闭合性气胸。

开放性气胸的现场处理作业内容及其质量标准见表 4-1。

表 4-1　开放性气胸的现场处理作业内容及其质量标准

序号	作业项	作业内容	质量标准
1	作业前的工作	—	—
2	伤情检查与判断	根据伤处和伤员整体状态，准确判断伤情。口述：患者呼吸困难，胸壁可见与胸腔相通的开放性伤口，随呼吸可听到伤口发出"嘶嘶"的声音	查找伤口位置正确、判断准确；口述清晰，声音洪亮
3	封闭伤口	佩戴一次性手套，用大块无菌纱布或棉垫压塞伤口，外加胶布固定，将开放性气胸变为闭合性气胸	正确佩戴一次性手套，规范操作
4	加压包扎	使用三角巾或就地取材，进行胸部加压包扎	规范操作，动作轻柔迅速准确
5	安全文明生产	—	—

第三节 腹部创伤的现场急救

培训目标

1. 正确理解腹部创伤的分类及其特点。
2. 熟知腹部创伤的表现。
3. 熟练掌握常见腹部创伤的现场处理方法。

培训知识点

腹部创伤是由各种致伤因素作用于腹部导致的腹壁、腹腔内脏器和组织（血管、神经等）的损伤。

一、分类及其特点

腹部创伤按是否穿透腹壁、腹腔以及是否与外界相通，可分为开放性和闭合性两类。

1. 开放性腹部创伤

以战时最多见，主要由火器伤引起。

有腹膜破损者为穿透伤，多数伴有腹腔内脏器损伤；无腹膜破损者为非穿透伤，腹腔未与外界交通，但也有可能损伤腹腔内脏器。

投射物有入口有出口者为贯穿伤；有入口无出口者为盲管伤。

2. 闭合性腹部创伤

闭合性腹部创伤多由挤压、碰撞和爆震等钝性暴力等原因引起，可分为腹壁伤和腹腔内脏伤两类。闭合性腹部损伤体表无伤口，要确定有无内脏损伤，有时是很困难的。若不能在早期确定内脏是否受损，很可能贻误手术时机而导致严重后果。

二、表现

患者会有腹痛、恶心、呕吐、呼吸困难等表现。出血和感染是腹部创伤患者死亡的主要原因。经过及时正规的治疗，无并发症发生的患者，一般不会影响自身寿命，且预后较好。腹部不同部位和不同脏器损伤的表现各不相同。

（1）单纯腹壁损伤的症状一般较轻，常伴有局部疼痛和皮下淤血。

（2）腹腔内实质脏器（肝、脾）破裂者主要为内出血休克的表现。

（3）腹腔内空腔脏器（胃、肠）破裂者主要为疼痛、腹膜炎的表现。

（4）腹壁、肠系膜、横膈的损伤既非出血又不是腹膜炎，主要为腹部疼痛的表现。

（5）腹部外伤后胃肠道损伤者，主要为恶心、呕吐、便血、气腹的表现。

（6）腹部外伤后泌尿系脏器损伤者，会有排尿困难、血尿、会阴部疼痛的表现。

（7）膈面腹膜刺激表现（同侧肩部牵涉痛）者，提示为上腹部脏器损伤，其中以肝和脾的破裂较为多见。

三、现场急救处理

（1）当发现腹部有伤口时，应立即进行包扎。

（2）对有内脏脱出者，不可随意将脱出内脏回纳入腹腔，以免污染腹腔，如图4-5（a）所示。

（3）对脱出的内脏，先用急救包或大块敷料将其遮盖，如图4-5（b）所示；然后用消毒碗或盆盖住脱出的内脏，如图4-5（c）所示；最后进行伤口包扎，如图4-5（d）所示。

（4）如果脱出的肠管有嵌顿可能，可将伤口扩大，将肠管送回腹腔内以免缺血坏死。

（5）脱出的内脏如有破裂，可在破口处用钳子夹住，并将钳子一并包扎在敷料内。

（6）转送时体位应为平卧，膝与髋关节置于半屈曲状，以减少腹肌紧张所致的痛苦；转运途中应给予伤者输液、吸氧等治疗并严密观察其生命体征的

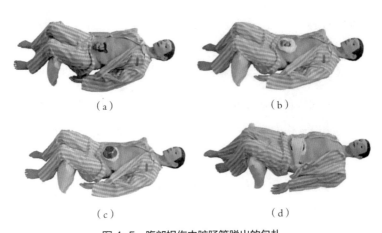

（a）　　　　　　　　　　　　　（b）

（c）　　　　　　　　　　　　　（d）

图 4-5　腹部损伤内脏肠管脱出的包扎

（a）内脏脱出；（b）遮盖脱出的内脏；（c）盖住脱出的内脏；（d）包扎

变化。

（7）注意不要随意除去有黏性的异物，不要拔出刺入腹腔的刀、箭等异物，不能给予口服药、止痛药或兴奋药，不能进食、喝水，以防有胃肠穿孔者加重污染。

培训能力项

项目：腹部内脏肠管脱出的现场处理

本项目规定的作业任务是针对人员腹部发生损伤，并伴有内脏肠管脱出的伤情，以创伤模拟人为对象进行现场急救处理。急救过程包括操作前的伤情检查与判断、伤口消毒、加盖辅料和腹部包扎等。

发现腹部有伤口且有内脏脱出时，不可随意将脱出内脏回纳入腹腔，对脱出的内脏进行遮盖固定处理，然后进行全腹包扎。

腹部内脏肠管脱出的现场处理作业内容及其质量标准见表 4-2。

表 4-2　腹部内脏肠管脱出的现场处理作业内容及其质量标准

序号	作业项	作业内容	质量标准
1	作业前的工作	—	—
2	伤情检查与判断	认真观察伤者伤口大小，及脱出的肠管内脏多少，根据伤处和伤员整体状态，准确判断伤情	快速检查判断；关注伤员伤情及身体状态
3	伤口周边消毒	将伤者双腿屈曲垫高，佩戴一次性手套，用及酒精或碘伏对伤口周边皮肤进行简单消毒	正确佩戴一次性手套；规范操作；不要在伤口上及脱出部分使用任何消毒物品消毒
4	覆盖与固定	用消毒的大块敷料覆盖脱出的内脏，然后用消毒碗盖扣住脱出的内脏进行固定，同时与外界隔离	规范操作；动作轻柔、迅速准确
5	腹部包扎	使用三角巾从腹前到腹后快速进行腹部包扎，进一步保护、固定伤口	包扎操作要准确规范，快准轻牢，避免二次伤害
6	安全文明生产	—	—

第四节 关节脱位的现场急救

培训目标

1. 正确理解关节脱位的概念及其内涵。
2. 熟知关节脱位的表现特征。
3. 熟练掌握常见关节脱位的现场处理方法。

培训知识点

一、关节脱位的概念

凡关节遭受外力作用，使构成关节的骨端关节面脱离正常位置而引起的功能障碍，称外伤性关节脱位。

关节的基本结构包括关节面、关节囊和关节腔三部分。关节的稳定和平衡主要依靠骨骼、韧带和肌肉维持。骨骼和韧带维持静力平衡，肌肉起动力平衡作用。当外来暴力和内因的影响超出维持关节稳定因素的生理保护限度时，构成关节的骨端即可突破其结构的薄弱点而发生脱位。

正常关节至少包括两个骨端，相邻两骨的关节面呈一凸一凹的对合关系，关节可以产生屈、伸、收、展等运动。关节脱位时，构成关节的上下两个骨端偏离了正常的位置，关节发生移位，从而造成关节辅助结构的损伤破坏而致功能失常。

外伤性关节脱位多见于肩、髋、肘及下颌关节。

二、关节脱位的表现

1. 关节脱位的一般表现

（1）关节疼痛及局部压痛。

（2）关节肿胀有瘀斑。

（3）关节的功能障碍。

2. 关节脱位的特有畸形体征

（1）关节脱位处有明显畸形。患肢会出现旋转、内收、外展、变长或缩短。

（2）弹性固定。脱位后，由于肌肉韧带牵拉，患肢处于异常位置，活动时感到弹性阻力。

（3）关节盂空虚。脱位后可摸到空虚的关节盂，移位的骨端能够在临近的异常位置触及。

三、关节脱位的现场急救要求

（1）救护者如不熟悉脱位的整复技术，不要贸然进行复位，以免增加伤者的痛苦，甚至加重组织受伤。此时，可在原有位置进行固定，局部冷敷，然后送入医院治疗。

（2）如一般脱位，救护者能够复位，可在现场进行。复位原则是放松局部肌肉，按损伤时的作用力的反方向牵引。首先拉开，然后旋转，注意用力不要过猛，复位后进行固定。

四、各种关节脱位的现场急救处理

1. 肩关节脱位

（1）表现。肩关节脱位患者肩关节疼痛剧烈，不能自如活动，头部倾斜；检查时会发现患者肩部肿胀，肱骨头从喙突下脱出，肩部失去原来的圆浑轮廓，而出现方肩畸形，如用手去触摸患肢，会发现肩盂处有明显的空虚感，如图 4-6 所示。此外，若患者患肢的肘部紧贴胸壁，手掌不能搭到对侧肩部，或手掌搭到对侧肩部时，肘部无法贴近胸部，这些都是肩关节脱位患者所特有的体征，一般容易辨认。

（2）现场急救处理。肩关节脱位后的复位，就是将已脱出的肩关节头回纳到原来的关节窝里。肩关节复位后尚需固定。如单纯肩关节脱位，只要将患肢呈 90°，用三角巾悬吊于胸前，一般三周即可。如果患者关节囊有明显破损，或肩周肌肉被撕裂，则应将患肢手掌搭在对侧肩部，肘部贴近胸壁，用绷带固定在胸壁上。

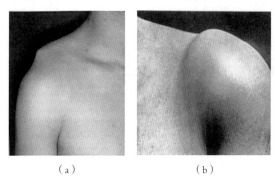

（a） （b）

图 4-6 肩关节脱位

（a）方肩；（b）肿胀

2. 肘关节脱位

（1）表现。受伤后伤者表现为肘关节肿胀、疼痛、畸形明显，前臂缩短，肘关节周径增粗。肘前方可摸到肱骨远端，肘后可触到尺骨鹰嘴，肘关节弹性固定于半伸位，大约为 45°，如图 4-7 所示。肘部变粗，上肢变短，鹰嘴后突较显著，肘后三角失去正常关系。在全身各关节脱位中，肘关节脱位最为多见。

（2）现场急救处理。发生肘关节脱位时，若无救助者，伤者本人可根据肘关节的伤情判断是否关节脱位，不要强行将处于半伸位的伤肢拉直，以免引起更大的损伤。可用健侧手臂解开衣扣，将衣襟从下而上兜住伤肢前臂，系在领口上，将伤肢肘关节呈半屈曲位固定在前胸部，再前往医院接受治疗。如果有人救助，若施救者对骨骼不十分熟悉，无法判断关节脱位是否合并骨折时，不

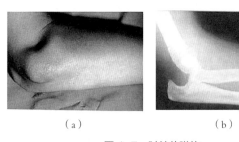

（a） （b）

图 4-7 肘关节脱位

（a）外形图；（b）造影图

要轻易复位，以防损伤血管和神经，可用三角巾将伤肢呈半屈位悬吊固定在前胸部，快速送往医院即可。

3. 髋关节脱位

髋关节由股骨头和髋臼构成，髋臼深而大，能容纳股骨头的大半部分，周围有坚强的韧带及肌肉保护，结构稳固。

髋关节脱位多为直接暴力所致，常见为后脱位，偶有前脱位和中心脱位。髋关节屈曲或屈曲内收时暴力从膝部向髋部冲击，股骨头穿出后关节囊，造成后脱位。前脱位也可合并髋臼骨折，不做 X 线摄片必会漏诊。

（1）表现。

1）髋关节脱位表现为髋部疼痛或关节功能障碍明显。

2）肿胀不明显。

3）患侧下肢呈屈曲、内收、内旋和缩短畸形。

4）臀部可触及脱出的股骨头，大粗隆上移。

5）部分伤者可合并坐骨神经损伤。

（2）现场急救处理。

1）预防休克，若已有休克，应取平卧位。

2）保持呼吸道通畅，注意保暖并快速送入医院进行抢救。

3）医院内在麻醉下进行手法复位。

4）一年内应定期检查股骨头情况。

培训能力项

项目：肘关节脱位的现场处理

本项目规定的作业任务是针对人员发生肘关节脱位，两人相互配合，互为操作对象或单人自救操作所进行的肘关节脱位的现场处理作业。

在对伤者进行全面检查，确认为肘关节脱位后，根据情况进行复位，然后进行悬吊固定，将伤肢固定于胸前。

肘关节脱位的现场处理作业内容及其质量标准见表4-3。

表4-3 肘关节脱位的现场处理作业内容及其质量标准

序号	作业项	作业内容	质量标准
1	作业前的工作	—	—
2	伤情检查与判断	迅速、准确判断受伤情况及受伤部位，认真观察伤者伤情，口述：伤者表现为肘关节肿胀，畸形明显，前臂缩短，发生肘关节脱位	快速检查判断，关注伤员伤情及身体状态；口述清晰，声音洪亮
3	自救	用健侧手臂解开衣扣，将衣襟从下而上兜住伤肢前臂，系在领口上，将伤肢肘关节呈半屈曲位固定在前胸部	沉着冷静，规范操作
4	互救	确定无骨折，根据复位方法进行复位 确定有骨折或无法判断是否合并骨折，不要轻易复位，用三角巾将伤肢呈半屈位悬吊固定在前胸部，再进行搬运护送	规范操作，动作轻柔，迅速准确
5	安全文明生产	—	—

第五节　肢体离断伤的现场处理

培训知识点

因交通事故不幸外伤，坏人行凶切断了腿、手、指或趾，或儿童玩耍时不小心被利器切割而造成手指或脚趾断裂，或工伤事故引起肢体断离，遇到以上情况，急救者除了抢救患者的生命外，应对断肢加以妥善处理和保存，同时快速把伤员和断肢送到有条件进行断肢再植的医院急救。

一、肢体断离的种类

肢体断离的种类可根据造成断离的原因和肢体断离的程度进行分类。

1. 根据造成断离的原因分类

根据造成断离的原因，肢体断离可分为切割性断离、辗轧性断离、挤压性断离、撕裂性断离和爆炸性高温断离。

（1）切割性断离。切割性断离是由锐器切割所造成，如切纸机、铣床、剪刀车、铡刀、利刀、玻璃和某些冲床等，创面较整齐。对于多刃性损伤，如飞轮、电锯、风扇、钢索、收割机等所造成的严重切割伤，截断面附近组织损伤较严重。

（2）辗轧性断离。辗轧性断离是由车轮或机器齿轮等钝器碾压所致。辗轧后仍有一圈辗伤的皮肤连接被轧断的肢体，表面看似乎仍相连，实际上皮肤已被严重挤压，而且被压得很薄且失去活力，应视为完全性肢体断离。

（3）挤压性断离。挤压性断离是由笨重的机器、石块、铁板或搅拌机及重物挤压所致。断离平面不规则，组织损伤严重，常有大量异物挤入断面与组织间隙，不易去净。

（4）撕裂性断离。撕裂性断离是肢体被连续急速转动的机器皮带、滚筒（如车床、脱粒机等）或电机转轴卷断所致。

（5）爆炸性高温断离。爆炸性高温断离是由于肢体被炸成若干碎块，或因高热而使蛋白质凝固。

2. 根据肢体断离的程度分类

根据肢体断离的程度，肢体断离可分为完全性断离和大部断离。

（1）完全性断离。断离肢体的远侧部分完全离体，且无任何组织相连，称为完全性断离。

（2）大部断离。肢体局部组织绝大部分已断离，并有骨折或脱位，残留有活力的相连软组织少于该断面软组织总量的1/4，主要血管发生断裂或栓塞，肢体的远侧无血液循环或严重缺血，不接血管将引起肢体坏死，此称为大部断离。

二、断肢保存的意义

为了使断肢获得新生，外科专家们为此付出了许多心血掌握了断肢再植技术。研究结果发现，断肢的病理生理变化与温度关系极大，温度越高，组织病理变化越快，发生坏死的时间越短。

断肢正确保存的最大意义是为断肢再植做准备，打下一个好的基础。对于肢体意外的离断损伤，早期处理得当，可以最大限度地保留功能，若处理不当，会导致伤口感染、组织坏死、疤痕形成、关节僵硬、血运不良等，并且增加了后期治疗的困难，最后会导致肢体功能部分或大部分丧失。

因此，要让断肢再植，必须把握好两点：一是保存断肢的温度，二是断肢再植的时间。

三、断肢的现场处理

1. 处理断肢

（1）若离体断肢仍在机器中，应立即停止机器转动，设法拆开机器或将机器倒转，取出离体断肢。如有大的骨块脱出，应同时包好，与伤者一同快速送往医院，千万不能丢弃。

（2）断肢残端用清洁敷料进行加压包扎，以防大出血。断肢残端如有活动性出血，应首先止血。一般说完全断离的血管回缩后可自行闭塞，采用加压包扎或夹板固定就能止血。对搏动性活跃出血用止血钳止血时，不可钳夹组织过多，以免造成止血困难。对于不能控制大出血者，可考虑用止血带止血，但要标明上止血带时间，并每小时应放松 1 次，放松时应用指压止血代替。

2. 保存离体断肢

离体的断肢在常温下可存活 6h 左右，在低温下可保存更长时间。所以一旦发生肢体离断损伤，应迅速将离体断肢用无菌或清洁的敷料包好，放入塑料袋内。冬天可直接转送，在炎热的夏天，可将塑料袋放入加盖的容器内，外围加冰块保存。常见的手指离断伤和肢体离断伤的现场处理方法如下：

（1）手指离断伤。

1）立即掐住伤指根部两侧指动脉，防止出血过多，然后用回返式绷带包扎手指残端。不要用绳索、布条等捆扎手指以免加重手指损伤或造成手指缺血坏死。

2）离断的手指要用洁净物品如手帕、毛巾等包好，然后装入塑料袋或小瓶中，将装有离断手指的塑料袋或小瓶放入装有冰块的容器中，无冰块可用冰棍等冰冻物品代替。如图 4-8 所示为断手保存的方法。

注意：不要将离断手指直接放入水中或冰中以免影响手指再植成活率。

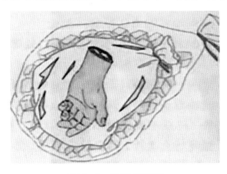

图 4-8　断手保存法

（2）肢体离断伤。

1）现场首先要止血，一般要上止血带。

2）离断的肢体用干净布料包好，外套一层塑料袋，然后再放在装满冰块的塑料袋或冰壶中与伤员一同送往医院。

保存时要注意：①要防止任何液体渗入离断肢体的创面。②不可高温保存离断的肢体，因为离断肢体加温保存后，会加速组织细胞的新陈代谢，缩短组织细胞的寿命，影响再植成功率。③不要让断肢与冰块直接接触，以防冻伤。④不要用任何液体浸泡断肢，更不允许放入酒精和消毒液中，否则组织细胞将发生严重破坏，失去再植条件。

3. 迅速安全地转运

在伤者发生严重休克时，应首先及时处理休克，以防转运途中发生生命危险。伤者在转送途中，骨折断端的尖角，因重力的牵拉、运输工具的振动、肢体的扭转等，均有可能加重重要血管或神经的损伤。因此，在转运前，应就地取材，利用现有的木板、竹条等，将伤肢作适当固定，以防在转运中发生二次损伤，也可减轻伤者的痛苦。

4. 防止伤口的污染

应用清洁的（最好是消过毒的）纱布或干净的布类，快速将伤口包扎起来，以达到隔离伤口、减少污染的目的。但不要将伤口置于不清洁的水（包括河沟水）中去清洗，以免污染伤口和增加伤者痛苦。除非断肢污染严重，一般不需冲洗，以防加重感染。同时要向医院提供准确的受伤时间、受伤经过和现场情况。

培训能力项

项目：手部断离伤情的现场处理

本项目规定的作业任务是针对人员由于意外事故导致手部断离，两人相互配合，互为操作对象所进行的手部断离伤情的现场处理作业。

急救过程包括伤情检查与判断、止血、断指保存和伤口处理等。

手部断离伤情的现场处理作业内容及其质量标准见表 4-4。

表 4-4　手部断离伤情的现场处理作业内容及其质量标准

序号	作业项	作业内容	质量标准
1	作业前的工作	—	—
2	伤情检查与判断	认真观察伤者伤处，确认出血和断离伤情，口述：伤员手部与上肢断离，断面大出血，伤员意识模糊	快速检查判断，关注伤员伤情及身体状态
3	止血	首先压迫上臂肱动脉进行压迫止血，然后在上臂快速上止血带	按压位置准确有力，止血带大绑扎规范
4	断指处理	断手用干净布料包好，外套一层塑料袋，然后再放在装满冰块的塑料袋中存放好	规范操作
5	伤口断面处理	用清洁的纱布或干净的布类，对断离创面采用回返式包扎，快速将伤口包扎隔离	规范操作，动作轻柔迅速准确
6	安全文明生产	—	—

第六节　皮肤损伤的现场急救处理

培训目标

1. 正确理解切割伤、刺伤、挫伤和扭伤的表现特征。
2. 熟练掌握常见切割伤、刺伤、挫伤和扭伤的现场处理方法。

培训知识点

常见的皮肤损伤有切割伤、刺伤、挫伤和扭伤。

一、切割伤的急救处理

遇到锐器切割伤时，先用清洁布料或手帕等压迫伤口进行止血，压迫片刻后若出血停止，使伤口合拢恢复原样，评估伤口的深度以及有无内脏损伤。若出血不止，伤口裂开并能见深部组织就必须快速到医院治疗。

手指是最常见的切割部位，手指切割伤的处理方法如下：

第一步，止血。一般的出血，用干净的纱布或手绢、毛巾在出血部位加压包扎即可，也可以用另一只手或由他人对伤手加压止血，既有效也不会造成不良后果。

第二步，防止进一步污染。不要在伤口上药水及其他药物，以免影响医生判断伤情。

第三步，防止损伤加重。如果手指发生骨折，不全离断时，要用小木板、铁皮等临时做固定，同时也能起到止痛的作用。假如发生断指或断手，不要随意丢弃断肢，用无菌纱布包裹断指，外罩塑料袋，在袋外放一些冰块，尽快转运，争取在 6～8 h 内进行再植手术。

二、刺伤的急救处理

刺伤指尖锐物刺入体内所引起的开创性创伤。刺伤一般污染轻，如果未伤及重要血管与内脏，一般治愈较快。但刺伤内脏会引起体腔内大量出血和穿孔，若刺入心脏可能会立即致死。

1. 刺伤的表现

刺伤的特点是伤口小而深，可直达深部体腔，而表面只有很小的皮肤损伤。

2. 常见的刺伤类型及处理

（1）利器、金属片、钢筋等刺入体内，绝不可盲目拔出。盲目拔出可致一部分刺入物断在体内或增加出血或使内脏伤加重，应使伤者静卧，用卷起的毛巾在伤口周围垫好并固定，快速送医院。

（2）脚踏朝天钉扎伤在工地和田间劳动中时有发生。铁钉扎伤虽然伤口很小，但可能很深，加之铁钉很脏，甚至已经生锈，细菌可能被带入组织内。由于伤口小，部位深，引流不畅，很容易发生感染。如果是化脓性细菌感染，就会引起蜂窝组织炎或者深部脓肿；如果是破伤风杆菌感染，严重时有生命危险。所以铁钉扎伤后，要及时进行处理。其处理方法如下：

1）受伤后应马上拔出铁钉，用两只手用力挤压伤口处，把污血尽可能挤干净，让细菌随着污血排出，以减少感染的机会。

2）可用碘酒或酒精彻底消毒伤口周围的皮肤，如果伤口比较大，伤口内可用双氧水或灭菌生理盐水冲洗干净。

3）对伤口进行包扎处理。

4）去医院注射破伤风抗毒素免疫血清，以防发生破伤风感染。

三、挫伤的现场急救处理

挫伤指身体突然受到猛力的器械撞击而发生的损伤。常见的挫伤部位是大腿或小腿前部，其次是头、胸、腹部。

1. 挫伤的表现

钝器作用于体表的面积较大，但其力度又不足以造成皮肤的破裂，却能使其下的皮下组织、肌肉和小血管甚至内脏损伤，多表现为伤部肿胀、疼痛和皮下淤血，严重者可能发生肌纤维撕裂、深部血肿和内脏器官破裂。如果致伤暴力呈螺旋方向活动则会引起捻挫伤，其损伤程度更加严重。

2. 症状

挫伤一般都有疼痛、肿胀及出血等，疼痛的程度与伤势的轻重、渗血及局部神经损伤的情况有密切关系。单纯的四肢软组织挫伤症状较轻，恢复较快。如伴有内脏挫伤，病人会有不同情况的临床表现，腹部挫伤病人出现面色苍白、口渴、出冷汗、脉搏快而细弱及血压下降等休克症状，若同时还有腹肌紧张压痛等情况应该考虑肝脾破裂。胸部挫伤后会有呼吸困难，心尖搏动向健侧移位应考虑发生张力性气胸。

3. 挫伤的现场急救处理

挫伤后，如皮肤完整无破损，可浸泡在冷水中或用冷毛巾做冷敷，有条件也可将冰块敲碎，装在一个布套中，做局部冷敷。冷敷可起止血、止痛、降低细菌和组织的活动能力以及消炎、制止炎症扩散的作用。但在冷敷时要注意观察局部皮肤有无变色、感觉麻木、发紫等情况，如果有这些现象，应立即取走冰袋，防止冻伤。

挫伤急性期（一般在24~48h）过后，可改用热水袋进行热敷。热水袋的温度一般为60~70℃，小儿和老年人温度要低些，一般以48~50℃为宜。装水入袋至1/2~1/3处，驱尽袋内空气，拧紧塞子，装入套中。热敷可起到止痛、促进炎症的吸收以及协助关节活动的作用。在用热敷的同时，也要注意观察皮肤的情况，防止烫伤。经以上方法处理，再配合一些局部用药，如好得快气雾剂、红花油、酒精等活血化瘀药物，一般2~3天后，挫伤的疼痛、肿胀会减轻或消失。

四、扭伤的现场急救处理

扭伤是关节部位的损伤。外力作用于关节处使其发生过度扭转引起关节囊、韧带、肌腱损伤，甚至断裂，出现皮肤青紫、疼痛、肿胀和关节活动功能障碍等。

1. 处理原则

伤后最有效的治疗方法是冷敷，可减轻内出血和组织肿胀，减轻伤者疼痛。如表面有伤口，先消毒，再用无菌敷料盖上伤口，敷料上放一层塑料薄膜，再冷敷。伤情严重者应到医院诊治。扭伤后尽量将伤肢抬高，高于心脏，有利于消肿；如果下肢受伤，2~3天内少下地行走；如果上肢关节损伤，需用前臂吊带悬吊2~3天。

在扭伤发生的48h之内，受伤部位的软组织渗出加重，应该用冰袋冷敷减少渗出，每小时一次，每次半小时；48h之后，受伤部位开始吸收之前的渗出，应该换为热敷，可加快受伤部位的血液循环促进消肿。

注意：禁止活动扭伤的关节，否则容易加重韧带损伤，留下不可逆转的后遗症。

2. 常见的扭伤处理方法

（1）在运动中扭伤手指，应立即停止运动。首先是冷敷，最好用冰，也可用水代替。将手指泡在水中冷敷15min左右，然后用冷湿布包敷。再用胶布把手指固定在伸指位置。如果一周后肿痛继续，可能是发生了骨折，一定要去医院诊治。

（2）如踝关节扭伤，首先要静养，用枕头把小腿垫高。可用茶水或酒调敷七厘散敷伤处，外加包扎。

（3）腰部扭伤也是要静养。应局部做冷敷，尽量采取舒服体位，侧卧或者仰平卧屈曲，膝下垫上毛毯之类物品。止痛后，最好是找医生来家治疗。

第七节 伴有大血管损伤伤口的现场急救处理

1. 理解掌握大血管损伤伤情的表现及救护原则。
2. 熟练掌握常见大血管损伤伤情的现场处理方法。

大血管损伤对生命威胁极大。人体各部位的动静脉血管受锐器刺伤、砍伤、切割伤或枪弹伤，均可造成血管断裂，引起急剧大量的出血，直接危及生命。据统计，因大血管损伤引起出血死亡率约为 54.1%。机体对不同部位急性失血的生理反应相差很大。越是靠近心脏的失血，机体的耐受力越差。

当胸腹部大动脉损伤时，由于这部分血管所承受的压力较远端血管的压力更大，因此，失血更为迅速，失血量更大。往往来不及抢救，很快会造成死亡。

一、表现

严重创伤、刀砍伤等会造成大血管断裂，出血多，易引发出血性休克。伴有大血管损伤的伤口较深，伤口远端脉搏搏动会消失，肢体远端苍白、发凉，伤口内可见血管断端喷血，肌肉断裂外露。

二、急救原则

周围大血管损伤是常见的急危重症，因损伤造成的失血性休克很容易造成患者来不及抢救就死亡的情况。所以在对大血管损伤患者进行诊治的过程中要将"快"字放在首位，严格按照快速诊断、快速止血、快速补液、快速转送这16 个字方针进行，尤其要把"快速止血"作为重点进行。

三、现场急救处理

正确有效的现场急救在很大程度上有利于大血管损伤患者后续的手术修复。因大血管损伤造成的出血现象十分严重，尤其是大动脉损伤往往可以使患者在几分钟内出现失血性休克，严重时会出现死亡。所以在现场急救的过程中需要沉着冷静，迅速大胆，结合患者的伤情以及损伤部位来选择合适的止血方式。

（1）手指压迫止血。这是最简便有效的止血方法，用手指压迫伤口上方（或近心端）的供血动脉，先用手指摸清血管搏动处，然后压紧血管，从根源处阻断血运。

（2）迅速用纱布压迫伤口止血。如果伤口深而大，用纱布填塞压实止血，放置纱布范围要大，超出伤口周边 5~10cm，才能有效止血。

（3）用绷带进行加压包扎。

（4）如肢体仍然出血不止，应上止血带。

第八节 伤口异物的现场急救处理

培训目标

1. 学习理解伤口异物刺入的表现及危害。
2. 熟练掌握伤口异物刺入的现场处理方法。

培训知识点

在日常生活和工作中，人体被物体意外刺入所引起的创伤是较常见的意外伤害之一。

一、伤口异物刺入的危害

从创伤致伤原因来说，异物导致的肢体创伤多属刺伤，刺伤时皮肤的完整性遭到破坏，属于开放性损伤。异物刺入头部，易伤及脑组织；刺入胸背部，易伤及心、肺、大血管；刺入腹部，易伤及肝、脾；无论何种异物刺伤，何种程度的刺伤，均应谨慎对待，错误的急救方法往往会导致更严重的后果。

二、伤口表浅异物的现场处理

如果较小的异物刺入身体，伤口小而浅，特别是四肢伤口，比如手指被木刺刺伤，需要及时将异物拔出，不宜让异物在肉体内活动，以免越扎越深，使伤口化脓感染。可以用肥皂水清洗伤口周围的皮肤，然后用消毒的镊子轻轻夹住异物，稍微用力垂直向外拔出即可。切忌用力过猛，以免将刺折断不易取出，造成更大麻烦，异物拔出后再次用碘酒消毒伤口。

三、伤口深部异物的现场处理

如异物为尖刀（如图 4-9 所示）、钢筋、木棍、尖石块等，并且扎入深部，不要将刺入体内的异物轻易拔出，因为在拔出的过程中，异物很有可能会损伤到周围的大血管、神经及重要组织器官。不拔出异物还能起到暂时堵塞止血作

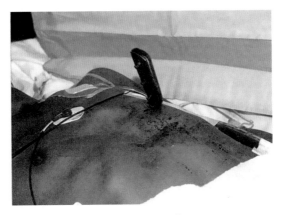

图 4-9　伤口异物

用，一旦拔出，可能会导致大出血而死亡。这时应维持异物原位不动，稍作固定，待转入医院后处理。入院前应按下述方法进行处理：

（1）敷料剪洞，套过异物，置于伤口上。

（2）然后用敷料卷圈放在异物两侧，将异物固定。

（3）用绷带或者三角巾进行包扎。

（4）经妥善包扎固定后，将伤病员置于适当体位，搬运时一定要求稳、求平，切忌动作简单粗暴，最好有专人看护刺入的异物，防止异物移动。

培训能力项

项目：大腿异物刺入的现场处理

本项目规定的作业任务是针对人员被异物意外刺入大腿发生损伤，并伴有一定出血的伤情，以创伤模拟人为对象或互为操作对象所进行的腿部异物刺入的现场处理作业。

急救过程包括操作前的伤情检查与判断、体位摆放、异物固定和包扎等。

大腿异物刺入的现场处理作业内容及其质量标准见表 4-5。

表 4-5　大腿异物刺入的现场处理作业内容及其质量标准

序号	作业项	作业内容	质量标准
1	作业前的工作	—	—
2	伤情检查与判断	认真观察伤者伤处，查看异物刺入位置，判断刺入深度，根据伤处和伤员整体状态，准确判断伤情	快速检查判断，关注伤员伤情及身体状态
3	体位摆放	将伤者双腿抬高，伤员呈仰卧位或半仰卧位	认真仔细，规范操作
4	覆盖与固定	将敷料剪洞，套过异物，覆盖在伤口上，然后用敷料或干净布料卷圈放在异物两侧或者做大小适当的垫圈套在异物周围，将异物进行固定	规范操作，动作轻柔迅速准确
5	包扎	使用三角巾或绷带绕大腿在异物周边进行包扎固定，隔离伤口	包扎操作要准确规范，快准轻牢，避免二次伤害
6	安全文明生产	—	—

第九节 压埋伤的现场急救处理

培训目标

1. 理解掌握压埋伤的定义及表现特点。
2. 熟练掌握压埋伤的现场处理方法。

培训知识点

一、压埋伤

压埋伤是指地震、工矿或交通意外事故发生倒塌、塌方和压埋，伤员被掩埋或被落下物体压迫之后的外伤。

在工作面挖掘过程中，常常因发生塌方而造成压埋伤，对压埋人员必须争分夺秒地抢救。

二、压埋伤的特点

易发生多发伤和骨质，尤其要重视挤压综合征问题，防止急性肾衰竭的发生。

压埋伤伤势一般较重，头颅、胸腹、脊椎、四肢均可伤及，也可能造成颅内、内脏破裂大出血或四肢骨折乃至脊椎骨折后瘫痪，甚至会发生窒息急性死亡。

有许多压埋人员表面并未见伤损或出血，但很快昏迷或死亡。其原因多为内脏破裂所致内出血或头部压震后导致颅内出血，也有的因伤后肌肉释放出一些有毒化学物质，当压力松开后，这些物质迅速扩散到身体的其他部位，导致急性肾功能衰竭和严重休克而死。所以，凡被压埋患者一旦被救出，虽是看似是"轻"伤，也要当重伤救治，千万不可麻痹大意。

三、压埋伤的现场急救

1. 自救

（1）事故发生后遇难者自身首先尽量改善自己所处的环境，保持沉着冷静，要有生的信心。创造条件及时排除险情、设法脱险，保存生命等待救援。

（2）尽可能保持呼吸通畅，设法用手去除头部及胸前的杂物和口鼻异物，同时防止再次受伤。假设遇有害气体，可用湿衣服捂住口鼻。

（3）若遇难者找不到逃生通道，可用石块敲击能发声的物体，靠敲击声向外发出信号。忌哭喊和盲目的行动，尽量保存体力，等待救援。

（4）遇难者如果受伤，尽量做好止血包扎，防止流血过多。

2. 互救与急救

（1）若伤者完全被矸石掩压，施救者应先确定伤者的被埋位置，不要盲目乱挖，以免耽误时间。挖找时忌用铁器等硬物猛挖、锤击，只能将土、石轻轻扒开。

（2）挖找时应尽快先使伤者的头部显露。伤者露出头部后，应迅速将其口、鼻处泥尘除净，以尽快保证其呼吸通畅。

（3）当伤者部分身体露出后，切不可生拉硬拽，而应将伤者周围的矸石或重物清除，使伤者彻底外露，再逐步将其移出，否则易造成被压埋者骨折、下身截瘫或新的撕裂伤。

（4）伤者救出后，若呼吸、心跳已停止，应立即行人工呼吸及胸外心脏按压，直至伤者恢复呼吸与心跳或确已死亡为止。

（5）伤者被救出后要迅速检查伤者有无脊椎骨折、能否说话、有无伤口、是否流血等。如有脊椎骨折，应立即放平身体，切勿急骤搬动，在现场设法用布类、衣物等将夹板、木棍、枪支或卷席包裹，置于伤者身体两侧，稍加固定后，迅速送医院救治。如果发现有伤者伤口大量流血，应按外伤进行止血包扎，将伤口包扎固定好后，再送医院救治。寒冷季节，还要注意患肢保暖，以防冻伤及休克发生。

（6）为防止伤者产生并发症，应尽快清洗其眼、鼻、口、耳及身上的灰尘、污物，同时迅速安全送入医院处理。

（7）如果伤者四肢受压，肢体有肿胀，可能是肌肉有内撕裂或肌肉血管破损，这时切忌用热敷，可采用冷毛巾、冰块外包手巾放在肿胀处冷敷，能够较好地有止痛、消肿、止血。同时，不论肢体被挤压伤至程度如何，都要将伤肢置于高的位置。

（8）在伤者被救出后，要严格记录其压埋持续时间和解压时间，并通知医院记录。主要为防治内脏出血、伤后瘫痪作救治参考依据。

（9）如当地有条件，可给复苏和包扎后的伤者喂些豆浆、牛奶、糖盐水或米汤等，以支持和恢复其体力。如能输液，可静脉滴注 5% 葡萄糖盐水 1000ml。这些均可预防"挤压综合征"及水电解质失衡的发生。

第十节 挤压综合征的现场急救处理

培训知识点

一、挤压综合征的定义

挤压综合征指人体四肢或躯干等肌肉丰富的部位遭受重物（如石块、土方等）的长时间挤压，挤压后受压肌肉组织大量变形、坏死、组织间隙渗出、水肿，解除后出现的身体一系列的病理生理改变。

筋膜间隔区压力升高造成肌肉缺血坏死，形成肌红蛋白血症，而无肾功能衰竭，只能称之为挤压伤或筋膜间隔区综合征，而不是挤压综合征。严重创伤也可能发生急性肾功能衰竭，但若无肌肉缺血坏死、肌红蛋白尿和高血钾，也不是挤压综合征。

二、挤压综合征的病因

（1）该病多发生于手脚被钝性物体如砖头、石头、门窗、机器或车辆暴力所致挤压伤。

（2）多见于房屋倒塌、工程塌方、交通事故等意外伤害中。

（3）在战争及发生强烈地震等严重灾害时可成批出现。

（4）爆炸冲击所致的挤压伤。

（5）该病还可见于昏迷及手术病人，因肢体长时间被固定体位自压所致。

三、挤压综合征的发病机制

持续挤压造成肌肉组织缺血、缺氧，肌肉损伤，毛细血管通透性增加。一且外界压力解除，局部血液循环重建，组织间隙出血并渗出，整个肌肉群肿胀，没有可扩展的空间，升高的压力反过来又会加重肌肉组织坏死。大量组织液的渗出使有效血容量减少，加上创伤引起的中枢神经及内分泌系统紊乱，就会引起肾缺血、肌肉坏死，大量肌红蛋白、钾、磷、镁、酸性代谢产物释放入血液，循环至肾脏，造成肾小管堵塞，最终造成肾功能衰竭，这就是挤压综合征的特点。

四、挤压综合征的症状及特征表现

1. 挤压综合征的症状

（1）局部症状：受伤部位出现淤血、水肿、皮肤挫裂伤，局部出现疼痛、肢体肿胀，皮肤有压痕、变硬，皮下瘀血，皮肤张力增加，在受压皮肤周围有水泡形成。部分伤者可能伴有开放性损伤或骨折。

（2）全身症状：由于内伤气血、经络及脏腑，伤者可能出现发热、呕吐、头晕、焦虑、心慌、少尿、无尿等症状。严重者心悸、气急，甚至面色苍白、四肢厥冷、汗出如油等。

2. 挤压综合征的特征表现

挤压综合征的主要特征表现为：休克、肌红蛋白尿、高血钾症、酸中毒及氮质血症。

五、现场急救处理

1. 搬除重物

发生人员压埋事故后，抢救人员应迅速进入现场，力争及早解除重物压力。需要搬除压在身上的岩石、楼板等重物，并及时清除口鼻内异物，保持呼吸道通畅，减少本病发生机会。

2. 保持体位

伤者取平卧位，对肿胀的肢体不要移动，减少活动，以减少组织分解毒素的吸收并减轻疼痛，尤其对尚能行动的伤员要说明活动的危险性。将伤肢暴露在凉爽处或用凉水降低伤肢温度（冬季要注意防止冻伤）。伤肢不要抬高，以免降低局部血压，影响血液循环。禁止按摩与热敷，以免加重组织缺氧，另外在骨折处做临时固定。

3. 伤口止血

对开放性伤口和活动性出血的伤员，应立即予以止血，但避免使用加压包扎，更不能上止血带（大血管断裂出血时除外）。

4. 口服或静脉补液

若受伤者不能及时送入医院，而肢体受压时间又超过 45min 时，可给伤者饮服碱性饮料（每 8g 碳酸氢钠溶于 1000～2000ml 水中，再加适量糖及食盐），既可利尿，又可碱化尿液，有效避免肌红蛋白在肾小管中沉积。如不能进食者，可采用 5% 碳酸氢钠 150ml 静脉点滴。

5. 伤肢处理

对出现肿胀、发硬、发冷或血液循环受阻的严重伤肢，应在现场做下肢小腿筋膜切开术进行减张引流，使伤肢减压，避免肌肉继续发生坏死或缓解肌肉缺血受压的过程，通过减压引流可防止和减轻坏死肌肉释放出的有害物质进入血流，减轻机体中毒症状。

第十一节 悬吊创伤的现场急救处理

1. 学习理解肋骨骨折、气胸、血胸的表现特征。
2. 熟练掌握常见肋骨骨折、气胸、血胸的现场处理方法。

培训知识点

一、悬吊创伤的概念

悬吊创伤即悬吊综合征，又称悬挂创伤，是人体悬吊在垂直位置不能动弹，导致腿部肌肉受到制约，血液循环受限，不能有效回流至心脏，脑部或其他重要器官因缺氧而造成的损伤。悬吊创伤比其他任何外伤都危险。

二、高处作业发生坠落时的悬吊状态

使用安全带的高处作业人员发生坠落事故时，由于安全带一般都有绳索跨过双大腿内侧来提供支撑，因此，坠落者就以头上脚下的垂直姿势半吊着，自己的体重就会全部压在这两条绳索上，使臀部血液回流受阻，血液堆积在双下肢而不能有效地回流至心脏，如果一直保持这种悬吊状态不能及时解除，就会因心肺系统不能正常工作而造成气道堵塞、血液循环不畅以及脑部缺氧窒息甚至死亡。

三、悬吊创伤的症状

（1）发生垂直悬吊时，即使未受其他损伤，悬吊者最快在3min内就可能会感到眩晕（一般5～20min），最快在5min内就可能会失去意识（一般是5～30min）。因此，发生悬吊时，必须尽快营救，把悬吊创伤的危险性降到最小。

（2）如果悬吊者在10min被解救脱困，因腿部的血液可能已经出现问题。

如果放任其快速回流至脑部，有可能造成伤者死亡。这被称为"返流综合征"，一旦发生就很难控制。

（3）如果悬吊者在 10～20min 后被解救脱困，积聚在腿部的血液已经"瘀结"。血液中氧气已经耗光，二氧化碳饱和。脂肪分解过程中在血液里会产生许多有毒废物，释放出肌红蛋白、钾、乳酸及其他有害物质。此时若将伤员腿部抬高，血液中的各种有害物质会通过血液的快速流动到达身体各个部位。内脏器官（特别是肾）可能会因此受损，从而导致心脏可能停止工作。

四、悬吊创伤的现场急救

1. 坠落后的自救

悬吊者能否自救取决于绳索固定的位置、悬吊距离和周围情况等。快速有效的自救是避免悬吊创伤最有效的方法。

（1）坠落发生时，悬吊者尽可能保持坐姿，尽量使身体放平，或腿略高于身体，或站起来。但一般情况下，安全带的设计和坠落受伤往往使个人无法完成上述动作。

（2）如果悬吊距离比较短，可利用身体能够触及的墙壁、杆塔、树木等向上攀爬，自行摆脱悬吊困境。

（3）如果悬吊距离比较长，无法自行脱困时，可用抛绳法建立脱困通道，再利用双抓结或绞绳上升法向上攀爬，摆脱悬吊困境。

1）抛绳法。抛绳法是一种比较实用的悬吊脱困方法。其操作步骤是：①取出随身携带的抛投包（如图 4-10 所示）及带缝合终端的牵引绳（如图 4-11 所示），将牵引绳系在安全带上。②向上方横梁、导线等坚固物体进行抛投，使抛投包绕过上方坚固物体，搭在上面，如图 4-12（a）所示。③牵引绳连接安全短绳，牵引安全短绳跨过上方坚固端，如图 4-12（b）所示。④解除牵引绳，在安全短绳的另一端打双 8 字形结，将缝合端穿过 8 字形结的绳圈并向下拉安全短绳，使其固定在坚固物体上，如图 4-12（c）所示。⑤利用双抓结或绞绳上升法进行攀爬脱困。

2）绞绳上升法。绞绳上升法是一种比较简单易学的攀爬脱困方法，其操

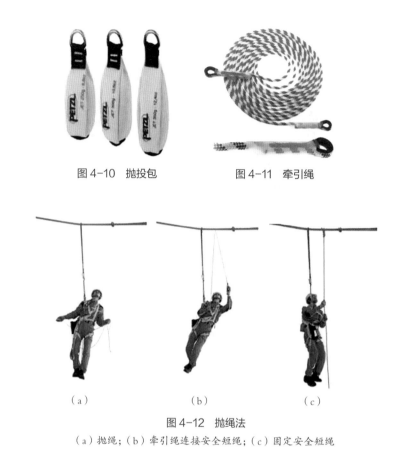

图4-10　抛投包　　　　　图4-11　牵引绳

图4-12　抛绳法
（a）抛绳；（b）牵引绳连接安全短绳；（c）固定安全短绳

作步骤是：①抛投牵引完成后，将安全短绳的两端都拉至身体前方，无缝合端的绳头打好防脱结。②双手握住安全短绳的上部，弯曲双腿，一只脚脚面将绳挑起，另一只脚踏在有绳子的脚面上，如图4-13（a）所示。③将绳拉紧，双脚绞实，如图4-13（b）所示。④双手抓紧绳子，用力站起来，如图4-13（c）所示。⑤再次屈腿绞绳重复攀爬上升，直到完成自救。

2. 坠落后的自我保护

高空作业时，可自带一根可调辅助脚踏带，如图4-14所示。一旦发生高空坠落而不能脱困时，它可以帮助人员自我保护，有效地避免悬吊创伤的发生，同时为营救争取最宝贵的时间。

可调辅助脚踏带的使用方法是：①被困时，快速取出辅助脚踏带，如图

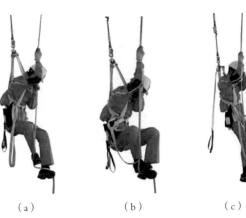  

图 4-13　绞绳上升法　　　　　　图 4-14　可调辅助脚踏带

（a）双脚绞绳，双手握绳；（b）曲腿绞绳；（c）站立上升

4-15（a）所示。②连接安全带受力点，双脚踩住并根据身体高度调整脚踏带的长度，如图 4-15（b）所示。③踩牢后，直立身体，将身体重量落在脚踏带上，如图 4-15（c）所示。

3. 互救

在坠落悬吊者的营救过程中，可将悬吊者的膝盖抬高至臀部以上，或将悬吊者双腿推至一个固定稳定的平面以获得支撑，或帮助悬吊者两脚做蹬自行车的动作，以此来促进下肢的血液循环。

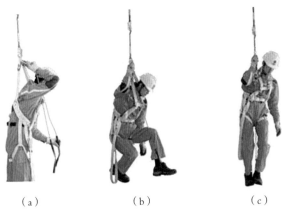

图 4-15　可调辅助脚踏带的使用方法

（a）取出脚踏带；（b）安装并调整脚踏；（c）身体站立

4. 解救后处置

（1）刚从悬吊困境解救下来的人员，必须保持坐姿至少30min。

（2）缓慢使坠落者恢复平躺姿势，然后从蹲姿到坐姿，再到平躺姿势，整个过程要保持在30~40min。

（3）禁止任何人将伤者放置在手推车或病床上。

（4）在搬运过程中，应使伤者保持坐姿。

培训能力项

项目：悬吊创伤的现场急救处理

本项目规定的作业任务是针对高处作业人员发生坠落时的悬吊状态，以创伤模拟人为对象所进行的高处作业人员坠落悬吊状态的现场急救处理作业。

模拟高处作业人员发生坠落时处于悬吊状态，先利用抛绳法、绞绳上升法进行自救脱困，后进行互救，再进行解救后的处置。

悬吊创伤的现场急救处理作业内容及其质量标准见表4-6。

表4-6　悬吊创伤的现场急救处理作业内容及其质量标准

序号	作业项		作业内容	质量标准
1	作业前的工作		—	—
2	自救	抛绳法	取出随身携带的抛投包及带缝合终端的牵引绳，将牵引绳系在安全带上	牵引绳系结牢固
			向上方横梁、导线等坚固物体进行抛投，使抛投包绕过上方坚固物体，搭在上面	抛投力度合适；抛投包绕过的上方物体必须坚固
			牵引绳连接安全短绳，牵引安全短绳跨过上方坚固端	安全短绳连接牢固
			解除牵引绳，在安全短绳的另一端打双8字形结，将缝合端穿过8字形结的绳圈并向下拉安全短绳，使其固定在坚固物体上	双8字形结系结正确

（续表）

序号	作业项		作业内容	质量标准
2	自救	抛绳法	抛投牵引完成后，将安全短绳的两端都拉至身体前方，无缝合端的绳头打好防脱结	无缝合端绳头打结牢固
		绞绳上升法	双手握住安全短绳的上部，弯曲双腿，一只脚脚面将绳挑起，另一只脚踏在有绳子的脚面上	双脚动作正确、协调
			将绳拉紧，双脚绞实，双手抓紧绳子，用力站起来；再次屈腿绞绳重复攀爬上升，直到完成自救	双脚绞实，双手抓紧；用力均匀
3	互救	方法一	在坠落悬吊者的营救过程中，将悬吊者的膝盖抬高至臀部以上	动作轻缓，避免二次伤害
		方法二	将悬吊者双腿推至一个固定稳定的平面以获得支撑	动作轻缓，避免二次伤害
		方法三	帮助悬吊者两脚做蹬自行车的动作	动作轻缓，避免二次伤害
4	急救	解救	—	—
		解救后处置	刚从悬吊困境解救下来的人员，必须保持坐姿至少 30min	保持坐姿时间足够
			缓慢使坠落者恢复平躺姿势，然后从蹲姿到坐姿，再到平躺姿势，整个过程要保持在 30～40min	保持坐姿、平躺姿势时间足够
			在搬运过程中，应使伤者保持坐姿	搬运姿势正确；禁止将伤者放置在手推车或病床上
5	安全文明生产		—	—

第五章

电力生产常见意外伤害及其现场自救急救

第一节 电力生产意外伤害概述

1. 熟悉电力生产中的常见危险源。
2. 熟悉电力生产事故造成的意外伤害及其原因。
3. 熟知保证电力生产安全的主要措施。

培训知识点

电力生产企业是电能等各种能量形式积聚的生产系统，也是各类危险源及重大危险源密集的生产系统。危险源管理漏洞往往引发电力安全生产事故，造成重大财产损失，也严重威胁员工生命安全和身体健康。

一、电力生产中的常见危险源

根据危险源在事故发生、发展中的作用分为第一类危险源（根源危险源）和第二类危险源（状态危险源）两种，见表 5-1。一般来说，一起事故的发生往往是两类危险源共同作用的结果。

表 5-1 电力生产中的常见危险源

危险源类型	危险性质	危险源
第一类危险源	可能意外释放的能量（能量源或能量载体）或危险物质	产生、供给能量的装置、设备
		使人或物具有较高势能的装置、设备、场所
		拥有能量的人或物（能量载体）
		一旦失控可能产生巨大能量的装置、设备、场所
		可能发生能量蓄积或突然释放的装置、设备、场所
		危险物质
		生产、加工、储存危险物质的装置、设备、场所
		人体一旦与之接触将导致人体能量意外释放的物体

（续表）

危险源类型	危险性质	危险源
第二类 危险源	可能导致能量或危险物质约束或限制措施破坏或失效的各种因素	人的不安全行为（忽视安全；操作失误；违章指挥；违章作业；不按规定使用劳动防护用品等）
		物的不安全状态（防护、保险、信号等装置缺陷；设备、设施、工具、附件缺陷；个人防护用品缺少或缺陷等）
		环境不良（自然危险；照明不当；通风换气差；工作场所堵塞；过量的噪声和振动等）
		管理缺陷（人员安排不当；教育培训不够；规章制度缺陷等）

在电力企业生产过程中，如发电企业的锅炉、压力容器、可燃气体、有毒危险品；变电站、高压母线室电气设备；供电企业的变电站、高压母线室电气设备、输电线路；电力建设与施工企业在组塔、架线、高坡施工、变电设备吊装、爆破及火工器材管理、施工区内运输、大件吊装、洞挖及塌方、高空作业、交叉作业；山体滑坡；高边坡落物等，都是各种各类危险源集聚的场所或作业。

二、电力生产事故造成的意外伤害

电力安全管理中，常常根据危险源可能引发的事故类别和造成的职业伤害类别对危险源进行分类，常见的有物体打击、车辆伤害、机械伤害、起重伤害、触电、淹溺、灼烫、烧伤、高处坠落、中毒和窒息等；其他伤害如扭伤、跌伤、中暑、冻伤、动物咬伤、钉子扎伤等类型。造成这些事故和伤害的原因分析见表5-2。

表5-2　不同事故或伤害的原因

事故类型	能量源或危险物质的产生、储存	能量载体或危险物质
物体打击	产生物体落下、抛出、破裂、飞散的设备、场所、操作	落下、抛出、破裂、飞散的物体
车辆伤害	车辆，使车辆移动的牵引设备、坡道	运动的车辆
机械伤害	机械的驱动装置	机械的运动部分、人体
起重伤害	起重、提升机械	被吊起的重物
触电	电源装置	带电体、高跨步电压区域

（续表）

事故类型	能量源或危险物质的产生、储存	能量载体或危险物质
灼烫	热源设备、加热设备、炉灶、发热体	高温物体、高温物质
烧伤	可燃物	火焰、烟气
高处坠落	高度差大的场所、人员借以升降的设备、装置	人体
坍塌	土石方工程的边坡、料堆、料仓、建筑物、构筑物	边坡土（岩）体、物料、建筑物、构筑物、载荷、气体、粉尘
瓦斯爆炸	可燃性气体、可燃性粉尘	
锅炉爆炸	锅炉	高温高压蒸汽
压力容器爆炸	压力容器	内部介质
淹溺	江、河、湖、海、池塘、洪水、储水容器	水
中毒窒息	产生、储存、聚积有毒有害物质的装置、容器、场所	有毒有害物质

　　根据国家能源局近十年的统计数据，全国电力行业平均每年约发生50起安全生产事故，造成几十人至上百人死亡。其中2020年，全年共发生电力安全生产事故36起，死亡人数45人，从事故类型来看，发生频次较多的包括高处坠落、触电、物体打击、机械伤害、起重伤害、中毒窒息等，见表5-3。可见，这几种事故类型，是威胁电力员工生命安全和身体健康的主要危险源，对员工的身心健康可能造成巨大伤害。

表5-3　2020年全国电力安全生产事故情况

事故类型	起数	死亡人数
高处坠落	10	12
触电	8	7
物体打击	4	5
机械伤害	3	3
起重伤害	3	5
中毒窒息	3	8
坍塌	2	3
倒塌	1	1
容器爆炸	1	1
灼烫	1	—

三、保证电力生产安全的主要措施

1. 从能量观点出发，现场保证安全的技术措施

从能量观点出发，现场保证安全的技术措施见表 5-4。

表 5-4　从能量观点出发，现场保证安全的技术措施

安全技术措施	内　容
能源代替	电力替代、燃料替代、无危险试剂等
限制能量	降低转动速度、用低电压设备等
防止蓄积	控制可燃气体浓度、静电接地等
防止释放	如密封、绝缘、用安全带等
延缓释放	如安全阀、放空、爆破膜、减振等
人与能量间增加屏蔽	防火门、防爆墙、防护栏、警示标志、防护镜、耳罩等
能量上增加屏蔽	转动设备加装防护罩、安装消声器等

2. 从减少事故伤害出发，现场保证安全的措施

从减少事故伤害出发，结合电力生产企业的危险源及其特点，现场保证安全的主要措施见表 5-5。

表 5-5　从减少事故伤害出发，电力生产现场保证安全的主要措施

事故或伤害原因	安全措施
人的不安全行为	（1）加强安全培训，增强员工安全意识和责任意识。 （2）加强业务培训，提高员工理论和技能水平。 （3）严格遵守《电力安全工作规程》和安全规章制度，精心操作，防止误操作。 （4）正确使用合格的劳动防护用品。 （5）杜绝违章指挥和强令冒险作业。 （6）杜绝习惯性违章行为
机器设备因素	（1）优化工艺流程，提高标准化安全操作水平。 （2）严格执行设备巡回检查和定期试验维护制度，确保设备健康水平。 （3）严格执行设备缺陷管理制度，及时消除事故隐患。 （4）设备防护、隔离、警戒等标识齐全完备，保险、信号装置无缺陷。 （5）严格执行安全工器具管理制度，确保工具及附件无缺陷。 （6）足量配备必要的防护用品、急救药品，确保状态完好。 （7）作业场地无缺陷。 （8）加强危险源管理和监控
环境因素	（1）生产作业环境良好无隐患，照明充足，防护完善。 （2）通风良好，设施完备。 （3）消防、应急疏散通道畅通无阻塞。 （4）温度、噪声、粉尘、振动、有毒有害气体浓度符合安全要求，检测报警装置齐全完好

（续表）

事故或伤害原因	安全措施
管理缺陷	（1）人员安排得当，分工明确，职责明晰。 （2）建立健全规章制度，执行到位。 （3）严格执行两票三制。 （4）严格执行作业指导书。 （5）完善突发事件应急预案

3. 从现场应急处置出发，员工应具备的现场自救急救技能

天有不测风云，人有旦夕祸福，而生机往往只留给有准备的人。当今，天灾人祸及其他原因引发的灾难性突发事件日益增多，安全生产形势依然严峻，对电力员工以及普通公众而言，提高自身防灾意识及自救互救能力，有效掌握实战使用的应急求生及救援技能，将大大增加迅速及时脱离险境、转危为安的几率。表 5-6 列出了电力员工需学习和掌握的必备应急知识与技能。

表 5-6　电力员工必备应急知识与自救急救技能

应急知识与技能	类别	内容
应急知识	法律法规	了解《安全生产法》《突发事件应对法》《消防法》《自然灾害防治法》《职业病防治法》等安全生产应急管理领域法律法规内容，熟知应急状态下公民的责任与义务
	防灾常识	了解水旱灾害、气象灾害、地震灾害、地质灾害、海洋灾害、生物灾害等自然灾害性质、特点与危害，掌握地震、洪涝、滑坡、泥石流、台风、雨雪冰冻等常见灾害避险自救及逃生常识
	事故避险	了解各类生产安全事故、道路交通事故、设施设备事故和环境污染事故等事故成因、特点与危害；掌握火灾、爆炸、矿山、工贸企业、危化品、城市建设、旅游等常见事故逃生避险与自救常识
	卫生防疫	了解各类传染病疫情、群体性不明原因疾病、食品安全和职业危害、动物疫情等公共卫生事件特点，掌握常见传染疫情防控知识、环境消杀与自我防护常识
	急救常识	了解紧急医疗救护的基本要求、常见疾病紧急救护常识、外伤紧急固定与转运及外伤止血包扎及心肺复苏术
应急技能	意外伤害自救互救	掌握因地震、滑坡、泥石流、暴雨、雷电、暴风、雪灾等自然灾害造成的肢体损伤、心脏骤停等意外伤害的自救互救技能，及困境逃生的技能；掌握因发生溺水、触电、高处坠落、机械伤害、物体打击、踩踏、交通事故、恐袭等事故造成意外伤害的自救互救技能
	逃生避险技能	掌握自然灾害、事故灾难突发情况下疏散逃生技能，重点掌握地震避险逃生、火场逃生、危化品事故避险、公共场所避险逃生、高层住宅疏散逃生等基本技能，会使用应急避难场所，具备一定野外生存技能
	紧急医疗救护	掌握因各种原因造成的中毒、窒息、烧烫伤、中暑、失温、失血等紧急救护技术，掌握伤员固定与转运、止血包扎、触电急救、早期心肺复苏、现场除颤等紧急医疗救护技能

第二节 触电及其现场自救急救

培训知识点

一、电对人体的作用与影响

电在我们的日常生活中发挥着巨大的作用，电的发现和应用极大地节省了人类的体力劳动和脑力劳动，使人类的生活和生产插上了腾飞的翅膀，使人类的活动触角不断延伸。但是，如果使用不当，电也会对人的身体健康造成影响，对生命安全构成威胁。熟悉电的特性和对人体的影响，安全、规范用电，使电能最大限度地造福我们的生产生活，是必须面临的重大课题。

（一）电流对人体的伤害与影响

当电流流经人体时，人体会产生不同程度的刺痛和麻木，并伴随不自觉的肌肉收缩。电流对人体会造成多种伤害，如伤害呼吸、心脏和神经系统，使人体内部组织破坏，乃至最后死亡。

1. 电流对人体的伤害形式

一般来说，电流对人体的伤害主要有电击和电伤两种形式。在触电伤害中，由于具体触电情况不同，有时主要是电击对人体的伤害；有时也可能是电击、电伤同时发生，这在高压触电中最为常见。

（1）电击。电流通过人体内部，使内部组织受到较为严重的损伤称为电击。电击伤会使人觉得全身发热、发麻，肌肉发生不由自主的抽搐，逐渐失去知觉。如果电流继续通过人体，电流会对人的心血管系统、神经系统、呼吸系统等造成伤害，直到呼吸、心跳停止。电击在开始触电的瞬时，人体电阻高，如不能立即摆脱电源，人体电阻将会迅速下降，通过人体的电流继续增加，当电流增加到 0.02 ~ 0.05A 时，人体肌肉发生痉挛，呼吸困难，心脏麻痹，甚至死亡。人体触及带电的导线、漏电设备的外壳或其他带电体，以及由于雷击或电容放电，都可能导致电击。

电击时，电流流过人体时在人体内部造成器官的伤害，而在人体外表不一定留下电流痕迹。表现为：刺麻、酸疼、打击感并伴随肌肉缩、严重心律不齐、呼吸窒息、昏迷、心室纤维性颤动、心跳骤停甚至死亡。因为心室纤维性颤动是最危险的情况，可致人迅速死亡，必须现场急救。关于心室纤维性颤动的问题，在本书第二章第三节已经进行了详细介绍，在此不做赘述。

（2）电伤。电伤指电流对人体外部造成的局部伤害，即在电流作用下，由于电流的热效应、化学效应、机械效应使熔化和蒸发的金属微粒等侵袭人体皮肤，以致局部皮肤受到的烧伤、烙伤和皮肤金属化的伤害。当人触电后，由于电流通过人体和发生电弧，往往在人的肌体上留下伤痕，严重时也可导致死亡。在高压触电事故中，电伤和电击往往同时发生。电伤包括电灼伤、电烙印、皮肤金属化及电伤引起的跌伤、骨折等二次伤害。

1）电灼伤。电灼伤指电流的热效应造成的伤害。例如，在工作中发生的带负荷拉隔离开关就会引起强烈的电弧而灼伤皮肤；如果人站在 1000V 以上高压带电体附近，距离小于安全距离时，人与带电体之间会产生电弧，并有较大电流通过人体，造成严重的电灼伤，甚至可能导致死亡。电灼伤分为电流灼伤和电弧烧伤：

a. 电流灼伤。电流灼伤是人体与带电体直接接触，电流通过人体由电能转换成热能造成的伤害。电流灼伤处呈黄色或褐黑色并又累及皮下组织、肌腱、肌肉、神经和血管，甚至使骨骼显碳化状态，一般治疗期较长。

b. 电弧烧伤。电弧烧伤是由弧光放电造成的伤害，多是由带负荷拉隔离开关、带地线合闸时产生的强烈电弧引起的。电弧烧伤分为直接电弧烧伤和间接电弧烧伤。前者是带电体与人体之间发生电弧，是有电流流过人体的烧伤；后者是电弧发生在人体附近对人体的烧伤，包含熔化了的炽热金属溅出造成的烫伤。电弧烧伤的情况与火焰烧伤相似，会使皮肤发红、起泡，烧焦组织并坏死。电弧温度可高达几千甚至上万摄氏度，可能造成大面积、深度的烧伤，甚至烧焦、烧掉四肢及其他部位。

2）电烙印。电烙印是由于电流的化学效应和机械效应产生的电伤，通常是在人体和导电体有良好接触的情况下才会发生。其后果是在皮肤表面留下与所接触的带电部分形状相似的圆形或椭圆形的永久性瘢痕，颜色呈灰色或淡黄色，一般不发炎或化脓。瘢痕处皮肤硬化失去弹性、色泽，表皮坏死，局部麻木或失去知觉。

3）皮肤金属化。皮肤金属化是在电流作用下，产生的高温电弧使周围金属熔化、蒸发成金属微粒并飞溅渗入人体皮肤表层所造成的电伤。其后果是被伤害的皮肤变得粗糙、坚硬，且根据人体表面渗入的不同金属呈现不同的颜色。皮肤金属化出现的特殊颜色与人体接触的带电金属种类有关，如黄铜可使皮肤呈现蓝绿色，紫铜可使皮肤呈现绿色，铝可使皮肤呈现灰黄色，铁可使皮肤呈现褐色等。皮肤金属化是局部性的，金属化的皮肤经过一段时间会逐渐剥落，不会造成永久性的伤害。皮肤金属化多与电弧烧伤同时发生。

此外，因电弧放电产生的红外线、可见光和紫外线导致对眼睛的伤害（即电光性眼炎），以及电气人员高空作业发生触电摔下造成的骨折、跌伤等都应视为电伤。

2. 电流对人体伤害程度及其影响因素

电流通过人体时，对人体伤害的严重程度与通过人体电流的大小、频率、流经途径以及人体状况、电压高低等多种因素有关，而且各种因素之间有着十分密切的联系。其中最主要的因素是通过人体电流的大小及通电时间长短。

（1）电流大小。电流对人体的作用主要取决于电流的大小。电流通过人体，人体会有麻、疼的感觉，会引起颤抖、痉挛、心脏停止跳动以至死亡等症状，这些现象称为人体的生理反应。在活的肌体上，特别是肌肉和神经系统，有微弱的生物电存在，如果引入局外电源，微弱生物电的正常工作规律将被破坏，人体也将受到不同程度的伤害。通过人体的电流越大，人体的上述生理反应越明显，人的感觉越强烈，破坏心脏工作所需的时间越短，致命的危险越大。一般来说，通过人体的工频交流电（50Hz）超过 10mA，直流电超过 50mA 时，触电者就难以摆脱电源，这时就会有生命危险。

表 5-7 为根据科学实验和事故分析得出工频交流电流大小与人体伤害程度的关系。从表中可以看出，当电流超过 15mA 时，人体就存在比较大的危险。我们确定工频交流电流 10mA 和直流电流 50mA 为人体的安全电流，也就是说人体通过的电流小于安全电流时对人体是安全的。

表 5-7　工频交流电流大小与人体伤害程度的关系

电流（mA）	触电时间	人的生理反应
0~0.5	连续通电	没有感觉
0.5~5	连续通电	开始有感觉，手指、手腕等处有痛感，无痉挛，可以摆脱带电体
5~30	数分钟以内	痉挛，不能摆脱带电体，呼吸困难，血压升高，是可以忍受的极限
30~50	数秒到数分钟	心脏跳动不规则，昏迷，血压升高，强烈痉挛，时间过长即引起心室颤动
50~数百	低于心脏搏动周期	受强烈冲击，但未发生心室颤动
	超过心脏搏动周期	昏迷，心室颤动接触部位留有电流通过的痕迹
超过数百	低于心脏搏动周期	在心脏搏动周期特定的相位触电时，发生心室颤动、昏迷，接触部位留有电流通过的痕迹
	高于心脏搏动周期	心脏停止跳动、昏迷，产生可能致命的电灼伤

按照通过人体电流大小的不同，人体呈现的不同状况，将电流划分为感知电流、摆脱电流和室颤电流三级。

1）感知电流。感知电流是引起人体感觉的最小电流。实验资料表明，当通过人体的交流电达到 0.6 ~ 1.5mA 时，触电者便感到微麻和刺痛，这一电流叫作感知电流。感知电流的大小因人而异，对于不同的人，感知电流也不相同。频率为 50 ~ 60Hz 工频交流电时，一般成年男性平均感知电流约为 1.1mA，成年女性约为 0.7mA，并且与时间因素无关；直流电时，男性平均感知电流约为 5.2mA，女性约为 3.5mA。感知电流一般不会对人体造成伤害，但当电流增大时，感觉增强，反应加大，可能因不自主反应而导致从高处跌落，造成二次事故。

2）摆脱电流。摆脱电流指在一定概率下，人触电后能自行摆脱触电电源的最大电流。摆脱电流是一个重要的安全指标，小于该电流，触电者具有自主行为的摆脱能力，能够自行脱离触电电源。实验资料表明，对于不同的人，摆脱电流也不相同。频率为 50 ~ 60Hz 工频交流电时，成年男性平均摆脱电流大约为 16mA，成年女性大约为 10.5mA；直流电时，成年男性平均感知电流约为 76mA；成年女性约为 51mA。当通过人体的电流略大于摆脱电流时，人的中枢神经便麻痹，呼吸也停止。如果立即切断电源，就可恢复呼吸。但是，当通过人体的电流超过摆脱电流，而且时间较长，可能会产生严重后果。

3）室颤电流。通过人体引起心室发生纤维性颤动的最小电流称为室颤电流。电击致死的原因是比较复杂的。例如，高压触电事故中，可能因为强电弧或很大的电流导致的烧伤使人致命；低压触电事故中，可能因为心室颤动，也可能因为窒息时间过长使人致命。一旦发生心室颤动，数分钟内即可导致死亡。因此，在小电流（不超过数百毫安）作用下，电击致命的主要原因是电流引起心室颤动。因此，可以认为室颤电流就是在最短时间内作用危及人体危及生命的最小电流，称为致命电流。

一般说来，工频交流 1mA 或直流 5mA 的电流通过人体就可引起麻、痛的感觉，但自己尚能摆脱电源。当通过人体的工频交流电流超过 20 ~ 25mA 或直流电流超过 80mA 时，就会使人感觉麻痹或剧痛，并且呼吸困难，自己不能摆脱电源，可有生命危险。如果有 100mA 以上的电流通过人体就会使呼吸窒息，心脏跳动停止，迅速失去知觉而死亡。大量的试验表明，当工频交流电电击电流大于 30mA 时，会发生心室纤颤的危险。

（2）通电时间。在其他条件都相同的情况下，电流通过人体的持续时间越长，对人体的伤害程度越大。这是由于通电时间越长，电流在心脏间隙期内通过心脏的可能性越大，因而引起心室颤动的可能性也越大；通电时间越长，对人体组织的破坏越严重，人体电阻因出汗或局部组织炭化而降低越多，通过人体的电流也就越大；通电时间越长，体内积累的能量就越多，因此引起心室颤动所需的电流也越小，心室颤动的危险性也越大。

表 5-8 说明了通过人体允许电流与持续时间的关系。从表中可以看出，通过人体电流的持续时间越长，允许电流就越小。发现有人触电时，救护者要争分夺秒，迅速切断电源，最大限度地缩短电流通过人体的时间，就是基于这个道理。

表 5-8 允许电流与持续时间的关系

允许电流（mA）	50	100	200	500	1000
持续时间（s）	5.4	1.35	0.35	0.054	0.0135

（3）通电途径。电流通过人体的部位或器官不同，对人体的伤害程度也不同。电流通过心脏会引起心室颤动，电流较大时会使心脏停止跳动，从而导致血液循环中断而死亡；电流通过中枢神经或有关部位，会引起中枢神经严重失调而导致死亡；电流通过头部会使人昏迷，或对脑组织产生严重损坏而导致死亡；电流通过脊髓，会使人瘫痪等。上述伤害中，以电流通过心脏造成的伤害危险性最大。表 5-9 列举了电流通过人体的途径与流经心脏的比例数的关系。从表中可以看出，从左手到胸部（心脏）再到脚是最危险的通电途径；从右手到脚、一只手到另一只手是较危险的通电途径；从脚到脚的通电途径虽然危险性较小，但可能因痉挛而摔倒，导致电流通过全身或摔伤、坠落等二次伤害。

表 5-9 电流通过人体的途径与流经心脏比例数的关系

电流通过人体的途径	流经心脏电流与人体总电流的比例数（%）
从左手到脚	6.4
从右手到脚	3.7
从一只手到另一只手	3.3
从一只脚到另一只脚	0.8

（4）人体电阻。人体电阻包括皮肤电阻和内部组织电阻，其中皮肤电阻占有较大的比例。内部组织电阻与接触电压和外界条件无关，而皮肤电阻随皮肤表面干湿程度和接触电压而变化。皮肤电阻指皮肤外表面角质层的电阻，它是人体电阻的重要组成部分。由于人体皮肤的外表面角质层具有一定的绝缘性能，因此，决定人体电阻值大小的主要是皮肤外表面角质层。人体的内部组织电阻是不稳定的，不同的人，生理条件不一样，其内部组织电阻就不一样。即便是同一个人，由于工作环境、劳动强度、触电部位的不同，电阻值也不完全相同。

人体电阻是定量分析人体电流的重要参数之一，也是处理许多电气安全问题必须考虑的基本因素。皮肤如同人的绝缘外壳，在触电时起着一定的保护作用。当人体触电时，通过人体的电流与人体的电阻有关。一般情况下，当电压一定时，人体电阻越小，通过人体的电流就越大，也就越危险，反之则越小。

1）人体电阻与皮肤外表面角质层厚度有关。人的皮肤外表面角质层厚的人电阻较大，反之较小。不同的人，其皮肤外表面角质层厚薄不同，人体电阻就不一样。就是同一个人，由于身体各部位的角质外层厚度不同，电阻值也不相同。

2）人体电阻与接触电压有关。人体电阻随接触电压的升高而降低，见表5-10。但这个外表面角质层的绝缘强度是十分有限的。一般人体承受 50V 的电压时，人的皮肤外表面角质层绝缘就会出现缓慢破坏的现象，几秒钟后接触点即生水泡，从而破坏了干燥皮肤的绝缘性能，使人体的皮肤电阻降低。当电压升至 500V 时，皮肤外表面角质层会很快被击穿而成为电流通路。

表 5-10　人体电阻随接触电压的变化

接触电压（V）	12.5	31.3	62.5	125	220	250	380	500	1000
人体电阻（Ω）	16500	11000	6240	3530	2222	2000	1417	1130	640

3）人体电阻与通电时间有关。触电者在接触带电导体的最初的瞬间，身体表皮的角质层没有破坏，人体的电阻较大，通过人体的电流较小。当触电时间较长时，表皮的角质层被击穿失去绝缘性能时，人体电阻主要由内部组织电

阻的大小所决定，其值很小，通过人体的电流就会剧增，危险性就会大增。

4）人体电阻与人体与带电体的接触面积及压力有关。这正如金属导体连接时的接触电阻一样，接触面积越大，电阻则越小。

5）人体电阻与人的性别、年龄、健康状况有关。不同的人对电流的敏感程度不同。相同的电流通过人体时对不同的人造成的伤害程度也不同。女性对电流的敏感性比男性高，女性的感知电流和摆脱电流比男性低约1/3，因此在同等条件下发生触电事故时，女性比男性更难以摆脱。儿童的摆脱电流较低，遭受电击时比成人危险。体重轻的人对于电流较体重大的人敏感，遭受电击时比体重大的人危险。人体患有心脏病、肺病、内分泌失调等疾病或体弱者，由于自身的抵抗能力较差，因此遭受电击的伤害程度比较严重。醉酒、疲劳过度、心情欠佳、精神不好等情况会增加触电的伤害程度。

6）人体电阻与人所处的环境条件有关。人体出汗、身体有损伤、环境潮湿、接触带有能导电的化学物质等情况，都会使皮肤电阻显著下降，增加触电的伤害程度。因此，不能用潮湿或有污渍的手去操作电气装置。

一般认为人体电阻为1000～2000Ω（不计皮肤角质层电阻）。不同条件下的人体电阻变化情况见表5-11。

表5-11 不同条件下的人体电阻

接触电压（V）	人体电阻（Ω）			
	皮肤干燥[1]	皮肤潮湿[2]	皮肤湿润[3]	皮肤浸入水中[4]
10	7000	3500	1200	600
25	5000	2500	1000	500
50	4000	2000	875	440
100	3000	1500	770	375
250	1500	1000	650	325

[1] 干燥场所的皮肤，电流途径为单手至双脚。
[2] 潮湿场所的皮肤，电流途径为单手至双脚。
[3] 有水蒸气，特别潮湿场所的皮肤，电流途径为双手至双脚。
[4] 游泳池或浴池中的情况，基本为体内电阻。

（5）电压高低。一般来说，当人体电阻一定时，人体接触的电压越高，通过人体的电流就越大。实际上，通过人体的电流与作用在人体上的电压不成正比，这是因为随着作用于人体电压的升高，皮肤遭到破坏，人体电阻急剧下降，电流会迅速增加。

（6）电流种类。直流电流、高频电流、冲击电流对人体都有伤害作用，但其伤害程度一般都比工频交流电流轻。

1）直流电流。从表5-12可以看出，人体对直流电的抵抗能力比交流电要高。因此，直流电触电事故要比交流电触电事故少得多。只有在非常恶劣的条件下才会发生致命恶性事故，这是因为电流对人体的刺激作用与电流幅值的变化有关。对于同样的电流刺激作用，恒定的直流电幅值要比交流电大2~4倍。直流电在电流流动期间，人体一般没有感觉，只有在接通和开断电流的瞬间人体才会有感知。当横向电流（即横向流过人体躯干的电流，如从手到手的电流）高达300mA，流过人体几分钟时，有可能引起可恢复的心律障碍、电流伤痕、头晕，有时会失去知觉；直流电流高于300mA时，会造成休克。

2）交流电流频率。不同频率的交流电对人体的影响也不同。通常，频率为50~60Hz的工频交流电对人体的伤害最严重，小于或大于50~60Hz的交流电流对人体的危险性降低。我国交流电的额定频率为50Hz，所以，交流触电是最危险的。不同频率的电流对人体的危害程度见表5-13。

当电流频率为450~500kHz时，触电危险性明显减小。但这种频率的电流通常以电弧的形式出现，有灼伤人体的危险。电流频率在20000Hz以上的交流小电流对人体已无伤害，在医院常用于理疗。应该注意的是高压高频电也有电击致命的危险，这主要是由于高频电流的热效应所致。

表5-12　直流电和交流电对人体感觉情况对照表

电流（mA）	人体的感觉情况	
	直流电	50Hz 交流电
0.6~1.5	无感觉	手指开始感觉发麻
2~3	无感觉	手指开始感觉强烈发麻

（续表）

电流（mA）	人体的感觉情况	
	直流电	50Hz 交流电
5~7	手指感觉灼热和刺痛	手指肌肉感觉痉挛
8~10	感觉灼热增加	手指关节与手掌感觉痛，手已难以脱离电源，但尚能摆脱电源
20~25	感觉灼热更增，手的肌肉开始痉挛	手指感觉剧痛，迅速麻痹，不能摆脱电源，呼吸困难
50~80	感觉强烈灼痛，手的肌肉痉挛，呼吸困难	呼吸麻痹，心脏开始振颤
90~100	呼吸麻痹	呼吸麻痹，持续 3min 或更长时间后，心脏麻痹后心脏停止跳动

表 5-13 不同频率的电流对人体的危害程度

电流频率（Hz）	对人体的危害程度	电流频率（Hz）	对人体的危害程度
10~25	有 50% 的死亡率	120	有 31% 的死亡率
50	有 95% 的死亡率	200	有 22% 的死亡率
50~100	有 45% 的死亡率	500	有 14% 的死亡率

3）冲击电流。冲击电流是作用时间极短（以 μs 计）的电流。雷电或静电产生的冲击电流能引起人体强烈的肌肉收缩，给人以冲击的感觉，容易导致跌倒或高处坠落等二次事故的发生。冲击电流对人体的伤害程度与冲击放电能量有关。当人体电阻为 1000Ω 时，冲击电流引起心室颤动的最小电流是 27mA。

（二）静电与高压电场对人体的作用与影响

静电指相对静止的电荷。静电是由于两种不同的物体（物质）相互摩擦或由于物体电解、拉伸、受压、撞击、撕裂、剥离，以及受到其他带电体的感应而产生的。静电的大小与摩擦速度、距离、压力和摩擦物质的性质有关，摩擦速度越快，摩擦距离越长，摩擦压力越大，产生的静电越大。

当导体带有电压时，在其周围空间就存在电场。在带电的高压架空线路与地面之间，或在变电站高压电气设备的周围，都存在电场。因此，在高压输电线路和配电装置周围，存在着强大的电场，处在电场内的物体会因静电感应作用而带有感应电压。感应电压的大小与带电设备的电压成正比。

1. 静电对人体的影响及危害

静电并非绝对静止的电，而是在宏观范围内暂时失去平衡的相对静止的正电荷和负电荷。静电火花或静电电场力，在一定条件下，可能产生放电引起爆炸或火灾、产生静电电击和妨碍生产等危害。当静电大量积累产生很高的电压时，也会对人身造成伤害。

（1）引起爆炸或火灾。造成爆炸或火灾是静电最大的危害。如在可燃液体、气体的运输与储存场所，面粉、煤粉、铝粉、锯末、氢气、纺织等作业场所，都有静电产生，而这些场所空气中常有气体、蒸汽、爆炸混合物或有粉尘、纤维类爆炸混合物，静电火花可能导致火灾，当静电火花能量超过这些爆炸混合物的最小引爆能量时，就会引起爆炸。

（2）产生静电电击。由于衣着等固体物质的接触和分离，或由于人体在生产场所接近带静电的物体，均有可能使人体带静电。当带静电荷的人体接近接地体时会发生放电，人就会遭到静电电击。由于静电能量有限，静电电击不会导致直接致命，但人体可能因静电电击引起坠落、摔倒等二次伤害。

（3）妨碍生产。静电除造成上述一些不安全因素外，静电电击还可能使操作者精神紧张，而引起误操作事故，可能直接影响安全生产。

2. 高压电场对人体的影响及危害

当导电物体上的感应电压较高时，一旦有人靠近或触及这些带有感应电压的物体时，若人体接地良好，就会有感应电流通过人体对地放电而可能受到电击伤害。

研究表明，在220kV及以下线路或电气设备附近的安全距离以外，很少发生静电感应危害人身安全的现象。但人体对高压电场下静电感应电流的反应更加敏感，当0.1～0.2mA的感应电流通过人体时，人会感觉明显的刺痛感。因此，在330kV及以上超高压或特高压线路下或设备附近站立或行走的人，往往会感觉到口渴、多汗、精神紧张，皮肤有刺痛感，有的甚至出现呕吐现象。有时还会在头与帽子之间、脚与鞋之间产生火花。

值得注意的是，高压电场的静电感应电流对人体虽然不会直接造成生命危险，但若不采取安全措施，由于瞬时电击的刺激，可能造成人们跌倒、工作人员从高处坠落等现象，以致造成摔伤等间接伤害。

（三）电磁辐射对人体的作用及影响

当交流电通过电路时，其周围可产生与交流电频率相同的电磁场，这种可变化的电磁场的传播就形成了电磁波。电磁波可不依靠任何传输线而在空间传播，此现象称电磁辐射。

不同频率的电磁波，对人体的影响是不同的。当振动频率在300MHz以下时，人体处于感应场区，感应场区作用范围是波长的1/6。区间内的电磁能量呈储存状态，对人体的影响主要为电磁能的作用。当振动频率在300MHz以上时，人体则处于辐射场内，该波段电磁能量以波的形式向周围空间辐射，人体受到的是辐射波能的影响。通常把振动频率大于300MHz的电磁波称为微波。微波的辐射场区分为辐射近场区和辐射远场区。辐射近场区位于电抗性近场区（感应区）与辐射远场区之间。例如一般工业上的微波加热炉、医院用的微波理疗机和试验条件下的微波振动设备等的操作人员，都在辐射近场区工作。

无线电设备、淬火、烘干和熔炼的高频电气设备，能辐射出波长1～50cm的电磁波。这种电磁波能引起人体体温增高、身体疲乏、全身无力和头痛失眠等病症。主要影响包括：

（1）中枢神经系统功能失调。主要为神经衰弱综合征，有头昏、头痛、乏力、记忆力减退、睡眠障碍（失眠、多梦）、心悸、消瘦和脱发等现象。接触微波者除神经衰弱症状较明显、持续时间较长外，往往还伴有其他方面的变化，如常见的有脑电图慢波明显增加。但脱离接触后，大多数可以恢复正常。

（2）植物神经系统功能失调。主要表现为手足多汗、头晕等。

（3）心血管系统。会出现心动过速或过慢、窦性心律不齐。还可能有传导阻滞、高血压及低血压症状等。

（四）雷电对人体的作用与影响

雷电是发生在大气层中的一种声、光、电的气象现象，是伴有闪电和雷鸣的一种雄伟壮观而又有点令人生畏的放电现象，如图5-1所示。雷电一般产生于对流发展旺盛的积雨云中，因此常伴有强烈的阵风和暴雨，有时还伴有冰雹和龙卷风。积雨云顶部一般较高，可达 20 多千米，云的上部常有冰晶。冰晶的凇附，水滴的破碎以及空气对流等过程，使云中产生电荷。云中电荷的分布较复杂，但总体而言，云的上部以正电荷为主，下部以负电

图 5-1　雷电

荷为主。因此，云的上、下部之间形成一个电位差。当电位差达到一定程度后，就会产生放电，这就是我们常见的闪电现象。放电过程中，由于闪电通道中空气温度骤增，使空气体积急剧膨胀，从而产生冲击波，导致强烈的雷鸣。带有电荷的雷云与地面的突起物接近时，它们之间就会发生激烈的放电，并在放电地点出现强烈的闪光和爆炸的轰鸣声，这就是人们见到和听到的闪电雷鸣。雷电的平均电流是 30000A，最大电流可达 300000A。雷电的电压很高，为 1 亿~10 亿 V。一个中等强度雷暴的功率可达 10000kW，相当于一座小型核电站的输出功率。因此雷电对人体的危害要比触电严重得多。

雷电灾害是联合国公布的 10 种最严重的自然灾害之一，随着城市在扩大，大楼在长高，电脑、网络及各种家用电器的广泛普及，雷电灾害也在悄然走进城市。

世界上雷暴天最多的地方首推印度尼西亚的小城茂扬，一年中有 322 天是雷暴天，打雷次数达数千次，被称为"世界的雷都"。我国南方的海南省雷州半岛一带，每年平均有 130 天雷声隆隆，是我国雷暴天最多的地方，即使在冬季，这一带也能听到阵阵雷声，"雷州"因此而得名。我国雷电灾害最为严重的是广东省南部地区的东莞、深圳、惠州一带，东莞附近最为严重，是中国乃至全世界的雷电受灾重区之一。

1. 雷电的种类

根据危害方式不同，雷电可分为直击雷、感应雷、雷电侵入波和球形雷等

几种。

（1）直击雷。如果云层较低，在地面的凸出物上感应出异性电荷并与凸出物之间形成迅猛的放电现象，这就是直击雷。

（2）感应雷。感应雷又称雷电感应，分静电感应和电磁感应两种。静电感应是由于云层接近地面时，在地面凸出物顶部感应出大量异性电荷，在云层与其他部位或其他云层放电后，凸出物顶部的电荷失去束缚，以雷电波的形式高速传播形成感应雷。电磁感应是当发生雷击后，在落雷处周围空间形成迅速变化的强磁场，在其邻近的金属导体内感应出很高的电压而在导体凸出的部位产生对地放电。

（3）雷电侵入波。雷电侵入波是由于架空线路或空中金属管道上遭雷击时，产生的冲击电压沿线路或管道迅速传播的雷电波，如在中途未能使大量电荷入地，则雷电波就会侵入室内，从而对人体造成伤害。

（4）球形雷。球形雷即球状闪电，俗称滚地雷，是闪电的一种，通常都在雷暴之下发生。球形雷就是一个呈现红光或极亮白光的圆球形的火球，直径为15～30cm，通常它只会维持数秒，但也有维持了1～2min的记录，更神奇的是它可以在空气中独立而缓慢地移动。颜色除常见的橙色和红色外，还有蓝色、亮白色，还有的镶嵌着幽绿色的光环。球形雷并不多见，但它可以从门、窗等通道侵入室内。

2. 雷电对人体的影响及危害

（1）雷电对人体的影响。雷电为一种直流电，具有电流大、时间短、频率高、电压高的特点。若人体直接遭受雷击，其后果不堪设想。大多数雷电伤害事故是由于反击或雷电电流引入大地后，在地面产生很高的冲击电流，使人体遭受冲击跨步电压或冲击接触电压而造成的电击伤害。

所谓反击，是当避雷针、构架、建筑物或高型物体等在遭受雷击时，雷电电流通过以上物体及其接地部分流入大地并产生很高的冲击电位，当附近有人或其他物体时，对人或其他物体产生的放电现象。人体遭受反击是相当危险的。

（2）雷电对人体的伤害。当人被雷电击中，呼吸心搏常立即停止，并伴有心肌损害。皮肤血管收缩呈网状图案，是闪电损伤的特征，继而出现肌红蛋白尿。其他临床表现与高压电损伤相似。

雷电对人体的伤害，有电流的直接作用和超压或动力作用，以及高温作用。当人遭受雷电击的一瞬间，强大的电流迅速通过人体，重者可导致心跳、呼吸停止，肺功能衰竭，脑组织缺氧而死亡。雷电瞬间温度极高，会迅速将人体组织烧伤而"炭化"。另外，雷击时产生的火花，也会造成不同程度的皮肤灼伤。雷电击伤，可使人体出现树枝状雷击纹，表皮剥脱，皮内出血，也可能造成耳鼓膜或内脏破裂等。

此外，雷电产生的强大感应磁场，可在地面金属网络中产生感应电荷，高强度的感应电荷会在这些金属网络中形成强大的瞬间高压电场，从而形成对用电设备的高压弧光放电，最终会导致电气设备烧毁。尤其对电子等弱电设备的破坏最为严重，如电视机、电脑、通信设备、办公设备等。每年被感应雷电击毁的用电设备达千万件以上。这种高压感应电也会对人身造成伤害。

二、触电

电是一种与我们日常生活和生产密不可分的重要能源。1879 年法国里昂的木匠在发动机旁工作而触电致死，成为世界上第一例触电死亡的报告，现在全世界每年因触电死亡或致残的人成千上万。

（一）触电的基本概念

触电指当人体直接或间接接触到带电体，电流通过人体感受到疼痛或受到伤害甚至死亡的意外事故。触电是电击伤的俗称。

电流通过人体后，能使肌肉收缩产生运动，造成机械性损伤，电流产生的热效应和化学效应可引起一系列急骤的病理变化，使肌体遭受严重的损害，特别是电流流经心脏，对心脏的损害极为严重。极小的电流可引起心室纤维性颤动，导致死亡。

（二）触电的原因

1. 电气设备设计、制造和安装不合理

包括使用质量不合格的电气设备，防误装置不合格，接地设计安装不合格

等。例如，由于设计和实际安装况不相符，在更换变电站 10kV 母线 TV 过程中，某供电公司工作班成员触碰到带电的避雷器上部接线桩头，发生严重的触电事故。

2. 违章作业

包括无票作业或工作票终结后作业，未按规定验电并接地后作业，私自进行解锁操作，使用不合格的绝缘工器具或使用绝缘工器具不规范，作业前未认真核对设备名称、编号、色标是否正确，低压电动工具和临时电源没有装设剩余电流动作保护器，在高低压同杆架设的线路电杆上检修低压线路，剪修高压线附近树木而接触高压线，在高压线附近施工，运输大型货物、施工工具和货物碰击高压线，带电接临时电源，在带电情况下拆装电缆等，用湿手拧灯泡，特殊作业场所不按规定使用安全电压等。

3. 电气设备运行维护不良

包括未按规定的周期和项目对电气设备进行预防性试验，运行维护过程中造成绝缘损伤或受潮，电气设备、或导线漏电后未及时发现或发现后未及时采取有效措施，大风或外力作用破坏电力线路后未能及时发现和处理等。

4. 安全意识不强

包括作业前未进行有效的现场勘查，对安全距离是否足够、是否有突然来电的危险等情况未采取有效的预控措施，作业过程中监护人不到位、监护不认真、未严格执行监护制度等。

5. 安全用电知识缺乏

如非专业人员私自乱拉、乱接电线，违规安装或使用用电设备，直接接触或过分靠近电气设备的带电部分，在导线上挂吊衣物，在高压线附近放风筝，擅自攀爬变压器、输电杆塔等。

（三）触电的类型

虽然触电的方式很多，触电的分类方法也很多，但归纳起来有人体与带电体的直接接触触电（单相触电、两相触电）、人体与带电体的间接接触触电（跨步电压触电、接触电压触电）和人体与带电体的距离小于安全距离的触电（高压电弧触电、感应电压电击、残余电荷电击）三种类型。直接接触触电的危险性最高，是触电形式中后果最严重的一种。

1. 单相触电

单相触电指人体站在地面或其他接地体上，人体的某一部位触及一相带电体所引起的触电。单相触电的危险程度与电压的高低、电网的中性点是否接地、每相对地电容量的大小有关，单相触电是较常见的一种触电事故。

（1）中性点接地对触电程度的影响。中性点接地系统里的单相触电比中性点不接地系统的危险性大，在中性点接地时，如图 5-2 所示，当人体触及 U 相导线时，电流将通过人体、大地、接地装置回到中性点，此时通过人体的电流为

$$I_r = \frac{U_x}{R_g + R_r} \approx \frac{U_x}{R_r}(R_r \geqslant R_g)$$

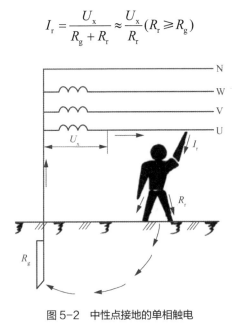

图 5-2 中性点接地的单相触电

式中：U_x 为相电压（V），R_g 为电网中性点接地电阻（Ω），R_r 为人体电阻（Ω）。

一般 R_g 只有几欧姆，比 R_r 小得多，故相电压几乎全部加在触电人体上，对人体造成严重后果。

在日常工作和生活中，低压用电设备的开关、插销和灯头以及电动机、电熨斗、洗衣机等家用电器，如果绝缘损坏，带电部分裸露而使外壳、外皮带电，当人体碰触这些设备时，就会发生单相触电情况。如果此时人体站在绝缘板上或穿绝缘鞋，人体与大地间的电阻就会很大，通过人体的电流将很小，这时不会发生触电危险。但如果地板潮湿，那同样具有触电危险。

（2）在中性点不接地（对地绝缘）时，如图 5-3 所示，此时，电流经过人体与其他两相的对地绝缘阻抗 Z 而形成回路，通过人体的电流大小决定于电网电压、人体电阻和导线的对地绝缘阻抗。如果线路的绝缘水平比较高，绝缘阻抗非常大，当人体触电以后，通过人体的电流就比较小，从而降低了人体触电后的危险性。但若线路的绝缘不良时，则触电后的危险性就较大了。

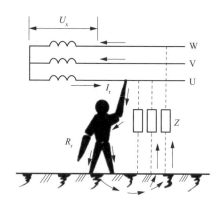

图 5-3　中性点不接地的单相触电

2. 两相触电

两相触电指人体有两处同时接触带电的任何两相电源时的触电。这时，无论电网的中性点是否接地、人体与地是否绝缘，人体都会触电。两相触电情况如图 5-4 所示，在这种情况下，电流由一相导线通过人体流至另一相导线，人体将两相导线短接，因而处于全部线电压的作用之下，通过人体的电流为

$$I_R = \frac{U}{R_r}$$

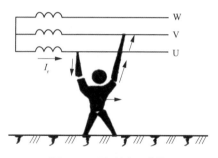

图 5-4　两相触电示意图

发生两相触电时，若线电压为 380V，则流过人体的电流高达 268mA，这样大的电流只要经过 0.186s 就可能致触电者死亡，故两相触电比单相触电更危险。根据经验，工作人员同时用两手或身体直接接触两根带电导线的机会很少，所以两相触电事故比单相触电事故少得多。

3. 跨步电压触电

当电气设备发生接地故障，接地电流通过接地体向大地流散，就会在以接地点为中心的周围形成环形的电场，接地点的电位最高，离中心越远，电位越低。当人的两脚跨在不同的环上时，两脚间的电位会有一个电位差，电流就会顺着这个电位差流动，导致有电流从身体通过，人两脚之间的电位差，就是跨步电压。由跨步电压引起的人体触电，称为跨步电压触电，如图 5-5 所示。跨步电压的大小受接地电流大小、鞋和地面特征、两脚之间的跨距、两脚的方位以及离接地点的远近等很多因素的影响。由于跨步电压受很多因素的影响以及由于地面电位分布的复杂性，几个人在同一地带（如同一棵大树下或同一故障接地点附近）遭到跨步电压电击时，完全可能出现截然不同的后果。

可能发生跨步电压触电的部位主要包括：

（1）带电导体，特别是高压导体故障接地处，流散电流在地面各点产生的电位差造成跨步电压电击。

（2）接地装置流过故障电流时，流散电流在附近地面各点产生的电位差造成跨步电压电击。

（3）正常时有较大工作电流流过的接地装置附近，流散电流在地面各点产

图 5-5　跨步电压触电

生的电位差造成跨步电压电击。

（4）防雷装置接受雷击时，极大的流散电流在其接地装置附近地面各点产生的电位差造成跨步电压电击。

（5）高大设施或高大树木遭受雷击时，极大的流散电流在附近地面各点产生的电位差造成跨步电压电击。

人体承受跨步电压时，电流一般是沿着人体的下身，即从脚到腿、到胯、再到脚，与大地形成通路，电流很少通过人的心脏等重要器官，看似危害不大，但当跨步电压较高时，会使触电者双脚发麻、抽筋，甚至跌倒在地。人跌倒后，不仅会跨步距离增加而使作用于人体上的电压增高，还可能改变电流通过人体的路径而经过人体的重要器官，增加了触电的危险性。

4. 接触电压触电

接触电压指人站在发生接地故障的电气设备旁边，触及漏电设备的外壳时，其手、脚之间所承受的电压。由接触电压引起的触电事故称为接触电压触电。在发电厂和变电站中，电气设备的外壳和机座都是接地的。正常情况下，这些设备的外壳和机座都不带电，但当设备发生绝缘击穿或接地部分破坏，设备和大地之间产生对地电压时，人体若接触这些设备，其手脚之间便会承受接触电压而触电。接触电压的大小随人体站立点的位置而异。人体距离接地体越远，接触电压越大，当人体站立点在接地体附近与设备外壳接触时，接触电压接近于零。

在企业和家庭中，人体接触漏电的电气设备外壳而触电的现象是经常发生的，因此，严禁裸臂赤脚去操作电气设备。当人体需要接近带电设备时，为防止接触电压触电，应戴绝缘手套、穿绝缘鞋。

5. 高压电弧触电

高压电弧触电指人靠近高压线（高压带电体）造成弧光放电而触电。电压越高，对人身的危险性越大。高压输电线路的电压高达几万伏甚至几十万伏，特高压输电线路的电压可达一百万伏，由于电压过高，即使不直接接触，也可能被弧光击倒而受伤或死亡。

6. 感应电压电击

由于电气设备的电磁感应和静电感应作用，将会在附近的停电设备上感应出一定电压，人体一旦触及这些设备，将会造成感应电压电击触电事故，甚至造成死亡。感应电压的大小，决定于电气设备的电压、几何对称度、停电设备与带电设备的位置对称性以及两者的接近程度、平行距离等因素。由于电力线路对通信线路的危险感应，还可能造成通信设备损坏，甚至造成通信工作人员触电死亡。

7. 残余电荷电击

由于电容效应，电气设备在刚断开电源后尚保留一定的电荷，即为残余电荷。此时如人体触及停电设备，就可能遭到剩余电荷的电击。设备的容量越大，遭受电击的程度也越重。

三、触电的预防

1. 电气安全距离

为了防止人体过分接近带电体而造成触电，以及带电体之间发生放电和短路现象，均需在带电导体与附近接地的物体、地面、不同相带电导体以及人体之间，保持一定的距离，当上述各实际距离大于这个距离时，人体及设备才是安全，这个距离称为安全距离。安全距离的大小决定于电压的高低、设备的类型、安装的方式等因素。

安全距离不仅要保证在各种可能的最大工作电压或过电压的作用下，不发生闪络放电，还应保证工作人员在对设备巡视、操作、维护时的绝对安全。

根据《国家电网公司电力安全工作规程》，介绍两个方面的安全距离的规定。

（1）设备不停电时的安全距离。无论高压设备是否带电，作业人员不得单独移开或跨越遮栏进行工作；若有必要移开遮栏时，应有监护人在场，并符合表 5-14 规定的安全距离。

表 5-14　设备不停电时的安全距离

电压等级（kV）	安全距离（m）	电压等级（kV）	安全距离（m）
10 及以下（13.8）	0.70	1000	8.70
20/35	1.00	±50 及以下	1.50
66/110	1.50	±400	5.90
220	3.00	±500	6.00
330	4.00	±660	8.40
500	5.00	±800	9.30
750	7.20		

注　1. 表中未列电压等级，按高一档电压等级确定安全距离。
　　2. ±400 数据是按海拔 3000m 校正的，海拔 4000m 时安全距离为 6.00m。750kV 数据是按海拔 2000m 校正的，其他等级数据按海拔 1000m 校正。

（2）作业人员工作中正常活动范围与设备带电部分的安全距离。停电检修时，应停电的设备包括待检修的设备，还包括与作业人员在进行工作中正常活动范围的距离小于表 5-15 规定的设备。

表 5-15　作业人员工作中正常活动范围与设备带电部分的安全距离

电压等级（kV）	安全距离（m）	电压等级（kV）	安全距离（m）
10 及以下（13.8）	0.35	1000	9.50
20/35	0.60	±50 及以下	1.50
66/110	1.50	±400	6.70*
220	3.00	±500	6.80

（续表）

电压等级（kV）	安全距离（m）	电压等级（kV）	安全距离（m）
330	4.00	±660	9.00
500	5.00	±800	10.10
750	8.00**		

注：表中未列电压等级，按高一挡电压等级确定安全距离。
* ±400kV 数据是按海拔 3000m 校正的，海拔 4000m 时安全距离为 6.80m。
** 750kV 数据是按海拔 2000m 校正的，其他等级数据按海拔 1000m 校正。

2. 保证安全的技术措施

在电气设备或电气线路上工作时，为防止触电事故，应严格执行保证安全的组织措施和技术措施。保证安全的组织措施包括现场勘察制度、工作票制度、工作许可制度、工作监护制度、工作间断、转移和终结制度。保证安全的技术措施是直接保护、防护工作人员作业中免遭触电伤害的技术措施。保证安全的技术措施包括停电、验电、装设接地线以及个人保安线、悬挂标示牌和装设安全围栏（网）等。

（1）停电。对于需要检修的电气设备和线路，应先把各方面的电源断开，包括断开可能向停电检修设备反送电的低压电源。在检查断路器、隔离开关确实处在断开位置后，再断开断路器和隔离开关的操作电源，锁住隔离开关把手并悬挂"禁止合闸，有人工作"的标示牌。

（2）验电。电气设备和线路停电后，必须进行验电，即验明设备或线路有无电压。验电时，要根据电压等级选择合适的和合格的专用验电器。验电时应戴绝缘手套，使用伸缩式验电器时应保证绝缘的有效长度。

（3）装设接地线以及个人保安线。当验明确实没有电压后，应立即装设接地线以及个人保安线，以防止突然来电。在可能送电至停电设备的各部位、可能产生感应电压的设备上也要装设接地线。挂、拆接地线应在监护下进行。

装设接地线应先接接地端，后接导体端，接地线应接触良好，连接可靠。拆接地线的顺序与此相反。装、拆接地线均应使用绝缘棒或专用的绝缘绳。人体不得碰触接地线或未接地的导线。

工作地段如有邻近、平行、交叉跨越及同杆塔架设线路，为防止停电检修线路上感应电压伤人，在需要接触或接近导线工作时，应使用个人保安线。个人保安线应在杆塔上接触或接近导线的作业开始前挂接，作业结束脱离导线后拆除。装设时，应先接接地端，后接导体端，且接触良好，连接可靠。拆个人保安线的顺序与此相反。

个人保安线应使用带有透明护套的多股软铜线，截面面积不得小于16mm²，且应带有绝缘手柄或绝缘部件。严禁以个人保安线代替接地线。

在杆塔或横担接地通道良好的条件下，个人保安线接地端允许接在杆塔或横担上。

（4）悬挂标示牌和装设安全围栏（网）。在一经合闸即可送电到工作地点的断路器（开关）、隔离开关（刀闸）的操作处，均应悬挂"禁止合闸，线路有人工作！"或"禁止合闸，有人工作！"的标示牌。在城区或人口密集区地段施工时，工作场所周围应装设遮栏（围栏）。高压配电设备做耐压试验时应在周围设围栏，围栏上应悬挂适当数量的"止步，高压危险！"标示牌。严禁工作人员在工作中移动或拆除围栏和标示牌。

3. 家庭及工矿企事业单位预防触电的技术措施

为防止发生人身触电事故，除了加强安全管理，普及安全用电知识，避免错误用电，提高现场管理人员和作业人员安全意识，督促其严格执行安全管理规章制度外，还应采取必要的技术措施。减少或避免发生人身触电事故的技术措施主要有绝缘保护、接地保护和接中性线保护、剩余电流动作保护器保护、电气隔离和使用安全电压等。如图5-6（a）所示为直接用普通的剪刀剪断带电线，图5-6（b）所示为直接用湿布擦拭带电的插座。

（1）绝缘保护。绝缘是指利用不导电的绝缘材料对带电体进行封闭和隔离，这是防止直接触电的基本保护措施，是保证电气线路和设备正常工作的前提，也是防止触电的主要措施之一。各种电气线路和设备都是由导体部分和绝缘部分组成的。绝缘材料的绝缘性能降低或丧失将导致电气线路和设备漏电、短路，从而引发设备损坏及人身触电事故。不同的电气线路和设备对绝缘材料

（a）　　　　　　　　　　　　（b）

图 5-6　错误用电

（a）直接剪断带电线；（b）直接用湿布擦拭带电插座

的要求不同，选用的绝缘材料性能必须与电气线路和设备的工作电压、载荷电流、工作环境和运行条件相适应。不同的设备或电路对绝缘电阻的要求不同。例如，新装或大修后的低压设备和线路，绝缘电阻不应低于 0.5MΩ；高压线路和设备的绝缘电阻不低于 1000MΩ/V。必要时，电气线路或设备可采用双重绝缘的措施，即在工作绝缘之外再加一层加强绝缘。当工作绝缘损坏以后，加强绝缘仍可以保证绝缘，不致发生金属导体裸露造成触电事故。

（2）接地保护和接中性线保护。接地保护和接中性线保护是防止间接触电的基本技术措施，是防止发生人身触电事故的有效措施之一。

接地保护，即将电气设备的金属外壳与接地体相连接，以防止发生人身触电事故，应用于中性点不接地的电网三相三线制系统中，电压高于 1 kV 的高压电网中的电气装置外壳也应采取保护接地。

接中性线保护，即将电气设备的金属外壳用导线与三相四线制供电系统的中性线（即零线）直接连接，当设备漏电时，电流经过设备的外壳和中性线形成单相短路，短路电流烧断熔断丝或使自动开关跳闸，从而切断故障部分，消除隐患，保障人身安全。

（3）剩余电流动作保护器保护。剩余电流动作保护器又称触电保安器、漏电保护器。它是通过检测机构获取漏电异常信号，经过中间转换和放大后，传递给执行机构，将电源自动切断，从而起到保护作用。剩余电流动作保护器是防止因漏电而引起人身触电的一种重要保护设备，目前我国在许多场所包括家庭住宅都安装了这种装置。

我国剩余电流动作保护器有电压型和电流型两大类，用于中性点不直接接地和中性点直接接地的 1000V 及以下低压供电系统中，装设剩余电流动作保护器对人身安全的保护作用，远比保护接地和保护接中性线保护优越。目前，剩余电流动作保护器已得到广泛应用。

（4）电气隔离。电气隔离就是对于可能有较大触电危险、经常使用或接触的带有金属外壳的家用电器，在其安装位置的一定范围内放置橡皮垫、绝缘毯、瓷砖或干燥的木板等绝缘材料。当人使用或接触这些用电设备外壳时，先踏在这些绝缘材料上，即使这些用电设备外壳漏电，由于这些绝缘材料形成人体与大地的隔离，通过人体的电流也很小。对所使用的家用电器采取电气隔离，是方便、有效地防止触电措施。为防止小孩接近家用电器而发生触电危险，还可以在家用电器安放处采取装设护屏的方法。

采用电气隔离的方法，要注意经常用验电笔检查电器外壳是否有带电现象，一旦发现有漏电现象，及时维修，消除隐患。

（5）使用安全电压。安全电压是制定安全措施的依据，安全电压决定于人体允许的电流和人体电阻。在装有防止触电的速断保护装置的场合，人体允许电流可按 30mA 考虑；在空中、水面可能因电击造成二次事故的场合，则按 5mA 考虑。但这里所指的人体允许电流，并不是人体长时间能够承受的电流。人体电阻主要由体内电阻、皮肤电阻组成。体内电阻基本上不受外界因素的影响，其数值约为 500Ω；皮肤电阻随着条件的不同，可在很大范围内变化，使得人体电阻也在很大范围内变化。在计算人体电阻时，一般按不低于 1000Ω 考虑。

根据《特低电压（ELV）限值》（GB/T 3805—2008）规定，为了防止触电事故而采用的由特定电源供电的电压系列的上限值，在正常和故障情况下，任何两导体间或任一导体与地之间均不得超过交流（50～500Hz）有效值 50V；除采用独立电源外，安全电压的供电电源的输入电路与输出电路必须实行电路上的隔离；工作在安全电压下的电路，必须与其他电气系统、任何无关的可导电部分实行电气上的隔离。安全电压的等级及其适用场合见表 5-16。

表 5-16　安全电压的等级及其适用场合

安全电压（交流有效值）		适用场合
额定值（V）	空载上限值（V）	
42	50	适用于有触电危险的场所，使用的手持式电动工具的用电设备上
36	43	适用于手持行灯高度不足 2.5m 的照明灯、矿井、多导电粉尘场所等危险环境
24	29	适用于某些具有人体可能偶然触及带电体的用电设备，例如工作场地狭窄动作困难、相对湿度过高、金属容器内使用的手持照明灯及用电设备
12	15	
6	8	

4. 现场临时用电防触电措施

电力作业现场及其他工作现场经常使用临时电源或线路，使用中应重点注意以下问题：

（1）临时用电线路使用的电缆线，应绝缘良好、无破损、沿边角设置，禁止乱拉乱放，保证各电源箱柜门能够完全关闭。

（2）电缆截面面积必须满足最大负荷要求，必须装设剩余电流保护装置。插座、隔离开关等如有破损且可能引起使用过程中触电的，禁止使用。接电源时，必须牢固可靠，使用完毕，必须及时拆除，恢复原状。

（3）在户外使用临时移动电源必须有防雨措施。在有易燃、易爆场所使用临时电源，必须严格遵守有关易燃易爆场所的管理规定，做好严格的防火和防爆措施。

（4）配电箱（板）应设置在高度 1.5m 左右位置，牢固、整洁、完好、防雨、易操作，熔丝配置应与负荷相适应。

（5）灯具设置高度不低于 2.5m，人员易碰触的灯具，应有防护网罩。潮湿场所、金属容器内、照明灯具应使用 12V 及以下的安全电压。

（6）线路架设时应先安装用电设备一端，再安装电源侧一端；拆除时与此相反。严禁利用大地作中性线。

（7）用电设备应装有各自专用的开关，实行一机一个控制开关的方式；严禁用同一个开关直接控制两台及以上的用电设备（含插座）。

（8）现场的电源接入点，必须牢固地接入 380V 检修电源箱或 220V 插座。禁止使用无插头的电源线直接塞入插座或接在其他电源上。电源线绝缘必须完整，连接头应使用绝缘胶布包扎完整。在室外或潮湿的地方使用的电源线必须无接头，跨越路面的电源线必须有防压措施，电源开头与电气设备必须有防潮措施。

5. 安全用电要点

采取了各种安全保障措施，并不就是万无一失了。假如不懂得安全用电知识，在安装、使用、检修电气设备时还可能发生触电事故。因此，为防止触电事故发生，在生活和工作中还应注意以下几点：

（1）使用家用电器，尤其是新购买的家用电器，使用前要先了解其性能、特点、使用方法和安全注意事项，不得乱动。

（2）室内电气设备及电线，裸露的部分应包上绝缘或设罩盖。当发现隔离开关、熔断器、插座等有破损使带电体外露时，应及时更换，不得将就使用。

（3）接户线的长度一般不得超过 25m。接户线在进线处的对地高度一般应在 2.7m 以上；如果采用裸露导线作为接户线，对地高度应在 3.5m 以上。接户线端头与进户线管口之间的垂直高度一般不应大于 0.5m。在进户线管前，要做一防水弯头，以防雨水沿导线进入线管，损坏导线绝缘。

（4）开关要装在相线上，不能装在中性线上。悬挂吊灯的灯头离地面的高度不应小于 2m，在特殊情况下可降到 1.5m。明装插座安装高度一般离地面 1.8m。明装电能表板底口离地面不应低于 1.8m。

（5）有金属外壳的家用电器，如电冰箱、电扇、电熨斗、电烙铁、电热炊具等，要用有接地极的三极插头和三孔插座，而且要求接地装置良好，或者加装触电保安器。当不能满足这些要求时，至少应采取电气隔离措施。

（6）在高温、特潮和有腐蚀气体的场所，如厨房、浴室、卫生间等，不允许安装一般的插头、插座。在清洁、检修这类场所的灯具时，特别要注意防止触电，最好在停电（将熔断器盖拔掉或拉下隔离开关）后进行。

（7）对于小型或移动性的家用电器，在距离现成的接地装置很远或采用有效的接地保护在技术上有困难时，则使用者应站在橡皮垫、绝缘毯或干燥的木板等绝缘材料上，或限制其使用的电压等级。

（8）安装电灯严禁用"一线一地"（即用铁丝或铁棒插入地下来代替中性线）的做法。电灯线不宜过长，不要把电灯吊来吊去，不能用电灯当手电筒照明，以免电线绝缘被磨损而发生触电。

（9）尽量不用灯头开关，而用拉线开关，因为手经常接触灯头容易触电。尽量不用床头开关，因为这种开关容易被床架碰坏或被小孩玩耍引起触电。床头开关的软线不可绕在铁床架子上。采用螺口灯座时，相线必须接在灯座的顶芯上；灯泡拧进后，金属部分不应外露，否则应加安全圈。

（10）更换灯泡时要先关灯，人站在木凳子或干燥的木板上，使人体与地面绝缘。清洁灯泡时，要用干燥的布擦，手不要触及灯头的金属部分，尤其是螺口灯头，更换或清洁时要加倍小心，最好将灯泡拧下来擦。湿手或湿布都不能接触灯泡和其他电器。

（11）晒衣服的铁丝要与带电的电线保持一定的安全距离。禁止在电线上晾衣服、挂东西。不要接近已断了的电线，更不可直接接触。雷雨时不要接近避雷装置的接地极。

（12）尽可能不要带电修理电器和电线。在检修前，应先用验电笔检测是否带电，经确认无电后方可工作。另外，为防止电路突然来电，应拉开控制开关。

（13）采取对地绝缘措施。操作时不要赤膊、赤脚或穿潮湿的鞋子，应穿上绝缘良好的胶鞋或没有铁钉掌的干燥布鞋，人站在绝缘物上，身体切勿和砖墙、水泥柱、土墙以及潮湿的木板、木柱、竹柱等建筑物直接接触。

（14）养成单相操作的习惯，以防两相触电。在检修时，手不可同时触及相线和中性线或地线以及接线头。在连接分支线路时，接好一根线后先用绝缘胶带缠好，再接另一根线。在检修时，凡有可能因不慎而触及的邻近带电裸导体时，必须预先加以遮护。

（15）在检修电器和线路时常用的电工钳和螺钉旋具，凡与手接触的部分，均要有良好的绝缘。如果采用普通的钢丝钳，应套上绝缘管。不得已的情况下，可在手柄上缠几层绝缘胶带，然后戴上手套工作。严禁使用铁柄螺钉旋具。

（16）尽量避免雨天修理户外电气设备或移动带电的电气设备。

（17）不可将照明灯、电熨斗、电烙铁等器具的导线绕在手臂上进行工作。

（18）避免插头、插座不配套，例如铜接头太长，插进插座后还有一段露出外面。插头要插到底，不可将一段外露。

（19）注意经常检查或检修电气设备，以便及时发现绝缘陈旧、老化、破损及其他各种隐患。

（20）教育孩子不要玩弄电线、电器。不懂电气的人，不要擅自安装、拆除、检修电气设备。

6. 防雷措施

（1）民用建筑的防雷措施。避雷针和避雷带是民用建筑常用的防雷措施，尤其是避雷带的应用更为普遍。一套完整的避雷装置还应包括引下线和接地装置。建筑物的结构钢筋、金属管道、金属设备均应接地，以防止雷电感应产生的高电压。

（2）室内预防雷击的措施。

1）在室内内应注意防止雷电侵入波的危险。应离开照明线、动力线、电话、广播线、收音机和电视机电源线、收音机和电视机天线，以及与其相连的各种金属设备，以防止这些线路或设备对人体二次放电。调查资料表明，户内70%以上对人体的二次放电事故发生在与线路或设备相距 lm 以内的场合，相距 1.5m 以上者尚未发生死亡事故。由此可见，雷暴时人体最好离开可能传来雷电侵入波的线路和设备 1.5m 以上。应当注意，仅仅拉开开关对于防止雷击是起不了多大作用的。电视机的室外天线在雷雨天要断开。

2）雷雨天应关好门窗，防止球形雷进入室内造成伤害。

3）雷雨天要尽量远离门窗。

4）雷雨天不用或少用收音机、手机、电脑，尽量不用电器。

5）雷雨天最好拔下家用电器的电源插头。

（3）室外预防雷击的措施。

1）若非工作必须，雷雨天应尽量减少在户外或野外逗留。雷雨天在室外应尽量离开小山、小丘、隆起的小道，离开海滨、湖滨、河边、池塘旁，避开铁丝网、金属晒衣绳以及旗杆、烟囱、宝塔、高楼平台、单独的树木附近，还应尽量离开没有防雷保护的小建筑物或其他设施。

2）不要依靠建筑屏蔽的街道或高大树木屏蔽的街道躲避雷雨，如万不得已应与建筑物或树干保持一定的距离，下蹲并双腿靠拢。如有条件，可进入有宽大金属构架或有防雷设施的建筑物、汽车或船只躲避雷雨。

3）雷雨天不要在旷野中打伞、高举羽毛球拍、锄头、渔竿等。

4）不要在雷雨天放风筝，不要在雷雨天进行户外球类运动，不要在河边洗衣服、钓鱼、游泳等。

5）在雷雨天气中，不宜快速开摩托车、骑自行车和在雨中狂奔，因为身体跨步越大，电压就越大，受伤的机会增大。

6）如果一时来不及离开高耸之物，可将木板、塑料布等物铺垫在地上，人坐或跪在上面，双脚合拢，并且不要接触潮湿的地面，不要用手撑地，头的位置尽量压低。不要与人拉在一起，最好使用塑料雨具、雨衣等。

7）雷击前几秒钟内，被击者常可感到某种异常，如觉得自己毛发突然竖起，或皮肤有刺痛感，这常是被击先兆。此时，应迅速离开原处，向任何一个方向快速奔跑，或顺势扑向、滚向、跃向任何一个方向。因为一次雷击的区域常很小，只要反应灵敏，措施及时，完全能逃离雷击点。

8）如在旷野中，发现闪电就在自己附近，闪电与雷声几乎同时出现，说明自己身处雷击危险区。此时，如靠近树木或电线杆等高耸之物，应迅速离开，但最好不要奔跑着离开，而是尽量采用低重心体位，以翻滚式或爬行式逃离。

9）如果在户外看到高压线遭雷击断裂千万不要盲目逃离，因为高压线断端附近存在跨步电压，因此千万不能跑动，而应双脚并拢跳离现场。

10）雷雨天气必须巡视室外高压电气设备时，必须穿绝缘靴，最好穿塑料等不浸水的雨衣，并不得靠近避雷针和避雷器。

7. 防静电措施

雷电和静电有许多相似之处。例如，雷电和静电都是相对于观察者静止的电荷聚积的结果；雷电放电与静电放电有一些相同之处；雷电和静电的主要危害都是引起火灾和爆炸等。但雷电与静电的电荷产生和聚积方式不同、存在空间不同、放电能量相差甚远，其防护措施也有很多不同之处。消除的静电措施主要包括以下几个方面：

（1）选用合适的材料和进行有效的工艺改进。尽量选用不容易产生静电的材料，减少静电荷的产生。如选用导电性好的材料或涂上导电性材料。通过工艺改进可以有效地降低静电放电量。例如，摩擦是产生静电的主要原因，那么，就可以通过降低流体速度减少摩擦产生的静电量。比如适当降低变压器潜油泵的转速可以有效降低油流放电的强度。

（2）采用静电接地。接地是静电防护中最有效和最基本的技术措施。良好的接地可以将静电荷迅速释放，避免电荷积累造成强放电危害人身安全。必要时可使用导电性地面或导电性地毯，采用防静电手腕带或脚腕带与接地电极连接，消除人体静电。

（3）穿用静电防护服装。可穿导电鞋防止人体在地面上作业时产生的静电荷积累。穿戴防静电工作服、帽、手套、指套等也可以减少静电的产生，提高静电释放的速度以防止静电积累。

（4）对作业环境采用防静电控制措施。由于随着湿度的增加，绝缘体表面上形成薄薄的水膜，能使绝缘体的表面电阻大大降低，能加速静电的泄漏。因此，尽可能地维持足够高的作业环境湿度，控制室内湿度不低于65%。保持作业场所的清洁，减少空气中的含尘量，这些都是防止人体附着带电的有效措施。

8. 防止电磁辐射的措施

（1）对高频设备及设施做好屏蔽和良好的接地。

（2）对高频设备进行结构上的改善。

（3）限制或减少在电磁辐射区的工作时间。

9. 避免高压静电场对人体伤害的措施

（1）降低人体高度范围内的电场强度。如提高线路或电气设备的安装高度。

（2）尽量不要在电气设备上方设置软导线，以利于人员在设备上检修。

（3）控制箱、端子箱等装设在低处或布置在电场强度较低处，以方便运行和检修人员接近。

（4）电场强度大于 10kV/m 且有人员经常活动的地方增设屏蔽线或屏蔽环。

（5）在设备周围装设接地围栏，围栏应比人的平均高度高，以便将高电场区限制在人体高度以上。

（6）尽量减少同相母线交叉跨越。

四、触电的现场自救与急救

（一）触电现场急救的原则

现场触电急救是电力紧急救护工作中一项非常重要的工作，它的目的和任务是使触电伤者迅速脱离电源，同时及早呼救 120，在医务人员未到之前，不旁观，按照"迅速、就地、准确、坚持"的原则，立即进行现场急救。

（1）迅速。所谓迅速，其一是指脱离电源迅速；其二是指现场急救迅速。在其他条件相同的情况下，触电时间越长，造成触电者心室颤动乃至死亡的可能性也越大。而且人触电后，由于痉挛或失去知觉等原因，会紧握带电体而不能自主摆脱电源。因此，若发现有人触电，应采取一切可行的措施，迅速使其脱离电源，这是救活触电者的一个重要因素。触电者脱离电源后应立即检查触电者的伤情，并及时拨打 120 急救电话。

在脱离电源过程中，施救者必须保持清醒的头脑，安全、准确、争分夺秒，既要救人，也要注意保护自身的安全。只有保护好自己，才能对他人进行施救。

（2）就地。所谓就地，其一指将触电者脱离电源后现场没有其他将要发生的危险时的就地；其二指触电者呼吸、心跳停止后要就地（现场）进行急救。

实施抢救者必须在现场或附近就地进行抢救，千万不要试图送往供电部门、医院抢救，以免耽误最佳的宝贵抢救时间。

（3）准确。所谓准确，其一指对触电者的生命体征判断准确以便对症施救；其二指施救者的各种急救方法必须准确到位。呼吸心跳停止者必须立即按压，而呼吸、心跳未停止者绝不允许进行心肺复苏的操作。实施抢救者的心肺复苏操作包括按压部位、按压频率、按压深度、人工呼吸与胸外按压的比例等必须准确、规范。只有准确的心肺复苏操作方法才有将呼吸、心跳停止的触电者救活的可能。

（4）坚持。所谓坚持，其一指要有坚持的信心，坚持是触电者复生的希望，只要有百分之一的希望就要尽百分之百的努力去抢救，不抛弃、不放弃、生命一定有奇迹；其二指要保证时间的坚持。要有耐心，心肺复苏的成功率，关键取决于施救者对触电者施行现场心肺复苏的开始抢救时间和持久时间。抢救要一直坚持到医务人员到达并接手后。触电者死亡一般先后出现心跳、呼吸停止，瞳孔放大，尸斑、尸僵和血管硬化等5个特征，如果5个特征中有一个尚未出现，都应把触电者当作是"假死"，还应继续坚持抢救。

（二）触电的临床表现

触电的临床表现常见的有：

（1）轻者可出现恐惧、紧张、大喊、大叫、身体有难以耐受的麻感。被救下后有头晕、心悸、面色苍白，甚至晕厥，清醒后伴有心慌和四肢软弱无力。

（2）重者可出现呼吸浅而快、心跳过速、心率失常或短暂昏迷。

（3）严重者出现四肢抽搐、昏迷不醒或心搏骤停。

（4）一般存在不同部位、深度、面积的电烧伤。

（5）常伴有高空坠落跌伤。

（三）触电的现场自救

如果是自己触电附近又无人救援，此时需要触电者镇定地进行自救。因为在触电后的最初几秒钟内，处于轻度触电状态，人的意识并未丧失，理智有序地判断处置是成功解脱的关键。触电后并不像通常想象的那样会把人吸住，只是因为交流电可引起肌肉持续的痉挛，所以手部触电后就会出现一把抓住电线，甚至越抓越紧的现象。此时，触电者可用另一只空出的手迅速抓住电线的绝缘处，将电线从手中拉出解脱触电状态。

如果触电时电气设备是固定在墙上的，则可用脚猛力蹬墙同时身体向后倒，借助身体的重量和外力摆脱电源。能够自我解脱的触电者一般不会出现诸如耳聋、视力障碍、月经紊乱、轻度性格改变等后遗症。

（四）触电的现场急救

1. 脱离电源

脱离电源就是要把触电者接触的那一部分带电设备的所有断路器（开关）、隔离开关（刀闸）或其他断路设备断开；或设法将触电者与带电设备脱离开。在脱离电源过程中，施救者也要注意保护自身的安全。如果发现有人触电，作为救助者必须争分夺秒，充分利用当时当地的现有条件，使触电者迅速脱离电源。绝不可用手直接去拉触电者，这样不仅使触电者再次充当导体增加了电流的损伤，而且使救助者自身的生命安全受到电击的威胁。使触电者脱离电源的方法一般有两种：一是立即断开触电者所触及的导体或设备的电源；二是设法使触电者脱离带电部位。

（1）脱离低压电气设备电源。低压触电事故可采用下列方法使触电者脱离：

1）如果触电地点附近有电源开关或电源插座，可立即拉开开关或拔掉插头，断开电源，如图 5-7 所示。但应注意拉线开关只是控制一根线，有可能因

图 5-7 拉开开关或拔掉插头

安装问题只能切断中性线而没有真正断开电源。

2）如果触电地点附近没有电源开关或电源插座（头），可用有绝缘柄的电工钳或有干燥木柄的斧头切断电源线，断开电源，如图5-8所示；或用木板等绝缘物插入触电者身下，以使其脱离电源。

3）当电线搭落在触电者身上或压在身下时，可用干燥的衣服、手套、绳索、木板、木棒等绝缘物作为工具，拉开触电者或挑开电线，使触电者脱离电源，如图5-9所示。

图5-8　切断电源线　　　　　　　　图5-9　用干燥的木棍挑开电线

4）如果触电者的衣服是干燥的，又没有紧缠在身上，可以用一只手抓住他的衣服，拉离电源，如图5-10所示。但因触电者的身体是带电的，其鞋的绝缘也可能遭到破坏，救护人不得接触触电者的皮肤，也不能抓他的鞋。

5）若触电发生在低压带电的架空线路上或配电台架、进户线上，对可立即切断电源的则应迅速断开电源，施救者迅速登杆或登至可靠的地方，并做好自身防触电、防坠落安全措施，用带有绝缘胶柄的钢丝钳、绝缘物体或干燥不

图5-10　拉开触电者

导电物体等工具将触电者脱离电源。

6）如果触电者躺在地上，可用模板等绝缘物体插入触电者的身下，以隔断电流。

（2）脱离高压电气设备电源。如果触电者触及高压电源，因高压电源电压高，一般绝缘物体对施救者不能保证安全，而且往往电源的高压开关距离较远，不易切断电源，这时应采取以下措施：

1）立即通知有关部门或单位停电。

2）在高压带电设备上触电时，急救人员应戴上绝缘手套，穿好绝缘靴，使用相应电压等级的绝缘工具，按顺序拉开电源开关或熔断器，如图5-11所示。

3）在架空线路上触电又不能迅速联系有关部门停电时，可用抛挂接地线（裸金属线）的方法，使线路短路，迫使保护装置动作，断开电源，如图5-12所示。在抛掷金属线之前，应先将金属线的一端固定可靠接地，然后另一端系上重物抛掷。切记此时抛掷的一端不可触及触电者和其他人，并注意防止电弧伤人或断线危及人员安全，同时，应做好防止触电者发生高空坠落的措施。另外，抛掷者抛出线后，要迅速离开接地的金属线8m以外或双腿并拢站立，防止跨步电压伤人。

图5-11 切断高压电源　　　　　图5-12 抛挂接地线

此方法须在万不得已的情况下才能使用，否则弄不好施救者也会触电。

（3）脱离电源时的注意事项。

1）施救者应以"保护自己，救护他人"为原则，始终保持清醒的头脑，不要忙中失误，伤及施救者本人。

2）施救者要避免碰到金属物体和触电者裸露的身躯切忌直接用手去接触触电者或用无绝缘的东西接触触电者以保护自己，施救者也可以站在绝缘垫或干木板上绝缘自己再进行抢救。

3）实施救护时，施救者最好用一只手操作，以防自己触电。施救者不可直接用手、其他金属及潮湿的物体作为救护工具，而应使用适当的绝缘工具。未采取任何绝缘措施，施救者不得直接触及触电者的皮肤或潮湿的衣服。

4）当触电者站立或位于高处时，应采取措施防止触电者脱离电源后坠落或跌倒。特别是当触电者在高处的情况下，应考虑防止坠落的措施。即使触电者在平地，也要注意触电者倒下的方向，注意防摔。施救者也应注意救护中自身的防坠落、摔伤措施。

5）施救者在救护过程中特别是在杆上或高处抢救触电者时，要注意自身和被救者与附近带电体之间的安全距离，防止再次触及带电设备。电气设备、线路即使电源已断开，对未做安全措施挂上接地线的设备也应视作有电设备。施救者登高时应随身携带必要的绝缘工具和牢固的绳索等。

6）当触及断落在地上的带电高压导线，且尚未确认线路无电时，施救者在未做好安全措施（如穿绝缘靴或临时双脚并紧跳跃地接近触电者）前，不能接近断线点 8～10m 范围内，防止跨步电压伤人。触电者脱离带电导线后应迅速将其带至 8～10m 范围以外后，立即开始触电急救。

7）如果是夜间抢救，应及时解决切断电源后的临时照明，设置临时照明灯，以便于抢救，避免延误抢救时机。但不能因此延误切除电源和进行急救的时间，并且要符合使用场所防火、防爆的要求。

8）各种救护措施应因地制宜，灵活运用，以安全、迅速为原则。

2. 杆上或高处营救

发现杆上或高处有人触电，应争取时间及早将触电者营救至地面，或直接在杆上或高处进行抢救。当工作人员在杆上或在高处触电，抢救者应积极争取减少心跳呼吸停止的时间，在杆上或高处就进行抢救。首先是脱离电源，做好安全防护工作。电流通过人体时，肌肉痉挛，触电者常"抓住"带电部分，切断电源后，肌肉痉挛突然松弛，要防止高空坠落，再造成多发性外伤。抢救者在登高或登杆前，应嘱咐地面做好准备，随身带好绝缘工具及牢固的绳索，确认自身所处的环境内无危险电源时，固定好安全皮带。

将触电者下放前，先检查绳索扣结、支架是否牢固。解开安全带时不要弄错，防止自己或触电者从高空坠落。将触电者由杆上营救到地面的方法有单人营救法和双人营救法两种。

（1）单人营救法。首先在杆上安装绳索，将5cm粗的绳子的一端固定在杆上，固定时绳子要绕2~3圈。绳子的另一端绕过触电者的腋下，绑的方法是先用柔软的物品垫在触电者的腋下，然后用绳子环绕一圈，打3个靠结，绳头塞进触电者腋旁的圈内，并压紧，如图5-13所示。绳子的长度应为杆高的1.2~1.5倍，最后将触电者的脚扣和安全带松开，再解开固定在电杆上的绳子，缓缓将触电者放下，如图5-14所示。

（2）双人营救法。如图5-15所示，双人营救法基本与单人营救方法相同，只是绳子的另一端由杆下人员握住缓缓下放，此时绳子要长一些，应为杆高的

图5-13　杆上营救绳索绑扎方法

图5-14　单人营救法　　　　图5-15　双人营救法

2.2～2.5倍，营救人员要协调一致，防止杆上人员突然松手，杆下人员没有防备而发生意外。

3. 触电者脱离电源后的急救处理

在将触电者安全脱离电源后，应迅速将脱离电源的触电者移至通风、凉爽处，使触电者仰面躺在木板或地板上，并解开妨碍触电者呼吸的紧身衣服（松开领口、领带、上衣、裤带、围巾等）。同时，对触电者的意识、呼吸、心跳和瞳孔进行判断，并设法联系医疗急救中心（医疗部门）的医生到现场接替救治。同时，针对触电者不同的情况，采取不同的急救方法。

（1）触电者神志清醒者。如果触电者触电时间短、触电电压低，所受的伤害不太严重，神志尚清醒，只是心悸、头晕、出冷汗、恶心、呕吐、四肢发麻、全身乏力，甚至一度昏迷，但未失去知觉，要搀扶触电者到通风暖和的处所静卧休息1～2h，并有人陪伴且严密观察生命体征的变化，同时请医生前来或送往医院诊治。天凉时要注意保温，并随时观察呼吸、脉搏变化。

（2）触电者失去知觉，呼吸和心跳尚正常。如果触电者已失去知觉，轻度昏迷或呼吸微弱者，但呼吸和心跳尚正常，则应使其舒适地平卧在木板上，解开衣服并迅速大声呼叫触电者，同时用手拍打其肩部，无反应时，立即用手指掐压人中穴、合谷穴约5s，以唤醒其意识。四周不要围人，保持空气流通，冷天应注意保暖，随时观察呼吸情况和测试脉搏，同时立即请医生前来或送往医院诊察。

（3）触电者神志不清，有心跳、无呼吸。触电者神志不清，判断意识无，有心跳，但呼吸停止或极微弱时，应立即用仰头抬颏法，使气道开放，并进行口对口人工呼吸。此时切记不能对触电者施行心脏按压。如此时不及时用人工呼吸法抢救，触电者将会因缺氧过久而引起心跳停止。

（4）触电者神志丧失，有呼吸、无心跳。触电者神志丧失，判定意识无，心跳停止，但有极微弱的呼吸时，应立即施行心肺复苏法抢救。不能认为尚有微弱呼吸，只需做胸外按压，因为这种微弱呼吸已起不到人体需要的氧交换作用，如不及时人工呼吸即会发生死亡，若能立即施行口对口人工呼吸法和胸外按压，就能抢救成功。

（5）触电者呼吸、心搏均停止。对触电后呼吸、心搏均停止者，则应立刻在现场进行徒手心肺复苏抢救，不得延误或中断。

（6）触电者呼吸、心搏均停止，并伴有其他外伤。触电者和雷击伤者心跳、呼吸均停止，并伴有其他外伤时，应先迅速进行徒手心肺复苏急救，然后再处理外伤。如果触电者的皮肤严重灼伤时，应立即设法将其衣服和鞋袜小心地脱下，再将伤口包扎好。如果触电者衣服被电弧光引燃时，应迅速扑灭其身上的火，着火者切忌跳动和跑动，可利用衣服、被子、湿毛巾等扑火，必要时可就地躺下翻滚，将火扑灭。

（7）触电者在杆塔上或高处。发现杆塔上或高处有人触电，要争取时间及早在杆塔上或高处开始抢救。触电者脱离电源后，应迅速将触电者扶卧在救护人的安全带上（或在适当地方躺平），然后根据触电者的意识、呼吸及颈动脉搏动情况来进行前（1）～（5）项不同方式的急救。应提醒的是高处抢救触电者，迅速判断其意识和呼吸是否存在是十分重要的。若呼吸已停止，开放气道后立即进行口对口人工呼吸，吹气2次，再测试颈动脉，如有搏动，则每5s继续吹气1次；若颈动脉无搏动，可用空心拳头叩击心前区2次，促使心脏复跳。若需将触电者送至地面抢救，应再口对口（鼻）吹气4次，然后立即按前述"杆上或高处营救"的下放方法，迅速放至地面继续进行抢救。

4. 触电急救的注意事项

（1）不管是何种触电情况，无论触电者的状况如何，都必须立即拨打急救电话，请专业医生前来救治。

（2）对于触电者的急救应分秒必争。发生心搏、呼吸骤停的触电者，病情都非常危重，这时应一面进行抢救，一面紧急呼叫120，送触电者去就近医院进一步治疗。在转送触电者去医院途中，抢救工作不能中断。

（3）现场抢救一般应在现场就地进行，不要随意移动触电者，因移动时，抢救中断时间就超过30s。只有当在现场进行急救遇到很大困难（如黑暗、拥挤、大风、大雨、大雪等）时，才考虑把触电者抬到其他安全地点。移动时，除应使触电者平躺在担架上并在背部垫以平硬阔木板外，应继续抢救，心搏呼吸停止者要继续人工呼吸和胸外心脏按压，在医院医务人员未接替前救治不能中止。

（4）处理电击伤时，应注意有无其他损伤。如触电后弹离电源或自高空跌下，常并发颅脑外伤、血气胸、内脏破裂、四肢和骨盆骨折等。要按创伤的止血、包扎、固定、转运原则进行，否则就会给触电者造成二次伤害，甚至是不可逆的伤害。

（5）严重灼伤包扎前，既不得将灼伤的水泡刺破，也不得随意擦去黏在伤口上的烧焦衣服的碎片。由于灼伤部位一般都很脏，容易化脓溃烂，长期不能痊愈，因此，急救时不得接触触电者的灼伤部位，不得在灼伤部位涂抹药膏或用不干净的敷料包敷。

（6）有些严重电击伤者当时症状虽不重，但在1h后可突然恶化。有些患者触电后，心搏和呼吸极其微弱，甚至暂时停止，处于"假死"状态，因此要认真鉴别，不可轻易放弃对触电患者的抢救。

5. 对电"假死"的处理

电"假死"又称微弱死亡，指人的循环、呼吸和脑的功能活动高度抑制，生命机能极度微弱，用一般临床检查方法已经检查不出生命特征，外表看来好像人已死亡，而实际上还活着的一种状态，经过积极救治，能暂时或长期复苏。电"假死"的触电者从表面看几乎完全和死人一样，如不仔细检查，很容易当作误认为已经死亡，甚至将"尸体"处理或埋葬，电"假死"是脑缺氧的结果。

（1）电"假死"症状的判定方法。电"假死"症状的判定方法是"看""听""试"。"看"是观察触电者的胸部、腹部有无起伏动作；"听"是用耳贴近触电者的口鼻处，听他（她）有无呼气声音；"试"是用手或小纸条试测口鼻有无呼吸的气流，再用两手指轻压一侧（左或右）喉结旁凹陷处的颈动脉有无搏动感觉。

如"看""听""试"的结果，既无呼吸又无颈动脉搏动，则可判定触电者呼吸停止或心跳停止或呼吸、心跳均停止。

（2）电"假死"与真死的鉴别。电"假死"与真死的鉴别可以用下列简单的方法鉴别。

1）用手指压迫病人的眼球，瞳孔变形，松开手指后，瞳孔能恢复的，说明病人没有死亡。

2）用纤细的鸡毛放在病人鼻孔前，如果鸡毛飘动；或者用肥皂泡沫抹在病人鼻孔处，如果气泡有变化，说明病人有呼吸。

3）用绳扎结病人手指，如指端出现青紫肿胀，说明病人有血液循环。

（3）电"假死"的处理。对于有心跳无呼吸或有呼吸无心跳的情况（那只是暂时现象），若抢救迟缓一些，就会导致触电者心跳呼吸全部停止，甚至造成真正死亡。对电"假死"者仍应进行现场急救，因而对于触电所导致的呼吸、心跳停止所进行的心肺复苏持续时间比一般原因导致的呼吸、心跳停止的复苏要长得多，有一句话用在这里特别适合，那就是"不抛弃、不放弃、生命一定有奇迹"。

（五）雷电伤者的现场急救

（1）若伤者神志清醒，有自主呼吸心跳的，让伤者就地平卧，严密观察，暂时不要站立或走动，防止继发休克或心衰。

（2）伤者丧失意识时要立即叫救护车，并尝试唤醒伤者。呼吸停止但心搏存在者，就地平卧解松衣扣，通畅气道，立即口对口人工呼吸。心搏停止但呼吸存在者，应立即做胸外按压。直到确认伤者已经死亡为止，否则不应放弃治疗。

（3）若发现其心搏、呼吸均已经停止，应立即进行口对口人工呼吸和胸外按压，由于雷击伤者往往会出现"假死"现象，故在做心肺复苏时持续时间要长，一般抢救时间不得少于60～90min，直到使触电者恢复呼吸、心跳，或确诊已无生还希望时为止。

（4）雷电击伤常引起肌肉强烈痉挛而导致骨折，雷击也可致衣服着火，应采取相应的治疗措施。

培训能力项

项目一：低压电源触电急救

本项目规定的作业任务是针对低压电源触电者，以触电急救模拟人操作对象所进行的现场急救作业。

在模拟有人触电的场景下，首先用干燥的木棒挑开搭在触电者（模拟人）身上的裸露导线，帮助触电者脱离电源，并确认现场环境安全，将触电者转移至安全位置（地垫上）后，迅速判断伤者意识，呼叫救援，判断伤者呼吸心跳情况，对症施救。

低压电源触电急救作业内容及其质量标准见表 5-17。

表 5-17 低压电源触电急救作业内容及其质量标准

序号	作业项	作业内容	质量标准
1	作业前的工作	—	—
2	作业前模拟人体位	模拟人侧躺在地面上，身上搭落一根裸露导线，处于低压触电状态	裸露导线搭在模拟人上衣位置
3	现场环境观察与判断	伸开双臂、左右观看，通过眼睛看、耳朵听、鼻子闻、大脑思考的方式快速判断，排查不安全因素，确保环境安全。口述：现场环境安全	观察周围环境方法正确举止得体规范；口述清晰，声音洪亮
4	脱离电源	口述：有人触电，帮助触电者脱离电源 找到干燥的木棒，挑开搭在触电者（模拟人）身上裸露的导线	操作过程中不得碰触模拟人身体任何部位；口述清晰，声音洪亮
5	转移伤者	口述：请帮忙抬一下伤者！身边同学前来协助	口述清晰，声音洪亮
		施救者双手扶住触电者肩部，协助者抓住其双腿，将其抬起，迅速将模拟人移至通风、干燥的地垫上	抬起、移动动作轻缓
		使触电者呈仰卧位，解开上衣扣子，松解腰带	解开上衣所有扣子，腰带处于松弛状态
6	伤情判断及进一步急救处理	迅速、准确判断触电者的意识、呼吸和心跳情况，口述：触电者心跳、呼吸均停止，需进行心肺复苏抢救！	本作业项目可结合徒手心肺复苏作业合并进行
7	触电急救完成	触电急救完成，将触电者摆放至恢复体位（头部偏向一侧），保持气道开放，整理触电者衣物，等待救护车到达。口述：触电者呼吸、心跳恢复，触电急救完成！	伤者（模拟人）体位正确；气道开放，衣服整齐；口述清楚，声音洪亮
8	安全文明生产	—	—

项目二：低压电源杆上触电急救

本项目规定的作业任务是针对杆上低压电源触电者，以模拟人为操作对象所进行的现场急救作业。

在模拟有人在 0.4kV 配电线路水泥杆上低压触电的场景下，首先帮助触电者脱离电源，并在杆上实施初步抢救，然后将伤者单人下放至地面，再根据伤者情况在地面进行施救。

低压电源杆上触电急救作业内容及其质量标准见表 5-18。

表 5-18　低压电源杆上触电急救作业内容及其质量标准

序号	作业项	作业内容	质量标准
1	作业前的工作	—	—	—
2	作业前模拟人体位	模拟人用安全带悬挂在 0.4kV 配电线路水泥上，身上搭落一根裸露导线，处于杆上低压触电状态	裸露导线搭在模拟人胸部位置
3	脱离电源	施救者模拟拉下配电线路的电源开关，口述：电源已断开！	模拟动作到位，口述清楚，声音洪亮
4	登杆接近触电者	佩戴安全带	—	—
		穿铁鞋	—	—
		登杆	—	—
5	杆上施救	判断呼吸	迅速、准确判断触电者的呼吸情况，口述：触电者呼吸停止，吹气 2 次	判断迅速准确，口述清楚，声音洪亮
		吹气	开放气道后立即吹气 2 次	吹气量及吹气持续时间适中；注意观察胸廓起伏；气道始终保持开放状态
		判断脉搏	迅速、准确判断触电者的脉搏情况，口述：触电者心跳停止，叩击空心拳 2 次	判断迅速准确，口述清楚，声音洪亮
		叩击空心拳	用空心拳叩击触电者心前区 2 次	位置准确，力度适中
6	杆上营救到地面	判断伤情	口述：触电者呼吸、心跳停止，需用双人营救法送至地面抢救	口述清楚，声音洪亮
		安装营救绳索	营救绳的一端绑在横担上，绕 2~3 圈。然后绕过触电者的腋下，先用柔软的物品垫在触电者的腋下，然后用绳子环绕一圈，打 3 个靠结，绳头塞进触电者腋旁的圈内，并压紧。营救绳的另一端由杆下人员拉紧	操作正确，动作规范，绑扎牢靠

（续表）

序号	作业项		作业内容	质量标准
6	杆上营救到地面	松解触电者	口述：准备松解触电者，请杆下人员拉紧营救绳！杆下人员回应：已拉紧！然后，对触电者吹气4次，将触电者的脚扣和安全带松开	操作正确，动作规范；口述清楚，声音洪亮
		下放触电者	杆下人员握住营救绳缓缓下放，将触电者营救到地面	动作轻缓、用力均匀；杆下可两人同时拉紧绳子
7	地面施救		迅速将捆绑模拟人的绳索松开，将模拟人移至通风、干燥的地垫上，使之呈仰卧位，解开妨碍呼吸的紧身衣物，然后进行徒手心肺复苏	本作业项目可结合徒手心肺复苏作业合并进行
8	安全文明生产		—	—

第三节 烧伤及其现场自救急救

培训目标

1. 正确理解烧伤的概念及其分类。

2. 正确理解烧伤的分期。

3. 熟练掌握烧伤面积估算和烧伤深度判断的方法。

4. 熟练掌握热烧伤现场急救原则、现场急救方法和措施。

5. 正确理解烧伤现场急救常见错误的处理方法。

6. 正确理解化学烧伤的特点。

7. 熟练掌握酸、碱、磷烧伤现场急救方法。

8. 熟练掌握化学性眼烧伤的应急处理方法。

9. 熟练掌握化学烧伤的预防措施。

培训知识点

一、烧伤的基本知识

（一）烧伤的概念

烧伤主要指由热力、化学物质、电能、放射线等引起的皮肤、黏膜、甚至深度组织的损害。按致伤原因分为热烧伤、化学烧伤、低温烧伤等。其中，热烧伤较为多见，占各种烧伤的 85%～90%。据统计，每年因各种意外伤害而造成的死亡人数中烧伤排在第二位。中国烧伤年发病率为 1.5%～2%，即每年约有 2000 万人遭受不同程度的烧伤病痛的伤害，其中约有 5% 的烧伤病人是需要住院治疗的重度烧伤。

习惯上，将火焰直接接触人体造成的损伤称为烧伤；由高温液体、气体和固体（如热水、热气、热液、热金属等）直接接触人体造成的损伤称为烫伤。

二者合称为热烧伤。长时间接触略高于体温的致伤因素造成的损伤称为低温烧伤。

由化学物质引起的灼伤被统称为化学烧伤。其烧伤的程度取决于化学物质的种类、浓度和作用及持续的时间。腐蚀性化学品是形成化学烧伤的重要原因之一。腐蚀性化学品包括酸性腐蚀品（如硫酸、盐酸、硝酸等）、碱性腐蚀品（如氢氧化钠、氢氧化钾、氨水、石灰水等）和其他不显酸碱性的腐蚀品。

（二）烧伤的分期

（1）休克期。休克期又称急性体液渗出期。人体组织被烧伤后，会出现体液渗出，持续时间为36～48h。轻度烧伤时，体液渗出量有限，不会影响全身的有效循环；严重烧伤时，渗液会比较多，早期会出现口渴、唇干、尿少等症状。

（2）感染期。如果烧伤伤口处理不当，会出现伤口感染。严重时，可能造成全身感染，会留下后遗症。

（3）修复期。较浅的烧伤伤口，皮肤一般能自行修复；烧伤伤口较深时，修复时间长，需要植皮等后续处理。

（三）烧伤的分度

对于烧伤伤情的判断，以烧伤面积和烧伤深度来测算，在某些情况下，还应兼顾呼吸道损伤的程度。

1. 九分法

用九分法估算烧伤面积。九分法就是将人体各部位分成若干个9%，11个9%另加1%构成100%的人体表面积。其中，头部（包括头、颈、面部）1个9%，身体躯干（包括前胸、后背）3个9%，双上肢（包括双手、双前臂、双上臂）2个9%，双下肢（包括双侧臀部、双足、双小腿、双大腿）5个9%，会阴1个1%。

2. 三度四分法

用三度四分法判断烧伤深度。

（1）Ⅰ度烧伤。又红斑性烧伤。其表面出现红斑，皮肤比较干燥，有烧灼感，疼痛剧烈，无水疱。一般3～7天后局部由红色转为淡褐色，表皮脱落，自行愈合而不留疤痕。

（2）浅Ⅱ度烧伤。又称水疱性烧伤。其局部明显红肿，形成大小不一的水疱，水疱皮薄，内含黄色或淡红色血浆样透明液体。水疱皮脱落破裂后，可见创面红润、潮湿，疼痛感明显。伤口愈合后一般不留疤痕，只有色素沉着。

（3）深Ⅱ度烧伤。其局部明显红肿，深浅不一，表皮较白或棕黄，间或有较小水疱。去除水疱死皮后，创面微湿、微红或红白相间，疼痛比较迟钝。多数有瘢痕增生，愈合后会留下较明显的疤痕。

（4）Ⅲ度烧伤。又称焦痂性烧伤。创面无水疱，呈蜡白或焦黄色，有些甚至炭化变黑。疼痛感觉完全消失。皮层坏死后呈皮革状态，其下可见粗大栓塞树枝状血管网。Ⅲ度烧伤必须靠植皮才能愈合。

二、热烧伤的现场急救

（一）烧伤的现场急救原则

（1）关键在于迅速脱离受伤现场，转移到安全的地方。

（2）在将伤者送往医院之前，应该对伤者危及生命的合并伤，如窒息、大出血、骨折、颅脑外伤等进行准确的伤情判断，迅速给予必要的急救处理。

（3）尽快建立呼吸、静脉通道，适量补液，但应避免过多饮水，以免发生呕吐，单纯大量饮用自来水还可能发生水中毒，应该适量口服淡盐水。

（4）创面可暂不做特殊处理，简单清创即可，以免加重损伤、刺激伤者。避免在创面上涂用有色外用药物。

（二）烧伤的现场急救要求

热烧伤现场采取的应急处理措施是否及时有效，对减轻损伤程度，减轻伤者痛苦，减少烧伤后的并发症和降低病死率等都有十分重要的意义。烧伤面积越大，深度越深，则治疗越困难，愈后越差。因此，热烧伤现场急救的首要措施是"灭火"，即去除致伤源，尽量"烧少点、烧浅点"使伤者尽快脱离现场，并针对不同烧伤原因，采取相应的急救处置。具体要求包括：

（1）尽快脱去着火的衣服，特别是化纤衣服，以免继续燃烧使创面扩大加深。

（2）迅速卧倒，慢慢在地上滚动，压灭火焰。

（3）用身边不易燃的材料，如雨衣（非塑料或油布）、大衣、毯子、棉被等阻燃材料，迅速覆盖着火处，使之与空气隔绝。

（4）用水将火浇灭或跳入附近水池、河沟内灭火。若附近有水池或河沟，不要怕水不净，须知只要尽快灭火，烧伤就不会太深，即使创面有污染，清除并不难，总比烧伤加深带来的危害要轻得多。

（5）衣服着火时不得站立或奔跑呼叫，以免风助火势，使火更旺。为防止头面部烧伤或吸入烟雾和高热空气引起呼吸道损伤，应使伤者迅速离开密闭和通风不良的现场。切勿用手扑灭火焰以免火燃烧导致手的严重烧伤。

（6）已灭火而未脱去的燃烧的衣服，特别是棉衣或毛衣，务必仔细检查是否仍有余烬，以免再次燃烧，使烧伤加深加重。

（7）热液（开水、沸汤等）烫伤时，应迅速脱去被热液浸渍的衣服，并用冷水冲，或将烫伤局部浸泡在冷水中，以减轻疼痛和损伤程度。

（三）烧伤的现场急救方法

热烧伤的现场急救方法用以下简单的五个字概括：冲、脱、泡、盖、转。分别简单分述如下：

（1）冲。用大量清水冲洗，让烧伤创面尽快降温。

（2）脱。脱去烧焦的或被热液浸透的及被危险化学品沾染的衣物，以防止或减少烧焦的或被热液浸透的及危险化学品对人体的伤害。

（3）泡。将被烧伤的肢体放入凉水中泡，或用毛巾浸透凉水敷在创面上。这样做一是可以止痛，二是可以防止热力继续对人体产生热损伤。但注意不要将整个身体进入冷水中，特别是在寒冷的季节。

（4）盖。用清洁的被单或衣物覆盖、包裹烧伤的创面。

（5）转。安全及时转到就近医院治疗。

（四）烧伤的现场急救处理措施

1. 冷水浸泡

对冷水浸泡处理应该提高到疗法的高度来认识。冷疗是源于北欧冰岛的一种古老的烧热伤急救方法。热烧伤后尽快给予冷水冲洗或浸泡，立即有止痛效果，并可以减小烧伤创面的深度。近代学者研究认为，冷疗不仅可以减少创面余热对尚有活力的组织继续损伤，而且可以降低创面的组织代谢，使局部血管收缩，渗出减少，从而减轻创面水肿程度，并有良好的止痛作用。因此，如有条件，热烧伤灭火后的现场急救中宜尽早进行冷疗。方法为将烧伤创面在自来水龙头下淋洗或浸入冷水中，水温以伤者能耐受为准，一般宜采用15℃以下的冷水冲洗或浸泡为宜。也可采用冷水浸湿的毛巾、纱布等敷于创面。冷疗的时间无明确限制，一般掌握到冷疗的创面不再感到剧痛为止，多需 0.5～1h。冷疗一般适用于中小面积烧伤，特别是四肢的烧伤。大面积烧伤时，由于冷水浸浴面积范围较大，患者多不能耐受，尤其是寒冷季节，需注意患者保暖和防冻。大面积烧伤冷水处理的时间不宜过久，以免耽误早期治疗的时机。

2. 冷敷料

冷敷料涂有一种含93%水分的特殊凝胶，用于烧伤创面后，因水分蒸发而使创面很快冷却，冷却效果可以持续 8h。可为伤部提供一恒定、合适的温度，随时可用。目前，冷敷料在国外已在消防、工矿企业和部队广泛使用。

3. 现场处理合并伤

无论何种原因的热烧伤均有可能发生合并其他外伤，如严重车祸、爆炸事故等在烧伤同时可能合并有骨折、脑外伤、气胸或腹部脏器损伤等。这些均应按外伤急救原则做相应的紧急处理。如用急救包填塞包扎开放性气胸、制止大出血、简单固定骨折等，然后送附近医疗单位进一步抢救。如有呼吸道梗阻者，在现场应立即行环甲膜切开（紧急情况下而又无气管切开条件时才可施行，且应注意勿伤及喉部，以免以后发生喉狭窄）或用数根粗注射器针头刺入气管中以暂时缓解呼吸道梗阻。

4. 现场镇静止痛

热烧伤后伤者都有不同程度的疼痛和烦躁，可给予镇静止痛药物。一般轻度烧伤口服止痛片。用药后伤者仍有烦躁不安，可能为血容量不足的表现，应加强抗休克措施，不宜短时间内重复用药，以免造成累积中毒的危险。大面积热烧伤者由于伤后渗出、组织水肿，肌注药物吸收较差，多采用药物稀释后静脉注入或滴入，药物多选用哌替啶或与异丙嗪合用。应慎用或不用氯丙嗪，因用后能使心率加快，影响休克期复苏的病情判断，且有扩血管作用，在血容量未补足时，易导致发生休克。对小儿、老年患伤和有吸入性损伤、颅脑伤者应慎用或不用哌替啶和吗啡，以免抑制呼吸，可改用地西泮（安定）、苯巴比妥或异丙嗪等。

5. 保护创面

伤者脱离现场后，应注意对烧伤创面的保护，防止再次污染。可用就近可得的清洁衣服、被单、床单覆盖创面并予以保暖。如内层能盖以医用纱布等无菌敷料，则更为理想。在现场对烧伤创面处理时，应初步估计烧伤面积和深度。对Ⅱ度烧伤的水疱和浮动的水疱表皮最好不要处理。创面尽量不要涂布任何外用药物，尤其是油性的或带有颜色的药物（如汞溴红、甲紫等），以免影响转送到医院后治疗中对烧伤创面深度的判断和清创。创面不得涂搽红汞，因可经创面吸收而导致汞中毒。

（五）烧伤的现场急救过程中常见的错误

人体皮肤内神经末梢非常丰富，烧伤或烫伤后往往疼痛难忍，很多人在受伤后第一反应是急着涂药膏，最容易病急乱投医，什么偏方、祖传秘方、道听途说的治疗经历等等都会拿来用上。早期不适当的处理，往往会因伤口感染、创面加深而对后期的愈合造成不利影响，原本不会遗留疤痕的浅度热烧伤也因此在伤口愈合后残留明显瘢痕。门诊中经常遇到一些用错误的方法处理烧伤创面的情况，究其原因是我们习惯于惯性思维，凭过去的老经验，好心办了坏事。常见的错误处理方法主要有：

1. 用烧碱处理热烧伤创面

很多人认为用烧碱处理创面可不起水泡，但不知道有水泡的创面只是Ⅱ度烧伤。Ⅲ度烧伤虽然不起水泡，但是烧伤深度达到皮肤全层。创面用烧碱后，烧碱与创面的渗出液反应产生热量会导致创面的加深。

2. 用高度白酒涂擦创面

75% 的酒精才有消毒作用，但一般高度白酒是不可能达到 75% 的浓度，所以用高度白酒涂擦创面并不能杀灭创面上的细菌。另外热烧伤特别是浅度的烧伤，把酒喷洒在烧伤的创面上，会使病人疼痛难忍，甚至疼痛性休克，酒精经创面很快吸收后还可能造成酒精中毒，特别是对于儿童简直就是二次伤害。

3. 用草木灰处理热烧伤创面

热烧伤后由于皮肤屏障作用丧失，必定有组织液渗出，小面积的是局部渗液，而大面积的是全身渗液，随着病程的进展，渗液逐渐减少，而用草木灰外敷在热烧伤创面，无异于在墙上刷涂料，不仅没有治疗作用，还会只能增加感染的机会，为后续的治疗增加了困难。

4. 用龙胆紫等作为外用药

用龙胆紫、红汞类及自己配制的药作为外用药，既影响对热烧伤创面深度的判断，也增加清创的困难和创面感染的机会。创面涂搽红汞会经创面吸收而导致汞中毒。

5. 用不洁或带色的衣物、被单包盖创面

用不洁或带色的衣物、被单覆盖创面，一是容易导致热烧伤创面的感染，二是热烧伤创面的渗出液溶解了带色特别是劣质的衣物、被单的颜料并经创面吸收入伤者体内，导致伤者的脏器损伤。

6. 盲目转运烧伤病人

热烧伤病人的转运，也是一个必须注意的问题。除非发生事故的现场距离医院很近或转运的交通工具速度非常快，一般情况下先要在现场给予必要的处理。特别要注意在密闭房间里的热烧伤或危险化学品的中毒，注意是否有呼吸道的烧伤或痉挛，如有呼吸道烧伤或痉挛情况要在现场给予适当的处理，包括吸氧，严重者给予气管插管或气管切开，并要给予输液等处理。否则长途转运是非常危险的。

三、化学烧伤的现场急救

（一）化学烧伤的特点

（1）危险化学品烧伤常伴随危险化学品的全身中毒。各种化学品在体内的吸收、储存、排泄的方式不一样，但大多数经肝解毒，由肾排出，因此一般会造成肝、肾损伤。

（2）吸入具有挥发性的化学物质可导致呼吸道烧伤，或合并呼吸系统并发症，产生肺水肿、支气管肺炎等，最终影响肺内的气体交换。

（3）个别危险化学品烧伤不能以创面大小判断伤者严重程度。有时烧伤创面虽小，但中毒症状较重，甚至造成伤者死亡，如黄磷烧伤。

（4）危险化学品烧伤常伴有眼睛烧伤。

（5）危险化学品烧伤主要通过氧化、还原、脱水、腐蚀、溶脂、凝固或液化蛋白等作用致伤，损伤的程度多与危险化学品的种类、毒性、浓度、剂量和接触时间有关。与热烧伤不同之处是体表上化学致伤物质的损害作用要持续到被清除或被组织完全中和和耗尽方能停止，因此其创面愈合的时间较单纯热力伤创面愈合的时间要长得多。

（二）化学烧伤的现场处理方法

化学品对人体有腐蚀作用，易造成化学灼伤。化学品造成的灼伤与一般火灾的烧烫伤不同，开始时往往不痛，但感觉痛时组织已被灼伤。所以，当人体组织触及化学品时，不管是否被灼伤，均应迅速采取急救措施：

1. 立即脱离危害源

应立即脱离危害源，就近迅速清除伤者患处的残余化学物质。

2. 迅速脱去化学物质浸渍的衣服

所有化学烧伤均应迅速脱去化学物质浸渍的衣服。脱衣动作既要迅速、敏捷，又要小心、谨慎。套式衣裙宜向下脱，而不应向上脱，以免浸污烧伤面部，伤及眼部损伤视力。

3. 用清洁水冲淋

化学烧伤的严重程度除与化学物质的性质和浓度有关外，多与接触时间有关。因此无论何种化学物质烧伤，均应立即用大量清洁水冲淋至少20min以上，可冲淡和清除残留的化学物质，如图5-16所示。

图5-16　化学烧伤的冲淋

（三）不同化学品烧伤的现场急救措施

1. 酸烧伤

（1）冲洗。皮肤接触强酸时首先用大量清水反复冲洗伤处，冲洗越早、越彻底就越好。有些腐蚀性酸烧伤，如石炭酸，其脱水作用不如强酸强，但可被吸收进入血循环而损害肾脏。石炭酸不易溶解于水，清水冲洗后，可以70%酒精清洗。氢氟酸，其穿透性很强，能溶解脂质，继续向周围和深处侵入，扩大与加深的损害作用明显。应立即用大量清水冲洗，随后用5%～10%葡萄糖酸钙（0.5ml/cm^2）加入1%普鲁卡因沿创周浸润注射，使残存的氢氟酸化合成氟化钙，可停止其继续对组织的扩散与侵入。

（2）保护剂。口服强酸时，尽快服用牛奶、酸奶或豆浆，保护胃黏膜，防止胃穿孔。

（3）减少吸入。事故现场吸入高浓度强酸蒸气者，应尽快脱离现场，解开紧身的衣领、裤袋，保持呼吸道畅通。

2. 碱烧伤

（1）冲洗。皮肤接触强酸时，首先脱去浸有碱液的衣物，然后立即用大量流动的清水持续冲洗20～30min，再用3%硼酸液或2%的脂酸液湿敷。冲洗前，不能直接使用弱酸中和剂，以免中和反应产生热量，使灼伤加重。碱烧伤中的生石灰和电石的烧伤必须在清水冲洗前，先去除伤处的颗粒或粉末，以免水冲后产热量对组织产生损伤作用。

（2）中和剂。口服强碱时，尽快服用弱酸中和剂，如食醋、橙汁等。继之服用生鸡蛋清加水、牛奶，以保护消化道黏膜。禁止洗胃、催吐，以免食道与胃破裂或穿孔。

3. 磷烧伤

磷极易燃烧。急救时应立即扑灭火焰，脱去污染的衣服；用大量流动水冲洗创面，并将伤处浸入水中，洗掉磷颗粒，同时使残留的磷与空气隔绝，阻断燃烧过程；然后用1%硫酸铜涂布，以使残留磷生成黑色的无毒性的二磷化三铜（不再燃烧），再用水冲去；最后再用3%双氧水或5%小苏打水冲洗，使磷渣再氧化成磷酐（无毒），便于识别和移除。但必须控制硫酸铜的浓度不超过1%，如浓度过高，反可招致铜中毒。如现场一时缺水，可用多层湿布包扎创面，以使磷与空气隔绝，防止继续燃烧。忌用油质敷料包扎创面，因磷易溶于油脂，增加磷的溶解与吸收，而更易促进磷的吸收导致全身中毒，适用3%～5%碳酸氢钠湿敷包扎。

4. 甲醛烧伤

甲醛触及皮肤时，先用清水冲洗，再用酒精擦洗，然后涂以甘油。

（四）化学性眼烧伤的现场急救措施

化学性眼烧伤也称化学品入眼。化学品入眼如果处理不及时，可导致视力下降、失明等严重后果。化学品如眼烧伤中17%为固体化学物引起，31%为液体化学物所引起，52%为化学物烟雾所致，在这些化学性眼烧伤中，可因化学物质直接接触眼部所致，也可通过皮肤、呼吸道、消化道等全身性的吸收而影响于眼、视路或视中枢而造成损伤。

1. 化学性眼烧伤的机理及表现

（1）眼部酸烧伤。酸性物质分有机酸与无机酸两大类，溶于水、不溶于脂肪。酸性物质易为角膜上皮所阻止，因角膜上皮是嗜脂肪性组织，但高浓度酸与组织接触后，使组织蛋白凝固坏死，形成痂膜，可阻止剩余的酸继续向深层渗透，无机酸分子小，结构简单，活动性强，容易渗入组织。因此无机酸所致的组织损伤较有机酸为重。

酸烧伤的创面较浅，边界清楚，坏死组织较易脱落和修复。浓硫酸吸水性强，可使有机物变成炭呈黑色，硝酸创面初为黄色，后转变为黄褐色；盐酸腐蚀性较差，亦呈黄褐色。有机酸中以三氯醋酸的腐蚀性最强，可使组织呈白色坏死。

（2）眼部碱烧伤。在眼部化学烧伤中，碱烧伤发展快，病程长，并发症多。常见的碱性物有氢氧化钾、氢氧化钠、氢氧化钙、氨水和硅酸钠（泡花碱）等。

碱能与细胞核中的脂类发生皂化反应，同时又与组织蛋白形成可溶于水的碱性蛋白，形成的化合物具有双相溶解性；既能水溶又能脂溶，因而破坏了角膜上皮屏障，并很快穿透眼球的各层组织。碱进入细胞后，pH 值迅速升高，使碱性物质与细胞成分形成的化合物更易溶解。而且在碱性环境中有利于细胞膜脂类的乳化，进而导致细胞膜的破坏。碱性细胞蛋白有很强的破坏作用，能毁坏细胞的酶和结构蛋白，轻的碱烧伤影响酶蛋白，使细胞的生命过程受到抑制，重的碱烧伤可直接破坏细胞核蛋白，迅速导致组织广泛凝固坏死。碱性化合物常发生角膜缘血管网的血栓形成和坏死，严重地影响角膜营养，降低角膜的抵抗力，而易继发感染，使之发生溃疡或穿孔。

正常人角膜上皮无胶原酶，但碱烧伤的角膜上皮和其他原因所致的角膜溃疡组织中含有大量胶原酶，能消化分解胶原。碱烧伤后的第 2 周至第 8 周是角膜胶原酶释放的高峰期，易形成溃疡穿孔，皮质类固醇能增强胶原酶的溶解作用，故此期应禁用此类药物滴眼。

（3）眼部电石、石灰烧伤。电石、石灰遇水会产生大量热量，烧坏眼部组织。同时，石灰遇水产生化学反应生成的氢氧化钙还会造成眼部碱烧伤。

2. 化学性眼烧伤的应急处理

（1）酸碱入眼。如果一旦发生酸碱化学性眼烧伤，要立即用大量细流清水冲洗眼睛，即用自来水、井水、河水、盆内水甚至手边的茶水冲洗，要争分夺秒，以达到清洗和稀释的目的。但要注意水压不能高，还要避免水流直射眼球和用手揉搓眼睛。冲洗时要睁眼，眼球要不断地转动，持续 15~20min。如面部没有灼伤，也可将整个脸部浸入水盆中，用手把上下眼皮扒开，暴露角膜和结膜，同时睁大眼睛，头部在水中左右晃动，使眼睛里的化学物质残留物被水冲掉，然后用生理盐水冲洗一遍。眼睛经冲洗后，可滴用中和溶液（酸烧伤用 2% 的碳酸氢钠溶液，碱烧伤用 20% 的硼酸液）做进一步冲洗。最后，滴用抗生素眼药水或眼膏以防止细菌感染，然后将眼睛用纱布或干净手帕蒙起，送往医院治疗。

（2）电石、石灰入眼。对于电石、石灰烧伤眼睛者，须先用蘸石蜡或植物油的镊子或棉签，将眼部的电石、石灰颗粒剔去，然后再用大量水清洗，冲洗时间不少于 30min。冲洗后，伤眼可滴入 1% 的阿托品眼药水及抗生素眼药水，再用干纱布或手帕遮盖伤眼，去医院治疗。注意在电石、石灰颗粒或粉末未被清理干净前，千万不要用水冲洗。

培训能力项

项目：热烧伤现场急救

本项目规定的作业任务是针对热烧伤伤者现场急救，以模拟人 / 假伤者为操作对象所进行的单人现场急救作业。包括脱离现场、现场处理、送医等。

首先对伤者去除致伤源，尽量"烧少点、烧浅点"，使伤者尽快脱离现场，在确定伤者致伤原因后，采取"冲、脱、泡、盖、转"五步操作，对伤者进行现场急救，直至救护车到达。

热烧伤现场急救作业内容及其质量标准见表 5-19。

表 5-19　热烧伤现场急救作业内容及其质量标准

序号	作业项	作业内容	质量标准
1	作业前的工作	—	—
2	现场环境观察与判断	伸开双臂、左右观看，通过眼睛看、耳朵听、鼻子闻、大脑思考的方式快速判断，排查不安全因素，确保环境安全。口述：现场环境安全	观察周围环境方法正确；举止得体规范；口述"现场环境安全"清晰洪亮
3	个人防护	佩戴一次性手套，注意防毒、防辐射、防污染等，做好个人防护，确保自身安全。双手举到胸前示意并口述：我已做好个人防护	正确佩戴一次性手套；举止得体规范；口述声音清晰洪亮
4	脱离现场	尽快脱去着火的衣服，用身边不易燃的材料迅速覆盖着火处，使之与空气隔绝，避免烧伤进一步扩大	动作迅速；正确选择选择不易燃的材料覆盖着火处
5	冷水浸泡	立刻用大量的清水冲洗烧伤处，让烧伤面快速降温，以缓解疼痛、降低皮肤温度，防止创伤加重	确保冷水覆盖整个烧伤面；时间应在 20~30min
6	脱掉衣物	快速脱去烧焦的或被热液浸透的衣物，如不好脱除，可用剪刀将衣物剪破，以防止或减少烧焦的或被热液浸透的衣物对人体的伤害	脱衣物小心，动作快速准确，无拉扯衣物行为
7	凉水浸泡	将烧伤的肢体放入凉水中浸泡，若烧伤面积不大，可用浸透凉水的湿毛巾敷在创面上	水面或湿毛巾完全覆盖烧伤面，冷水温度不宜过低，水温在 10~20℃为宜
8	包裹烧伤创面	内层盖以医用纱布等无菌敷料，外层用干净清洁的被单或衣物包裹烧伤面，避免伤口二次污染	包裹物干净且可完全包裹烧伤面
9	送医	现场处理完毕后，第一时间转送至就近医院进行专业治疗，转运途中时刻留意烧伤处，避免出现剐蹭、碰撞、包裹物脱落等二次伤害	送医及时；对烧伤处保护得当
10	安全文明生产	—	—

第四节　溺水及其现场自救急救

培训知识点

溺水，又称淹溺，是人淹没于水中，呼吸道被水、污泥、杂草等堵塞，发生换气障碍，或喉头、气管发生反射性痉挛引起的窒息。溺水者往往神志不清、呼吸停止、心跳微弱或已停止跳动、四肢冰凉、胃部胀满、周身发绀，若不及时抢救处理常会危及生命。

溺死，淹水后窒息并心脏停搏者称为溺死。溺死是水或其他液体进入呼吸道和肺泡引起窒息而死亡的。据 WTO 2000 年统计，全球每年约 45 万人溺死。据资料统计，中国溺水死亡率 8.77%。其中 0～14 岁的儿童占 56.6%，是这个年龄阶段的第一死因，特别是农村地区更为突出。

一、溺水对人的危害

（1）溺水者身体下沉入水中，不能吸入氧气。缺氧是溺水死亡的直接原因。

（2）溺水者呼吸道和肺内全部充满水，致肺水肿，不能使氧气通过呼吸道进入肺内，不能进行气体交换，造成急性肺水肿。

（3）溺水者因恐惧而张口大声呼喊，水经口被动进入消化道，又经吸收到血液循环系统，引起血液渗透压力改变，电解质的紊乱，严重扰乱了正常的血液循环。

（4）溺水者气道内呛入异物（泥沙、杂草、海藻等）或因冷水或吸入刺激而引发反射性咽喉痉挛造成气道阻塞，致人窒息。因溺水者不断挣扎，使窒息更加严重，致缺氧更重，最终昏迷。

（5）对溺水者进行施救的人，由于没有经过急救训练，或营救方法不对，或营救地点距岸边太远，施救者体力不支，从而造成了施救者和被救者的双重不幸。

二、溺水的种类

1. 干性淹溺与湿性淹溺

（1）干性淹溺。人入水以后，因受强烈刺激（如惊慌、恐惧、骤然寒冷等），引起喉头痉挛，以致呼吸道完全梗阻，造成窒息死亡。当喉头痉挛时，心脏可反射性地停搏，也可因窒息、心肌缺氧而致心脏停搏。溺死者中约10%可能为干性淹溺。

（2）湿性淹溺。人淹没于水中，本能地引起反应性屏气，避免水进入呼吸道。但由于缺氧不能坚持屏气而被迫深呼吸，从而使大量水进入呼吸道和肺泡，阻滞气体交换，引起全身缺氧和二氧化碳潴留，呼吸道内的水迅速经肺泡吸收到血液循环系统。

2. 淡水溺水与海水溺水

（1）淡水溺水。淡水进入呼吸道后影响通气和气体交换，并很快被吸收到血液中导致溶血，释放出大量的钾，影响心脏功能，导致心室颤动而致心脏停搏，溶血后过量的游离血红蛋白堵塞肾小管，可造成急性肾功衰竭。吸入淡水后，肺泡表面的活性物质减少，使肺泡萎缩，进一步阻滞气体交换，造成全身缺氧。

（2）海水溺水。发生在海水中，高渗性的海水吸入肺里，使血浆蛋白由血液循环渗入肺泡内，导致肺水肿，引起低氧血症。

三、溺水者的现场自救

当突然遭遇洪水袭击而落水，暂时无舟、艇等救生器材，或因流速较大，舟、艇无法进入等情况时，必须采取自我保护和脱困措施。在水中自己救自己的方法，称为水中自救。溺水后切忌大喊大叫，猛烈挣扎。挣扎能快速消耗体力且易被水草缠绕；大喊大叫，下沉时易吞下更多的水。

根据不同的具体情况，溺水自救的方法也不尽相同，具体方法如下：

1. 利用漂浮物求生

如救生圈、救生袋、救生枕、木板、木块等漂浮物，利用其在水中的漂浮来求生。

2. 徒手漂浮求生

溺水后应立即采取仰泳姿势，头部向后仰，口向上方口鼻露出水面，呼气宜浅，吸气宜深，也可以深吸一口气后闭嘴，因为这时人体的比重降至0.967，比水略轻，可浮出水面。而呼气时人体比重为1.057，比水略重，容易身体下沉。利用本身的浮力（如水母漂、十字漂、仰卧漂等），在水中漂浮自救，即用最少的体力，在水中维持最长的生机。

3. 肌肉痉挛自救

肌肉痉挛也称肌肉抽筋，指人在水中活动时，由于肌肉组织受到强烈刺激，进而血管收缩而造成局部血液循环不良，从而导致肌肉发生剧烈收缩的现象。水温太低，寒冷的刺激；运动前没做充分的准备活动；运动时间过长，肌肉过度疲劳；运动姿势不正确；运动强度过大或运动过程中突然改变运动方向；精神过于紧张等情况都可能引起肌肉痉挛。

发生肌肉痉挛常见的部位是手指、手掌、脚趾、小腿、大腿和腹部等。无论肌肉痉挛发生在什么部位，都要平心静气，及时采取拉长肌肉的办法，进行解救，否则容易出现危险，具体方法如下：

（1）手指肌肉痉挛解救方法。先将手握拳，然后用力张开，伸直，反复做几次后即可消除，如图 5-17 所示。

（2）手掌肌肉痉挛解救法。用双手合掌向左右按压，反复做几次即可消除。

（3）前臂及上臂前面肌肉痉挛解救法。用一只手抓住痉挛的手尽量向手臂背侧做局部伸腕动作，然后放松，反复做几次即可缓解。

（4）前臂后面肌肉痉挛解救法。用一只手托住患臂的手背，尽量做屈腕动作，然后放松，反复做几次则可缓解。

（5）上臂后面肌肉痉挛解救法。先将痉挛的手臂屈肘向后，用另外一只手托住其肘部弯向后，即可对抗后面的肌肉痉挛，反复做几次则可缓解，如图5-18所示。

（6）大腿前面肌肉痉挛解救法。先吸一口气，仰浮水面，使抽筋的腿屈曲，然后用双手抱住小腿用力使其贴在大腿上，同时加以震颤动作，可使其恢复。或用同一侧手抓住痉挛腿的脚，尽量使其向后伸直，反复几次后即可缓解。

（7）大腿后面肌肉痉挛解救法。用同一侧手按住膝盖，然后另一只手抓住脚趾，尽量往上抬起或双手抱住大腿使髋关节做局部的弯曲动作也可缓解，如图5-19所示。

图5-17 手指肌肉痉挛解救法　　图5-18 上臂后面肉痉挛解救法　　图5-19 大腿后面肌肉痉挛解救法

（8）小腿前面肌肉痉挛解救法。先用一只手抓住脚趾尽量往下压，借以对抗小腿前面肌肉的强直收缩即可缓解。

（9）小腿后面肌和脚趾肉痉挛解救法。小腿后面肌肉痉挛较常见，可先吸一口气，仰浮在水面上，一手按住膝盖，另外一只手抓住脚底（或脚趾）做勾脚动作，并用力向身体方向拉，反复做几次以后，放松片刻，肌肉痉挛部位则可缓解。

（10）腹部肌肉痉挛解救法。可在水面先挺住一会，然后用双手做顺时针按摩，反复做几次可缓解。

4. 在激浪中自救游回岸边

（1）可借助波浪的冲力，尽量浮在浪头上，乘势前冲。

（2）采用"身体冲浪技术"，以增加前进的速度。浪头一到，马上挺直身体，抬起头，下巴向前，双臂向前平伸或向后平放，身体保持冲浪板状。

（3）双脚能踩到底时，要顶住浪与浪之间的回流，必要时弯腰蹲在水底。

四、溺水情况判断

溺水情况判断的正确与否，是直接关系到施救者采用哪一种救生技术，是溺水救援成功与否的关键。

首先判断溺水者有无意识。当水中发现溺水者时，应首先判断溺水者有无意识，采取看、听的方法，如溺水者在水中挣扎并发出求救的喊声，则溺水者尚有意识。溺水者在水中不能自主地支配肢体动作，并且缓慢下沉或已沉入水底，则溺水者已丧失了意识。通过观察询问进一步判断溺水者是否受伤。

判断后应迅速采用规范的救生技术动作进行溺水施救。

五、溺水施救方法

由于溺水者所处水域、地点、危险点的情况各不相同，施救者也应根据救援时的周边情况，因地、因人而异，采取不同的施救方法。溺水的施救方法有岸上施救、水中徒手施救、用冲锋舟施救和用索具施救等。

（一）岸上施救

岸上施救就是施救者在岸边利用水域现场的救生器材（如救生圈、竹竿、绳子等），对较清醒的溺水者进行施救的一种救生技术。

1. 手援

在离池岸较近距离发生溺水事故时，可用手直接将溺水者拖救上岸。

2. 救生圈施救

救生圈是户外或游泳池常用的救生工具。救生圈一般抛投距离为施救者与溺水者之间 5~8m 的扇面范围。救生圈可系绳子或不系绳子。在不系绳子抛掷救生圈时，应目测与溺水者的距离。手抛时应注意风向、风速及救生圈的轻重。在系绳子抛掷救生圈的技术要求与不系绳抛掷救生圈相同，但抛投前要事先整理好绳子，手抛时一手一定要握紧或用脚踩住绳子的另一端。当溺水者抓住救生圈后，将其拖至岸边救起，如图 5-20 所示。

（a）　　　　　　　　（b）

图 5-20　救生圈施救

（a）抛投救生圈；（b）将溺水者拖至岸边

3. 救生杆施救

救生杆是常用的间接救生的器材之一。救生杆一般为长 3～4m 的竹竿，用周长约 90cm 的橡皮圈固定在竹竿的一端。当发现溺水者在救生杆施救范围内时，可将救生杆橡皮圈固定的另一端由下而上递给溺水者，若救生杆前没有橡皮圈，可用救生杆轻轻点击溺水者的肩部，待其抓住后，将其拖到池（岸）边。向溺水者伸救生杆时，注意切忌捅戳伤溺水者，不能敲击溺水者的头部，不要伤害溺水者的喉、咽、气管及其他器官等，如图 5-21 所示。

图 5-21　救生杆施救

4. 救生球施救

救生球为充气的标准篮球，装在网子里，系在主绳上。主绳长 15～20m、直径 6mm，由大麻、尼龙或有浮力的类似材质编织而成。在投抛救生球前，要先整理好绳子，投抛时两脚前后开立，一手抓住绳子的未系救生球的一端或用脚踩住，眼睛看准溺水者位置，另一手抓系结处，利用手臂、腿部及腰腹的力量将球抛出，如图5-22所示。

5. 其他救生器物施救

当发生溺水情况时，由于情况紧急，施救者一时手边没有救生圈、救生竿、救生球，可根据溺水者的当时情况，利用一些其他物品进行施救，如毛巾、救生衣、泡沫塑料板、木板、长棍、绳子、球等。递或抛给溺水者，但应以不伤害溺水者为原则。如图5-23所示为用木棍进行救援。

图5-22　救生球施救　　　　图5-23　用木棍施救

（二）水中徒手施救

水中徒手施救就是施救者在没有或无法利用救生器具解救溺水者，或溺水者在已处于昏迷状态无法使用救生器具时，施救者通过涉水、游泳等方式靠近并解救溺水者。

1. 浅水区徒手施救

在浅水区（1.5m及以下），一般采用直接涉水的方法，将被救者背至就近的安全点。若流速较大而影响涉水，其他人员可手挽手在上游一侧搭成人墙，以减缓流速，使救援者安全救人；若被救者是老人或小孩，且人数较多时，可采用接力的形式将被救者送往安全地。这种方法必须有足够的人力作保障。

2. 深水区徒手施救

在深水区（1.5m以上），通常采用游泳的方式将被救者携带（推、拉）至安全地点。要求：一是要选好安全点和携带路线；二是所有救援者必须穿上救生衣；三是救援时，一般以一人一次救一人为宜；若被救者不识水性，应先向其投一救生圈，以稳定险情，然后再将其携带至安全点。施救者在水中尽可能地利用救生器材，以保证自身安全。

深水区游泳施救技术比较复杂，对施救者本人来说也具有一定的危险性。如果施救者水性不好，建议下水应谨慎再谨慎。深水区徒手施救技术本书也不做介绍。

（三）用冲锋舟、橡皮艇施救

冲锋舟、橡皮艇是一种高效实用、机动灵活、搬运方便的施救工具，被群众称为"生命之舟"。在 1998 年抗洪抢险中，湖北消防总队就是用冲锋舟在短短的时间里，救出被困群众上千人。可见，冲锋舟这种高效实用的施救工具，只要运用得当，在水上救援行动中是大有可为的。

1. 对落水人员进行救援

选好航线，准确靠拢落水者，直接将落水者救起。如果舟与落水者相隔一定的距离，应先向其投救生圈，再将钩篙的一端送往落水者或将救生绳投向落水者，将其拉至舟边后救起。

2. 对被困点人员进行救援

被困点指被洪水围困的楼房、树木、电线杆、高地等。被困点一般水流较急，冲锋舟难以接近，救援行动的成败关键在于采取正确的操舟接近方法，及时靠上被困点。

（四）用索具施救

在水流湍急、冲锋舟难以接近的被困点，可采用索具施救，主要有以下三种方法：

1. 利用索具制作保险扶手

用于流速大，水不太深的地段。设置方法：在安全地点与被困点之间将绳索张紧，高度不要离水面太高，两端必须固定牢固。供施救者和被救者沿绳索前进，防止人员被洪水冲走，起保险作用。

2. 利用钢索制作临时摆渡

用于距离适当，水深且流速大的地段。设置方法：将绳索固定在安全点与被困点之间，把舟的一端固定在钢索的滑轮上，操纵钢索，即可使舟在两点之间来回运动，运载人员和物资。

3. 架设索道桥

将两根钢索水平、平行地固定于安全点与被困点之间，在其上铺设、固定木板或竹夹板等材料，构成索道桥，供被困人员从桥面通过。由于索道桥容易摇晃，为确保安全，应慢速通行，并派专人负责搀扶。

六、溺水者上岸后的急救处理

溺水后存活与否的关键是溺水时间的长短、水温的高低、溺水者年龄的大小、心肺复苏的及时有效。冬季溺水，低温可降低组织氧耗，延长了溺水者可能生存时间，因此即使溺水长达 1h，也应积极抢救。

（1）溺水者的救治贵在一个"早"字。将溺水者救上岸，首先要做的不是急忙找医生或送医院，而是立即将其头部偏向一侧，清除其口、鼻咽腔内的水、泥及污物，用纱布（手帕）裹着手指将伤者舌头拉出口外，解开衣扣、领口，以保持呼吸道通畅。

（2）迅速检查溺水者是否有呼吸和心跳。

（3）对仍有呼吸心跳，但有明显呼吸道阻塞的溺水者，可给予倒水处理：抱起伤者双腿将其腹部放在急救者的肩上，快步奔跑，一方面可使肺内积水排出，另一方面也有协助呼吸的作用；或者急救者取半跪位，将伤者的腹部放在急救者腿上，使其头部下垂，并用手平压腹部进行倒水，时间为 1~2min，如图 5-24 所示。注意，千万不要因控水时间过长，延误了抢救的时机。

图 5-24　倒水处理

（4）如果发现溺水者喉部有阻塞物，则可将溺水者脸部转向下方，在其后背用力一拍，将阻塞物拍出气管。如果溺水者牙关紧闭，口难张开，救生者可在其身后，用两手拇指顶住溺水者的下颌关节用力前推，同时用两手食指和中指向下扳其下颌骨，将口掰开。为防止已张开的口再闭上，可将小木棒放在溺水者上下牙床之间。

（5）湿衣服吸收体温，妨碍胸部扩张，使人工呼吸无效。抢救时，应脱去湿衣服，盖上毛毯等保温。

（6）将溺水者头后仰，抬高下颌，使气道开放，保持呼吸道通畅。

（7）对呼吸停止者应立即进行人工呼吸。在最初向溺水者肺内吹气时，必须用大力，吹进约1500ml气，以便使气体加压进入灌水萎缩的肺内，尽早改善窒息状态。人工呼吸是使溺水者恢复呼吸的关键步骤，应不失时机尽快施行，且不要轻易放弃努力，应坚持做到溺水者完全恢复正常呼吸为止。在实践中，有很多人是在做了数小时的人工呼吸后才复苏的。

（8）对心搏停止者立即进行胸外心脏按压，直到心跳恢复为止。

（9）经现场初步抢救，若溺水者呼吸心跳已经逐渐恢复正常，可让其服下热茶水或其他汤汁后静卧，可用干毛巾擦遍全身，自四肢躯干向心脏方向摩擦，以促进血液循环。仍未脱离危险者，应尽快送往医疗单位继续抢救。在送医转运途中心肺复苏绝对不能中断。

（10）当溺水者在水中发生脊柱骨折或者疑似脊柱骨折时，施救者应按脊柱骨折的固定和搬运方法和要求进行（详见第三章相关内容）。一般来说，并不是所有的溺水者都会发生脊柱骨折。但是，如果受伤处感到痛楚、颈部或背部红肿或瘀青、脊柱变形或歪曲则可能是脊柱受伤。如果发现受伤处以下的肢体出现软弱无力或瘫痪、肢体麻木、部分甚至完全失去感觉、呼吸困难、休克甚至昏迷等情况，则伴随脊柱受伤可能脊髓也受伤了，切不可使用肩背运送。

七、溺水预防

（1）从小学开始就开展游泳安全教育。教育儿童游玩要远离河流、水库、渔塘。如要玩水及游泳时，应充分考虑水域的安全性，且家长须在场监护，海滩和泳池须配备救生员。

（2）必须要有组织并在游泳教练或熟悉水性的人的带领下去游泳，以便互相照应。如果集体组织外出游泳，下水前后都要清点人数，并指定救生员做安全保护。不要独自一人野外游泳，更不要到不摸底和不知水情或比较危险且易发生溺水伤亡事故的地方去游泳。

（3）如果选择野外下水，对下水场所的环境，水底是否平坦，有无暗礁、淤泥、暗流、杂草，水域的深浅等情况要有清楚的了解。

（4）对自己的水性要有自知之明，下水后不能逞能，不要贸然跳水和潜泳，更不能互相打闹，以免喝水和溺水。不要在急流和漩涡处游泳，更不要酒后游泳。

（5）要清楚自己的身体健康状况，平时四肢就容易抽筋者不宜参加游泳或不要到深水区游泳。

（6）要做好下水前的准备。先活动活动身体，如水温太低应先在浅水处用水淋洗身体，待适应水温后再下水游泳；镶有假牙的人，游泳前应将假牙取下，以防呛水时假牙落入食管或气管。

（7）在游泳中如果突然感觉身体不舒服，如眩晕、恶心、心慌、气短等，要立即上岸休息或呼救。

（8）在进行水上活动时，做好安全措施，身体不好时，水温寒冷时，不宜下水游泳。

（9）水池护栏，井盖应及时维护，避免坠落事故发生。

培训能力项

项目：溺水者施救上岸后的急救处理

本项目规定的作业任务是针对溺水伤者，以模拟人为操作对象所进行的溺水者施救上岸后的急救处理作业。

首先清理伤者口腔异物，保持呼吸道通畅，再进行"倒水"处理，然后，根据溺水者呼吸、心跳情况分别进行急救处理，初步处理伤者脱离危险后进行恢复性处理。

溺水者施救上岸后的急救处理作业内容及其质量标准见表 5-20。

表 5-20　溺水者施救上岸后的急救处理作业内容及其质量标准

序号	作业项	作业内容		质量标准
1	作业前的工作	—		—
2	现场环境观察与判断	伸开双臂、左右观看，通过眼睛看、耳朵听、鼻子闻、大脑思考的方式快速判断，排查不安全因素，确保环境安全。口述：现场环境安全		观察周围环境方法正确；举止得体规范；口述"现场环境安全"清晰洪亮
3	个人防护	佩戴一次性手套，做好个人防护，确保自身安全。施救者双手举到胸前示意并口述：我已做好个人防护		正确佩戴一次性手套；举止得体规范；口述声音清晰洪亮
4	摆正体位	模拟人处于仰卧位，施救者蹲于头部位置		操作规范，手指不直接触碰伤口；模拟人体位及施救者站位准确
5	前期处理	立即将溺水者的头部偏向一侧，清除其口、鼻咽腔内的水、泥及污物，用纱布（手帕）裹着手指将伤者舌头拉出口外，解开衣扣、领口，以保持呼吸道通畅		处理快速、准确；确保呼吸道通畅
6	倒水处理	方法一	抱起伤者双腿将其腹部放在急救者的肩上，快步奔跑，一方面可使肺内积水排出，另一方面也有协助呼吸的作用	伤者脸部朝下；控水时间为1~2min，不可过长；脊柱受伤者不可倒水处理
		方法二	救者取半跪位，将伤者的腹部放在急救者腿上，使其头部下垂，并用手平压腹部进行倒水	
7	现场急救处理	伤者处理	脱去湿衣服，盖上毛毯等保温	湿衣服吸收体温，妨碍胸部扩张，使人工呼吸无效
			将溺水者头后仰，抬高下颌，使气道开放，保持呼吸道通畅	操作正确、到位；确保呼吸道通畅
		伤情判断	迅速、准确判断触电者的意识、呼吸和心跳情况	判断迅速、正确
		现场急救	根据判断结果，分别按照休克、无呼吸、无心跳、脊柱受伤的现场急救方法处理	本作业项目可结合徒手心肺复苏、创伤急救等项目进行

（续表）

序号	作业项	作业内容		质量标准
8	现场急救完成	脱离危险者	经现场初步抢救，若溺水者呼吸心跳已经逐渐恢复正常，可让其服下热茶水或其他汤汁后静卧，可用干毛巾擦遍全身，自四肢躯干向心脏方向摩擦，以促进血液循环	静卧采用侧卧位；擦身用毛巾必须干燥
		未脱离危险者	仍未脱离危险者，应尽快送往医疗单位继续进行复苏处理及预防性治疗	转运途中心肺复苏绝对不能中断
9	安全文明生产	—		—

第五节 机械伤害及其现场自救急救

培训知识点

一、机械伤害概述

（一）机械伤害的定义

机械伤害是指机械设备运动（静止）、部件、工具、加工件直接与人体接触引起的挤压、碰撞、冲击、剪切、卷入、绞绕、甩出、切割、切断、刺扎等形式的伤害。各类转动机械的外露传动部分（如齿轮、轴、履带等）和往复运动部分都有可能对人体造成机械伤害。人体遭受机械伤害最多的部位是手。

机械伤害不包括车辆、起重机械引起的伤害。

（二）机械设备的挤夹区和咬入区

机械设备的挤夹区，指机械设备两运动部件之间，一个运动部件与一个静止部件之间或运动部件与加工材料之间，由于安全距离不够而容易造成人员肢体和躯干挤夹伤害的危险区域。

机械设备的咬入区，也称加紧点，指由两个或更多机械零件在同一平面上朝相反方向旋转，并且配合紧密或相互作用而产生的危险区等。

（三）机械的主要危险

机械的主要危险有以下九大类：

（1）机械危险：包括挤压、剪切、切割或切断、缠绕、引入或卷入、冲击、刺伤或扎伤、摩擦或磨损、高压流体喷射或抛射等危险。

（2）电器危险：包括直接或间接触电、趋近高压带电体和静电所造成的危害等。

（3）热（冷）的危险：烧伤、烫伤的危险，热辐射或其他现象引起的熔化粒子喷射和化学效应的危险，冷的环境对健康损伤的危险等。

（4）由噪声引起的危险：包括听力损伤、生理异常、语言通信和听觉干扰的危险等。

（5）由振动产生的危险：如由手持机械导致神经病变和血脉失调的危险、全身振动的危险等。

（6）由低频无线频率、微波、红外线、可见光、紫外线、各种高能粒子射线、电子或粒子束、激光辐射对人体健康和环境损害的危险。

（7）由机械加工、使用和它的构成材料和物质产生的危险。

（8）在机械设计中由于忽略了人类工程学原则而产生的危险。

（9）以上各种类型的组合危险。

（四）机械伤害的主要类型

机械伤害根据受伤部位、伤后皮肤完整性与否、伤情轻重进行分类与一般创伤的分类方法相同，在本书第三章已作了详细介绍，在此不做赘述。由于机械伤害的特殊性和复杂性，根据致伤因素单独进行分类造成机械伤害的原因和创伤的类型来进行分类。

1. 根据致伤因素进行分类

根据致伤因素，机械伤害可分为机械设备零、部件做旋转运动时造成的伤害，机械设备的零、部件做直线运动时造成的伤害，刀具造成的伤害，被加工的零件造成的伤害，电气系统造成的伤害，手用工具造成的伤害和其他因素造成的伤害。

（1）机械设备零、部件做旋转运动时造成的伤害。例如机械、设备中的齿轮、皮带轮、滑轮、卡盘、轴、丝杠、联轴节等零部件都是做旋转运动的。旋转运动造成人员伤害的主要形式是绞绕和物体打击伤。

（2）机械设备的零、部件做直线运动时造成的伤害。例如锻锤、冲床、剪板机的施压部件、牛头刨床的床头、龙门刨床的床面及桥式吊车大、小车和升降机构等，都是做直线运动的。做直线运动的零部件造成的伤害事故主要有压伤、砸伤和挤伤。

（3）刀具造成的伤害。例如车床上的车刀、铣床上的铣刀、钻床上的钻头、磨床上的磨轮、锯床上的锯条等都是加工零件用的刀具。刀具在加工零件时造成的伤害主要有烫伤、刺伤和割伤。

（4）被加工的零件造成的伤害。机械设备在对零件进行加工的过程中，有可能对人身造成伤害。这类伤害事故主要有：①被加工零件固定不牢被甩出打伤人，例如车床卡盘夹不牢，在旋转时就会将工件甩出伤人；②被加工的零件在吊运和装卸过程中掉落，可能造成砸伤。

（5）电气系统造成的伤害。工厂里使用的机械设备，其动力绝大多数是电能，因此每台机械设备都有自己的电气系统。主要包括电动机、配电箱、开关、按钮、局部照明灯以及接零（地）和馈电导线等。电气系统对人的伤害主要是触电。

（6）使用工具造成的伤害。使用各类工具失误或失手可能造成砸伤、划伤等伤害。

（7）其他因素造成的伤害。机械设备除去能造成上述各种伤害外，还可能造成其他一些伤害。例如有的机械设备在使用时伴随着发出强光、产生高温，还有的放出化学能、辐射能，以及尘毒危害物质等，这些对人体都可能造成伤害。

2. 根据创伤的类型进行分类

根据创伤的类型，机械伤害可分为绞伤、部件与人体接触、压伤、砸伤、挤伤、刺割伤和其他伤。

（1）绞伤。外露的皮带轮、齿轮、丝杠直接将衣服、衣袖、裤脚、手套、围裙、长发等绞入机器中造成的人体伤害。

（2）部件与人体接触。转动机器的零部件、未卡紧的加工件在操作过程中飞出造成的人体伤害。

（3）压伤。冲床、压力机、剪床、锻锤等做直线运动的零部件造成的人体伤害。

（4）砸伤。高处的零部件、物体掉落造成的人体伤害。

（5）挤伤。将人体或人体的某一部位挤压造成的人体伤害。

（6）刺割伤。锋利物体、尖端物体造成的人体伤害。

（7）其他伤。与机械生产相关的其他伤害，如触电、烧伤、烫伤、噪声、辐射等。

（五）机械伤害的主要原因

（1）检修、检查机械忽视安全措施。如人进入设备（球磨机、炉膛等）检修、检查作业，不切断电源，未挂不准合闸警示牌，未设专人监护等措施而造成严重后果；有的因当时受定时电源开关作用或发生临时停电等因素误判而造成伤害；也有的虽然对设备断电，但因未等到设备惯性运转彻底停住就开始工作，同样造成严重后果。

（2）缺乏安全装置。如有的机械传动带、齿轮、接近地面的联轴节、皮带轮、飞轮等易伤害人体部位没有完好的防护装置；有的人孔、投料口、绞笼井等部位缺失护栏及盖板，无警示牌，人疏忽误接触这些部位，就会造成伤害。

（3）电源开关布局不合理。一种是有了紧急情况没有立即停车；另一种是几台机械开关设在一起，极易造成误开机械引发严重后果。

（4）自制或任意改造机械设备，不符合安全要求。

（5）在机械运行中进行清理、卡料、上皮带蜡等作业。

（6）任意进入机械运行危险作业区（采样、干活、借道、拣物等）。

（7）不具操作机械素质的人员上岗或其他人员乱动机械。

（六）机械伤害的预防措施

（1）正确维护和使用防护设施。应安装防护设施的地方而没有防护设施的不能运行；不能随意拆卸防护装置、安全用具或安全设备，或使其无效。一旦设备修理和调节完毕后，应立即重新装好这些防护装置和设备。

（2）转动部件未停稳不得进行操作。由于机器在运转中，有较大的离心力，这时进行生产操作、拆卸零部件、清洁保养工作等，都是很危险的，如离心机、压缩机等。

（3）正确穿戴防护用品。防护用品是保护职工安全和健康的，必须正确穿戴衣、帽、鞋等护具；工作服应做到三紧（袖口紧、领口紧、下摆紧）；电焊、气焊、机加工等岗位，要坚持戴防护眼镜。

（4）站位得当。如在使用砂轮机时，应站在侧面，以免万一砂轮飞出时打伤自己；不要在起重机吊臂或吊钩下行走和停留。

（5）转动机件上不得搁放物件。特别是机床，在夹持零部件过程中，如果将工具、量具或其他物件，顺手放在旋转部位上，一旦开车，这些物件极易飞出，发生事故。

（6）不要跨越运转的机轴。机轴如处于人行通道上，应装设跨桥；无防护设施的机轴，不要随便跨越。

（7）执行操作规程，做好维护保养。严格执行有关规章制度和操作规程，是保证安全运行的重要条件。做好维护保养，保证设备状态良好是确保安全运行的基础前提。

二、机械伤害现场急救

（一）机械伤害现场急救的原则

机械伤害现场急救应遵循先救命后救伤、先复苏后固定、先止血后包扎、先重伤后轻伤、先救治后搬运的原则，同时遵循急救与呼救并重、搬运与医护并举的原则。

（二）机械伤害现场急救的步骤及要求

（1）发生机械伤害事故后，现场人员不要害怕和慌乱，要保持冷静。无论施救人员是否是医务人员，无论条件多么简陋、人员多么混乱、现场多么嘈杂，都应做到急而不乱，有条理、循步骤、按计划地进行救治。

（2）在现场救助伤者，首要的问题是评估现场是否有潜在的危险，如有危险应尽可能解除。例如机械夹住手后要立即停车，有人触电时要立即拉下电闸等。

（3）迅速拨打120急救电话，向医疗救护单位求援。

（4）迅速对受伤人员进行检查。急救检查应先看神志、呼吸，接着摸脉搏、听心跳，再查瞳孔，有条件者测血压。检查局部有无创伤、出血、骨折、畸形等变化，检查呼吸道有无被舌头、分泌物或其他异物堵塞。

（5）根据现场和伤患实际情况，有针对性地有序采取人工呼吸、心脏按压、止血、包扎、固定等临时应急措施。

1）遵循"先救命、后救伤"的原则，优先处理颅脑伤、胸伤、肝、脾破裂等危及生命的内脏伤，然后处理肢体出血、骨折等伤。

2）如果呼吸已经停止，立即实施人工呼吸。

3）如果脉搏不存在，心脏停止跳动，立即进行心肺复苏。

4）如果伤者出血，进行必要的止血及包扎。在机械伤害发生后，伤者往往创面渗血、渗液、血肉模糊，有时甚至被煤灰、污水、油渍所污染，这时很多伤者会因为慌乱随便拿东西捂在伤口上，如用污染的手套、纸巾、棉花等包扎伤口，这样很容易导致伤口的感染。另外，用上述物品包扎伤口会给医生清创带来不便，非常费事、费时，难以清创干净，增加了感染的机会，增加了创伤，增加了伤者的痛苦。正确的处理方法应该是用干净的手帕、围巾、三角巾、毛巾等物品简单包扎伤口，还须注意，现场不要对伤口进行清创，在伤口的表面不要涂抹任何药物，密切观察伤者的意识、呼吸、循环等生命体征的变化。

5）颈部、背部严重受损者在送往医院时要慎重，以防止进一步受伤。

6）让患者平卧并保持安静，如有呕吐同时无颈部骨折时，应将其头部侧向一边以防止噎塞。

7）动作轻缓地检查患者，必要时剪开其衣服，避免突然挪动增加患者痛苦。

8）救护人员既要安慰患者，自己也应尽量保持镇静，以消除患者的恐惧。

9）不要给昏迷或半昏迷者喝水，以防液体进入呼吸道而导致窒息，也不要用拍击或摇动的方式试图唤醒昏迷者。

（三）常见的机械伤害伤者的现场急救

机械伤害可能造成绞伤、压伤、砸伤、挤伤、刺割伤等，受伤部位可以遍及全身各个部位，如头部、眼部、颈部、胸部、腰部、脊柱、四肢、手脚等，有些机械伤害可能会造成人体多处受伤，后果非常严重。一般创伤的现场急救处理方法及要求已在本书第四章作了详细介绍，不再赘述。本节只介绍几种机械伤害特有伤害形式的现场急救。

1. 机械手外伤的现场急救

人体遭受机械伤害最多的部位是手，因为手在劳动中与机械接触最为频繁。发生断手、断指等严重情况时，对伤者伤口要进行包扎止血、止痛、进行半握拳状的功能固定。对断手、断指按照第四章第五节介绍的"断肢的现场处理"方法处理后，随伤者送往医院抢救。

2. 头皮撕裂伤的现场急救

头皮撕裂伤常发生于长发的女性被转动的机器将长头发卷入所致，是一种严重的头皮外伤。头皮由皮肤、皮下组织、帽状腱膜、帽状腱膜下层和颅骨外骨膜五层组织，前三层紧密相连，帽状腱膜下层疏松，能分离、移动，头皮血液比其他任何部位都丰富。因此，一旦发生头皮撕裂伤，往往撕脱面积较大，伤者有剧烈的疼痛，并大量出血，可能引起失血性休克。在头皮损伤过程中，以头皮撕脱最为严重。由于头皮撕脱后，裸露的颅骨可因缺血感染而发生坏死。

头皮撕裂伤的现场急救措施有：

（1）解除危险。现场应立即拉下电闸，使机器停止转动。

（2）及时呼救。立即拨打120急救电话，请求医疗支援。如果伤者仍被卡机器中，应同时拨打119，请求消防救援队进行破拆救援。

（3）保持呼吸道通畅。解除急性呼吸道梗阻是头皮撕裂伤急救的重点。为防止昏迷者舌根后坠，可一手放在伤者颈后，另一手放在额前，使头部后倾，这样能使头颈部伸长，打开呼吸道，然后用颈后的那只手将下颌往上推，如此可使伤者舌头向前。呕吐者需平卧，头偏向一侧；尽可能清除口中的异物，如呕吐物、松脱的假牙；呼吸和心搏停止者需进行心肺复苏抢救。

（4）控制出血。头皮撕裂伤往往是伤口出血量较大，时间长会导致失血性休克，需要现场立即止血。最好的方法是直接压迫止血，即取一块比伤口略大的布类直接压迫伤口止血。如果碰到用大量材料包扎整个头部，但还是止不住血，这说明没有压住伤口。

控制出血应注意以下几点：

1）不要用卫生纸压迫止血。卫生纸并不卫生，而且血液浸泡后产生大量碎屑要冲洗清理，容易产生伤口感染。

2）不要伤口上使用各种粉剂、药粉等。这样不会有任何好处，只会对后期清创缝合带来困难，还会增加伤口感染机会。

3）如同时伴有头骨骨折或伤口异物，应避免施予重压。

4）头部绷带并没有直接压迫控制出血的作用。

（5）伤口处理。迅速用无菌纱布覆盖并加压包扎伤口，同时给病人口服止痛片或注射止痛剂。对于撕下的头皮应妥善包好，以免受污染，以便随同病人一起送往医院。

（6）转送医院。因为头皮裂伤有易变、多变、突变的特点，所以头部伤者应送往具备手术条件和技术力量，最好是有专科病房的医院诊治，否则很可能延误救治。

3. 眼内异物的现场急救

眼内异物最常见的是灰尘、沙子、铁屑等很小的东西。异物在角膜的表层，则出现怕光、流泪、疼痛；异物损伤角膜，眼痛加重，眼睑红肿、视力下降。眼内异物的现场急救方法如下：

（1）异物进入眼睛后，切忌用手揉擦眼球。一般采用以下方法处理：

1）用手轻轻把患眼的眼睑提起，眼球同时上翻，泪腺就会分泌出泪水把异物冲出来。

2）闭上眼睛休息片刻，等到眼泪大量分泌夺眶而出时，再慢慢睁开眼睛眨几下，异物就会自动地冲洗出来。

3）比较小的灰尘进入眼内，可用力咳嗽几声，把异物咳出来；或者伤者反复眨眼，激发流泪，让眼泪将异物冲出来。

（2）如用以上方法没能取出眼内异物，可把眼睛轻轻闭上，在脸盆中倒入半盆干净的水，将头、眼浸入水中，在水中轻轻摆头，眨几下眼，就可以把异物取出。或者用装满清水的杯子罩在眼上，冲洗眼睛。也可以侧卧，用温水冲洗眼睛。

（3）如果异物还留在眼内，可请人翻开上眼皮，检查上眼睑的内表面。或者拿一根火柴杆或大小相同的物体抵住伤者的上眼皮，一只手翻起伤者下眼皮，检查下眼睑的内表面。一旦发现异物所在，用棉签或干净手帕的一角或湿水后将异物擦掉。

（4）不同位置异物的处理。

1）异物在眼球或上眼睑内，让病人眼睛向下看，将上眼睑翻起，用棉签蘸上盐水将异物取出。

2）异物在眼球或下眼睑内，用手扒开眼睑，方便取出。

3）如果异物在黑眼球部位，应让患者转动眼球几次，让异物移至眼白处再取出。

（5）不同性质异物的处理。

1）化学液体进入眼内，立即用生理盐水或清水冲洗。

2）碱性的化学药品进入眼内，用大量清水冲洗后，还要用2%硼酸溶液冲洗。

3）酸性的化学药品进入眼内，用大量清水冲洗后，再用2%~3%碳酸氢钠冲洗。

4）如果异物是铁屑类物质，先找一块磁铁洗净擦干，将眼皮翻开贴在磁铁上，然后慢慢转动眼球，铁屑可能被吸出。如果不易取出，不应勉强挑除，以免加重损伤引起危险。

5）眼睛如被强烈的弧光照射，产生异物感或疼痛，可用鲜牛奶或人乳滴眼，一日数次，一至两天即可治愈。

（6）异物取出后可适当滴入一些消毒的眼药水（膏），以预防感染。

（7）采用上述方法无效或愈加严重，或异物嵌入眼球无法取出，或虽已被剔除，患者仍诉说感到持续性疼痛时，应用厚纱布垫覆盖患眼，去医院诊治。

4. 机械性眼外伤的现场急救

眼睛是人体感知外界信息的主要器官，人们所获得的外界信息有83%是靠眼睛完成的。然而，眼睛又是暴露于外界的最精密、最脆弱的器官，许多看起来微不足道的损伤，均可直接或间接损伤眼睛甚至导致失明。据调查，全国每年发生眼外伤为500万~1200万例，眼外伤者占眼科住院患者总数的16%~35%。眼外伤在我们日常生活中并不少见，大多瞬间发生，现场自救及急救是日后能否复明的关键。

机械性眼外伤是由锐器或钝器所致的，主要有眼球穿通伤、眼球破裂伤及眼内异物伤。眼球穿通伤多表现为热泪流出及视物模糊，眼球破裂伤多表现为流血流泪及视力丧失。

因此，当确认眼部受到伤害后，首先是护住受伤的眼球，但千万不要再揉压眼睛，哪怕是很小的压力，都可导致眼内组织及眼内容物自伤口处脱出于眼外，加重眼部的损害。其次将伤者的健眼用手遮住，以此判断一下受伤眼能否看清物体，并迅速向有眼科的医院转送。眼睛的机械性损伤主要依赖于眼科医生的手术修复。机械性眼外伤的现场急救处理方法是：

（1）让伤者仰躺，设法支撑住头部，并尽可能使之保持静止不动。伤者应避免躁动啼哭。

（2）物体刚入眼内，切勿自行拔除，以免引起不能补救的损失。切忌对伤眼随便进行擦拭或清洗，更不可压迫眼球，以防更多的眼内容物的挤出。

（3）见到眼球鼓出，或从眼球脱出东西，千万不可把它推回眼内，这样做十分危险，可能会把可以恢复的伤眼弄坏。

（4）用消毒纱布轻轻盖在伤眼上，再用绷带松松包扎，以不使覆盖的纱布脱落移位为宜。如没有消毒纱布，可用刷洗过的手帕或未用过的新毛巾覆盖伤眼，再缠上布条。包扎不可用力，以不压及伤眼为原则。

（5）如有物体刺在眼上或眼球脱落等情况，可用纸杯或塑料杯盖在眼睛上，保护眼睛，千万不要碰触或施压。然后再用绷带包扎。

（6）包扎时应注意进行双眼包扎，因为只有这样才可减少因健康眼睛的活动而带动受伤眼睛的转动，避免伤眼因摩擦和挤压而加重伤口出血和眼内容物继续流出等不良后果。

（7）包扎时不要滴用眼药水，以免增加感染的机会，更不应涂眼药膏，因为眼药膏会给医生进行手术修补伤口带来困难。

（8）立即送医院医治，途中病人应采取平卧位，并尽量减少振动。

5. 电光性眼炎的现场急救

电光性眼炎也称为紫外线眼伤，是由于受到紫外线过度照射所引起的眼结膜、角膜的损伤。

在施工作业进行电焊或气焊时，由于不戴防护镜或防护面罩，常因电焊时弧光内射出大量的紫外线而引起眼的损伤。本病发病的特点，是眼受到紫外线照射后，一般 6 ~ 8h 才发病。最短的发病时间为 0.5h，最长不超过 24h。发病早期只有轻度眼部不适，如眼干、眼胀、异物感及灼热感等；严重时有剧烈疼痛，怕光，不能睁眼，流泪，视物模糊。紫外线作用于角膜、结膜，经 6 ~ 8h 后引起部分上皮细胞坏死脱落，这时症状最严重，最初为异物感，继之眼剧痛，高度眼睑痉挛，怕光、流泪，伴面部烧灼感，病人面部和眼睑红肿，结膜充血水肿，睑裂部位的角膜上皮有点状或片状脱落。受到紫外线照射越久，脱落的上皮越多。由于角膜上皮的脱落，上皮间的神经末梢暴露，这是眼疼痛的原因，以上症状可持续 6 ~ 8h，以后逐渐减轻，2 ~ 3 天完全恢复。

电光性眼炎的现场急救处理方法是：

（1）发生了电光性眼炎后，其简便的应急措施是用煮过后冷却的人奶或鲜牛奶滴眼，也能止痛。使用方法是，开始几分钟滴一次，而后随着症状的减轻，滴人奶或牛奶的时间可适当地延长。

（2）还可用毛巾浸冷水敷眼，闭目休息。

（3）经过应急处理后，除了休息外，还要注意减少光的刺激，并尽量减少眼球转动和摩擦。

（4）治疗的方法主要是止痛，常用的是 0.5% 丁卡因眼药水，3min 滴 1 次，滴 3 次。也可作冷敷。滴消炎的眼药水预防感染。要注意的是，不要为止痛滥用丁卡因眼药水，因为它有刺激性，妨碍上皮的生长。如眼不很痛，就尽量不要用。当然，最重要的是做好预防工作，电焊应严格按操作规程办事，戴好防护镜，避免紫外线照射眼部，以防发生电光性眼炎。

培训能力项

项目：头皮撕裂伤的现场急救处理

本项目规定的作业任务是针对头皮撕裂伤者，两人相互配合，互为操作对象或以创伤急救模拟人为操作对象所进行的头皮撕裂伤现场急救处理作业。

在对伤者进行全面检查，确认伤者为头皮撕裂伤并确认伤口无异物后，对伤者现场急救处理并送医。

头皮撕裂伤现场急救处理作业内容及其质量标准见表 5-21。

表 5-21　头皮撕裂伤现场急救处理作业内容及其质量标准

序号	作业项	作业内容	质量标准
1	作业前的工作	—	—
2	摆正体位	模拟人或扮演者呈仰卧位	体位正确
3	检查判断	迅速、准确地检查伤者受伤情况，口述：伤者头皮撕裂，无伤口异物，需进行现场急救处理	检查伤口情况正确；口述清晰，声音洪亮

（续表）

序号	作业项		作业内容	质量标准
4	急救处理	解除危险	模拟立即拉下电闸，使机器停止转动。口述：拉下机器电闸，机器停止转动！	模拟动作规范、明显；口述清晰，声音洪亮
		及时呼救	立即拨打120急救电话，请求医疗支援。口述：喂！120吗？这里是……这里有人受伤，发生头皮撕裂……我的电话是……	拨打电话号码正确；口述清晰，声音洪亮，说明全面
			如果伤者仍被卡在机器中，同时拨打119电话，请求消防救援队进行破拆救援。口述：喂！119吗？这里是……这里有人卡在机器里，发生头皮撕裂……我的电话是……	拨打电话号码正确；口述清晰，声音洪亮，说明全面
		保持呼吸道通畅	一手放在伤者颈后，另一手放在额前，使头部后倾，打开呼吸道，然后用颈后的手将下颌往上推，使伤者舌头向前	动作规范，操作正确
			呕吐者需平卧，头偏向一侧	—
			清除口中的异物	—
			呼吸和心搏停止者，进行心肺复苏抢救	—
		控制出血	取一块比伤口略大的布类直接压迫伤口止血。口述：进行直接压迫伤口止血，出血已停止	口述清晰，声音洪亮；不得用卫生纸压迫止血；不得伤口上使用各种粉剂、药粉等
		伤口处理	迅速用无菌纱布覆盖并加压包扎伤口，同时给病人口服止痛片或注射止痛剂	—
			撕下的头皮应妥善包好，以免受污染，以便随同病人一起送往医院	—
5	送医		对症治疗，严密监护下送医院	密切观察患者病情变化
6	安全文明生产		—	—

第六节 急性中毒及其现场自救急救

培训目标

1. 正确理解中毒患者临床表现。

2. 正确理解中毒的判断方法。

3. 熟练掌握急性中毒的现场处理方法。

4. 熟练掌握食物中毒后的应急措施。

5. 熟练掌握常见食物中毒的急救措施。

6. 熟练掌握危险化学品中毒的急救措施。

培训知识点

一、毒物与中毒概述

1. 毒物

凡能引起中毒的物质统称为毒物，包括化学性毒物和生物性毒物两大类。前者为化学物质如药物、工业毒物、军用毒物等；后者又分为动物性毒物（蛇毒、河豚毒等）和植物性毒物（如苦杏仁、毒蘑菇等）。世界上已知的毒物有数万种，仅在市场上销售的毒物就在一万种以上。

毒物是相对而言，同一种物质，在某些条件下可以引起中毒，而在另一些条件下对人体有益。一般认为无毒的物质，如水、氧、食盐、维生素等，若进入人体过多或输入速度过快，也可能造成氧中毒、水中毒等，也可能发生致死性毒害作用。因而对毒物要有正确的、全面的、动态的认识，有毒物质和无毒物质都不是绝对的。

毒物具有以下基本特征：①对机体产生不同水平的有害性，但具备有害性特征的物质并不一定是毒物，如单纯性粉尘；②经过毒理学研究之后确定的；

③必须能够进入机体，与机体发生有害的相互作用，具备上述三点才能称之为毒物。

2. 中毒

中毒是有毒物质接触或进入机体后，通过一系列的变化，引起机体功能性或器质性改变的过程。生活中的中毒有意外中毒、他杀中毒（投毒）、自杀中毒、滥用药物导致的中毒以及环境污染导致的中毒。在临床上可以分为急性中毒（毒物进入体内后 24h 内发病）、慢性中毒（毒物进入体内后 2 个月后发病）、亚急性中毒（介于急性中毒和慢性中毒之间）。其中急性中毒起病突然，病情发展快，可能很快危及患者生命，必须尽快甄别并采取紧急救治措施。

3. 毒物进入体内的途径

了解毒物进入体内的途径非常重要，可以根据其途径采取紧急自救措施。毒物的吸收途径有：

（1）消化道吸收。最常见的通过消化道吸收的是口服毒物，主要通过小肠吸收。

（2）呼吸道吸收。通过呼吸道吸收的毒物呈气态、雾状，如一氧化碳、硫化氢、雾状农药、杀虫剂等。

（3）皮肤、黏膜吸收。通过皮肤吸收的主要有有机磷农药（喷洒农药）、乙醚等，通过黏膜吸收的主要是砷化合物。

（4）血液直接吸收。通过血液直接吸收的毒物主要是肌肉注射或被毒蛇、狂犬咬伤等。

二、中毒的判断

1. 有无接触毒物的可能

只有接触过毒物才有中毒的可能，因此这一点是现场急救时询问患者的重要内容。我们要了解患者身边及附近有没有可能导致中毒的物质，比如患者家中是否存有毒药、有无接触农药、灭鼠药等剧毒药物，患者身边有无可疑物质如散落的药片、药瓶、吃剩的食物等；是否吃过陌生食物、不洁食物或来源不明的食物；是否被某些动物咬伤；在密闭的房屋内，冬天生有煤火时或是使用直排式燃气热水器时应想到是否为急性一氧化碳中毒等。

在生产过程中，有些原料、中间产物或成品是有毒的，如不注意劳动保护，与毒物密切接触可发生中毒。在保管、运输、使用过程中，也可能发生中毒。在误食、意外接触毒物、用药过量、自杀或谋害等情况下，均可能发生中毒。

询问病史应注意以下几点：是否中毒？何种毒物中毒？中毒发生的时间？毒物进入的途径和数量？患者既往的身体状况及所患疾病？是否存在多个或群体中毒的患者？

2. 现场表现

毒物种类繁多，中毒来势凶猛，进展迅速，临床表现复杂，可出现皮肤黏膜、瞳孔、神经、呼吸、循环、消化、泌尿和血液等多个系统的症状、体征。

对急性中毒诊断有提示意义的症状、体征见表 5-22。

表 5-22　对急性中毒诊断有提示意义的症状、体征

临床症状、体征		常见毒物
呼气、呕吐物、体表气味	蒜臭味	有机磷农药、无机磷、砷
	酒味	乙醇、甲醇及其他醇类化合物
	酚味	石炭酸（苯酚）、甲酚皂溶液
	甜味	乙醚及其他醚类
	苦杏仁味	氰化物及含氰干果核仁（如苦杏仁）
	水果香味	硝酸异戊酯、醋酸乙酯
	尿（氨）味	氨、硝酸铵
皮肤、黏膜颜色	发绀	亚硝酸盐、苯的氨基和硝基化合物、磺胺、非那西丁
	樱桃红	一氧化碳、氰化物
	黄色	阿的平、损肝毒物引起的黄疸（磷、四氯化碳、蛇毒、蚕豆病）
皮肤湿度	潮红	阿托品、洋金花、抗组胺药、乙醇
	多汗	有机磷毒物、毒扁豆碱、毛果芸香碱
	无汗	抗胆碱药（如阿托品、洋金花）、抗组胺药
皮肤损害	接触性皮炎	有机磷农药、油漆、有机汞
体温	体温升高	锌、铜、麻黄碱、三环类抗抑郁药、抗组胺药

（续表）

临床症状、体征		常见毒物
体温	体温降低	麻醉镇痛药、镇静催眠药、醇类（重度）
五官	瞳孔散大	苯丙胺类、可卡因
	瞳孔缩小	丙氯嗪、阿片类
	绿视及黄视	洋地黄
	眼羞光、流泪、疼痛	刺激性气体、催泪性毒剂
	视力减退	甲醇、硫化氢（暂时）
	听力减退	奎宁、奎宁丁、水杨酸盐类、氨基糖苷类
呼吸系统	呼吸增快	呼吸兴奋剂、二氧化碳、水杨酸盐类
	呼吸减慢	镇静安眠药、中枢抑制药物、一氧化碳、氰化物
	肺水肿	有机磷农药、刺激性气体、窒息性毒气（光气、硫化氢、氯化氢）、毒蘑菇
循环系统	心动过速	阿托品、甲状腺素、拟肾上腺素类药
	心动过缓	洋地黄类、有机磷毒物、毒蘑菇、β-受体阻断剂
	血压升高	肾上腺素及拟肾上腺素药、血管收缩药、烟碱、有机磷毒物（早期）
	血压下降	亚硝酸盐类、氯丙嗪、降压药
消化系统	流涎	有机磷及其他抗胆碱酯酶剂、含氰基拟除虫菊酯类农药
	口干	阿托品、颠茄类药、麻黄碱
	口腔黏膜充血溃疡	腐蚀性毒物（如强酸、强碱、酚）
	呕吐	胆碱酯酶抑制剂（有机磷毒物、毒扁豆碱）、毒蘑菇、乙醇（酒精）
	腹绞痛	胆碱酯酶抑制剂（有机磷毒物、毒扁豆碱）、毒蘑菇、腐烂或腐蚀性毒物
血液系统	急性溶血	砷化氢、铜盐、蛇毒、苯的硝基或氨基化合物
泌尿系统	血尿	碘胺药、农药杀虫脒及氟乐灵
	绿色	美蓝
	棕红色	安替比林、山道年
	棕黑色	苯酚、亚硝酸盐

三、急性中毒的现场急救与处理

（一）急性中毒处理的一般要求

（1）尽快明确毒物及其进入体内途径和进入量，迅速切断毒源，并设法清除胃肠道尚未吸收的毒物（催吐、洗胃、导泻），清除体表毒物，促进已吸收毒物的排出（利尿、吸氧、人工透析、血液灌流及应用特效解毒药）。

（2）迅速消除毒物作用，使患者的基本生命体征趋于稳定。

（3）如所中毒物有解毒药可供使用，应及时、正确地施用特效解毒药治疗。

（4）注意综合治疗，及时对症处理，预防并发症。

（5）争取时间，边抢救、边收集病史及毒物标本，后者对有可能涉及法律纠纷的中毒事故，尤为重要。

（6）详细记录病情和诊治措施，所有记录的计时均应精确至分钟。

（7）即使病情较轻，也应认真对待，因为毒理效应可能尚未到达高峰。

（8）凡本人否认，而亲属或朋友、同事确认已服某毒物者，即使发生争论，没有禁忌症，应一律进行洗胃，并送往医院进一步观察处理。

（9）警惕迟发毒效应，并做早期防治处理。

（二）急性中毒的现场抢救

1. 急性中毒的现场处理

（1）迅速让患者脱离事发现场。

（2）患者呼吸困难时应及时给氧，发生呼吸、心搏骤停者，应立即实施心肺复苏术，维持呼吸、循环功能。

（3）向上风方向移至空气新鲜处，同时解开患者的衣领，放松裤带，使其保持呼吸道畅通，同时要保暖、静卧，密切观察患者病情变化。

（4）皮肤污染者应迅速脱去受污染的衣物，并用大量流动的清水冲洗至少15min。对一些能与水发生反应的物质，应先用毛巾或纸吸除，再用水冲洗，以免加重损伤。冲洗要及时、彻底、反复多次，头面部受污染时，要首先注意冲洗眼睛。

2.经口服中毒的现场处理

（1）凡经口误服中毒，除强酸、强碱外，均应根据病情做催吐、洗胃和导泻等处理，其中以洗胃最为重要。洗胃要及时和彻底，不应受 6h 生理排空时间的限制，洗胃液也应根据毒物性质适当地选择。

（2）误服强碱、强酸等腐蚀性强的物品时，催吐反使食道、咽喉再次受到严重损伤，可先服用牛奶、蛋清、豆浆、淀粉糊等，此时不能洗胃，也不能服用碳酸氢钠以防胃胀气引起穿孔。

（3）手指、羽毛等催吐或药物催吐只能用于神志完全清醒的病人，窒息或年老体弱者勿用。

（4）5 岁以下小儿，可用吐根糖浆催吐。

（5）必要时洗胃前可先服有解毒作用的食物或药物（如磷化锌中毒先服硫酸铜液、汞中毒可先服蛋清等）。

（6）凡有胃出血而毒物仍大量留在胃中，仍宜洗胃，动作要轻柔，洗胃液宜用冷水，必要时在洗胃液中加去甲肾上腺素。

（7）反复插胃管失败又必须迅速洗胃者，可剖腹做胃造口术洗胃，但应严格掌握指征。

（8）洗胃后可给活性炭以吸附毒物，灌肠也可于液体中加药用活性炭，使毒物吸附后排出。导泻一般首选硫酸镁。

四、食物中毒的现场急救与处理

（一）食物中毒概述

食物中毒包括细菌性食物中毒（如误食霉变的食物中毒）、化学性食物中毒（如农药中毒）、动植物性食物中毒（如木薯、扁豆中毒）、真菌性食物中毒（毒蘑菇中毒）等。食物中毒时间集中，没有传染性，夏秋季多发。群体食物中毒的表现是：在短时间内，吃某种食物的人单个或同时发病，以恶心、呕吐、腹痛、腹泻为主，往往伴有发热。严重的还会发生脱水、酸中毒，甚至出现休克、昏迷等症状。

食物中毒既不包括因暴饮暴食而引起的急性胃肠炎、食源性肠道传染病

（如伤寒）和寄生虫病（如囊虫病），也不包括因一次大量或者长期少量摄入某些有毒有害物质而引起的以慢性毒性为主要特征（如致畸、致癌、致突变）的疾病。通常都是在不知情的情况下发生食物中毒。

（二）食物中毒的特点

食物中毒的特点是潜伏期短、突然地和集体地暴发，多数表现为肠胃炎的症状，并和食用某种食物有明显关系。由细菌引起的食物中毒占绝大多数。

（1）由于没有个人与个人之间的传染过程，因此导致发病呈暴发性，潜伏期短，来势急剧，短时间内可能有多数人发病，发病曲线呈突然上升的趋势。

（2）中毒病人一般具有相似的临床症状。常常出现恶心、呕吐、腹痛、腹泻等消化道症状。

（3）发病与食物有关。患者在近期内都食用过同样的食物，发病范围局限在食用该类有毒食物的人群，停止食用该食物后发病很快停止，发病曲线在突然上升之后呈突然下降趋势。

（4）食物中毒病人对健康人不具有传染性。

（三）发生食物中毒后的应急措施

（1）饮水。立即饮用大量的干净的水，对毒素进行稀释。

（2）催吐。用手指压迫咽喉，尽可能将胃里的食物排出。

（3）封存。将吃过的食物进行封存，避免更多的人受害，也便于事后查找中毒原因。

（4）呼救。马上向急救中心 120 呼救。越早去医院越有利于抢救，如果超过 2h，毒物被吸收到血液里，治疗比较困难。

（四）预防食物中毒的方法

预防食物中毒的主要方法是注意食品卫生。低温存放食物，食用前要严格消毒，彻底加热；不食用有毒的、变质的动植物和经化学物品污染过的食品。一经发现食物中毒的病人应及时送医院诊治。

（1）个人要养成良好的卫生习惯，饭前、便后要洗手。外出不便洗手时，一定要用酒精棉或消毒餐巾擦手。

（2）餐具要卫生。每个人要有自己的专用餐具。

（3）饮食要卫生。生吃的蔬菜、瓜果、梨桃之类的食物一定要把皮洗净；不要吃隔夜变味的饭菜；不要食用腐烂变质的食物和病死的禽肉、畜肉；剩饭菜食用前一定要热透。

（4）生、熟食品要分开，避免生熟食品交叉污染。切过生食的刀和案板一定不能再切熟食；摸过生肉的手一定要洗净再去拿熟肉。

（5）慎食野生动植物。对不熟悉的野生动物不要随意食用；海蜇等产品最好用饱和食盐水浸泡保存，食用前应冲洗干净；扁豆一定要焖熟后再食用。

（6）服用药品时一定要遵医嘱，千万注意不要超剂量服用，以免造成药物中毒。几种药物同时服用要遵医嘱，避免混合产生副作用。

（7）妥善保管有毒药物。敌敌畏等杀虫剂及灭鼠药等外包装要标有明显的标签；有毒药物最好放在高处并不能与食物放在一起。

（五）常见食物中毒及其处理

1. 亚硝酸盐中毒

亚硝酸盐类食物中毒又称肠源性青紫病、发绀症、乌嘴病，是指食入含亚硝酸盐类食物引起的一系列中毒症状，食入 0.3 ~ 0.5g 的亚硝酸盐即可引起中毒甚至死亡，发病急，潜伏期 1 ~ 3h，短者 10 ~ 15min，长可达 20h。

（1）中毒原因。中毒原因包括将亚硝酸盐误作食盐、面碱等食用食品中掺杂亚硝酸盐，大量食用了亚硝酸盐含量高的蔬菜（如菠菜、芹菜、大白菜、小白菜、萝卜叶、芥菜等）；饮用含硝酸盐或亚硝酸盐含量高的苦井水、蒸锅水；食用硝酸盐或亚硝酸盐含量较高的腌制肉制品、泡菜及变质的蔬菜。

（2）中毒机制。亚硝酸盐为强氧化剂，进入人体后，可使血中低铁血红蛋白氧化成高铁血红蛋白，失去运氧的功能，致使组织缺氧，出现青紫而中毒。

（3）中毒表现。包括头痛、头晕、无力、胸闷、气短、心悸、恶心、呕吐、腹痛、腹泻及口唇、指甲、全身皮肤、黏膜发绀等；全身皮肤及黏膜呈现不同程度青紫色（高铁血红蛋白血症引起的发绀）；严重者出现烦躁不安、精神萎靡、反应迟钝、意识丧失、惊厥、昏迷、呼吸衰竭甚至死亡。

（4）自救与急救措施。

1）催吐。可一次饮温开水 500 ~ 1000ml，用手刺激咽喉或舌根部引起呕吐，重复数次至呕吐物澄清为止。

2）导泻。可口服 10% 枸橼酸镁或硫酸镁 150 ~ 250ml。

3）大量饮水。可大量饮水，但如出现腹痛一定禁水。

4）通畅呼吸道。如出现呕吐，应注意清理口腔，保持呼吸道通畅。

5）及时呼救。对重症病人快速拨打 120 电话，送病人去医院急救。

6）服用解毒剂。亚硝酸盐的解毒剂为亚甲蓝（美蓝），要及时给病人服用。重症病人可输新鲜血 200 ~ 400ml，必要时，可考虑采用换血疗法。

2. 豆角中毒

豆角因地区不同又称为菜豆、芸豆、豆角、芸扁豆、弯子、滚子等，是人们普遍食用的蔬菜，常因烹调不当食用后中毒。

（1）中毒机制。一般认为，与豆角中毒有关的毒成分是豆角所含的皂甙和红细胞凝集素，具有凝血作用。

（2）中毒原因及预防。豆角中毒主要是因为烹调时未熟透，未能彻底破坏其所含毒成分，食用后引起中毒。炖食者很少发生豆角中毒。豆角宜炖食；炒食不要过于贪图脆嫩，应充分加热，使之彻底熟透。

（3）中毒表现。潜伏期 0.5 ~ 3h，长者可达 15h。食后出现恶心、呕吐、腹痛、腹泻、头晕、头痛，少数人有胸闷、心慌、出冷汗、手脚发冷、四肢麻木、畏寒等，体温一般正常。一般病程短，恢复快，预后良好。

（4）急救措施。通常无须治疗，吐泻之后迅速自愈。吐、泻严重者可对症治疗，中毒较轻的人经过休息可自行恢复，用甘草、红豆适量煎汤当茶饮，有一定的解毒作用。中毒重者应到医院抢救治疗。

3. 毒蘑菇中毒

很多蘑菇和其他种类真菌都是可以吃的，其中一些不但美味可口，而且含有很多矿物质和纤维。但是采食野生的蘑菇是很危险的，每年都有人因吃了有毒的蘑菇而死亡。有毒的蘑菇有 80 多种，其大小、形状、颜色、花纹等变化多端。所以，没有经验的人很难鉴别蘑菇是否有毒。

（1）中毒表现。毒蘑菇含有植物性的生物碱，毒性强烈，可损害肝、肾、心及神经系统，即使是微量被吸收到体内也是很危险的。因毒蘑菇的种类不同，进食后一般经 1~2h 即出现中毒症状。如剧烈呕吐、腹泻并伴有腹痛、痉挛、流口水、突然发笑、进入兴奋状态、手指颤抖，有的出现幻觉。所以，没有采蘑菇经验的人，千万不要随便采野蘑菇吃，以防中毒的发生。

（2）急救措施。

1）立即呼叫救护车赶往现场。

2）一旦误食毒蘑菇中毒，要立即催吐、洗胃、导泻。中毒不久而没有明显呕吐的人，可以先用手指、筷子等刺激舌根部催吐，然后用 1∶2000~1∶5000 高锰酸钾溶液、浓茶水或活性炭混悬液等反复洗胃。

3）在等待救护车期间，为防止反复呕吐发生的脱水，最好让患者饮用加入少量的食盐和食用糖的"糖盐水"，补充体液的丢失，防止发生休克；对于已发生昏迷的患者不要强行向其口内灌水，防止窒息；要及时为患者加盖毛毯保温。

4. 细菌性食物中毒

细菌性食物中毒多发生在炎热的夏秋季节，食物在制作、储运、出售过程中处理不当会被细菌污染而引起中毒。

（1）致病原因。一是由于细菌在肠道内大量繁殖引起的急性感染，常见的细菌有沙门菌、大肠杆菌、变形杆菌和韦氏杆菌。污染了这类细菌的食物经过高温蒸煮，细菌多可被杀死，食用后一般不会引起中毒。另一原因是细菌在食物中大量繁殖，释放出外毒素，毒素被肠道吸收后引起中毒。属于这类中毒的常见细菌有葡萄球菌、肉毒杆菌。被这类细菌污染的食物经高温处理后虽可杀死细菌，却不能破坏毒素，食入后仍可能发生中毒。

（2）中毒表现。吃同一食物的人在短时间内出现或相继出现症状，主要是恶心、呕吐、腹痛、腹泻。同时可伴有发热，呕吐严重者可有脱水、酸中毒、休克甚至死亡。

（3）急救措施。现场主要采取催吐导泻。可用高锰酸钾溶液（1：5000）或微温清水洗胃。呕吐时头应偏向一侧，以免吸入气道。注意补液，避免脱水，可以口服米汤加盐或糖盐水。严重者到医院急救。

（4）预防措施。严把"病从口入"关，加强管理，注意人群相对集中的单位食堂、餐馆的饮食卫生，防止大量人群食物中毒。注意个人饮食卫生，隔夜食物应回锅煮烧，不吃未充分加热的食物，不饮不符合健康标准的生水，生熟食物要分开放置。

五、危险化学品中毒

（一）急性一氧化碳中毒

一氧化碳中毒俗称"煤气中毒"。煤炭、木炭和可燃气（液）体在燃烧不完全时均会产生一种无色、无嗅、无刺激性的一氧化碳气体，一氧化碳气体经呼吸道吸入人体后引起中毒。一氧化碳中毒常见于冬季以煤炉、炭盆取暖或烟囱堵塞、门窗紧闭的空气不流通的居室；城市居民所用的燃料（煤气）泄漏，也是造成煤气中毒的原因之一；某些职业在生产过程中接触一氧化碳，如炼钢、炼焦、矿井放炮、煤矿瓦斯爆炸、内燃机排出的废气等均可产生一氧化碳；在合成氨、甲醇及丙酮的生产过程中需用一氧化碳做原料，如防护不当或通风不良时，也可能发生一氧化碳中毒。

一氧化碳进入人体后，与血红蛋白结合成碳氧血红蛋白，使血红蛋白失去携氧能力和作用，造成体内严重缺氧而中毒。短期吸入高浓度一氧化碳可致呼吸停止，立即死亡。严重的病人经治疗后可能遗留中枢神经系统损害，如智力障碍、精神障碍（记忆力下降、性格改变、痴呆等）、瘫痪、帕金森综合征等。

1. 中毒表现

头痛、头晕、耳鸣；全身无力；恶心、呕吐；心悸；面色潮红、口唇樱桃红色；严重时出现意识不清、躁动不安、昏迷、大小便失禁、呼吸衰竭等。

2. 急救措施

（1）首先评估现场是否安全，排除险情，做好自我保护。用湿毛巾捂住口鼻，迅速关闭煤气总阀，开启门窗，严禁在现场打电话、点火和开启照明设备。

（2）迅速将患者移离中毒现场至通风处（在家庭中要开窗通风）；松开衣领；清除口腔、鼻腔的分泌物和呕吐物，有假牙者应将假牙摘下，保持呼吸道畅通；注意保暖，密切观察意识状态；对已昏睡、昏迷的病人，可用手指按压刺激人中、十宣、涌泉等穴位，让病人苏醒；如有呼吸心跳停止时，应立即做人工呼吸和胸外心脏按压，同时拨打120救援电话。

（3）有条件者应对中度和重度中毒患者立即给吸入高浓度氧，必要时应进行高压氧舱治疗。

（二）急性硫化氢中毒

硫化氢为具有刺激性和窒息性，具有臭鸡蛋气味的无色气体。硫化氢易燃，易溶于水、醇类、石油溶剂和原油中，燃点292℃，完全干燥的硫化氢不论气态或液态，没有酸性，水溶液呈弱酸性。急性硫化氢中毒中，职业性硫化氢中毒多见。职业性硫化氢中毒主要是由于生产设备损坏、硫化氢的管道或阀门漏气、违反操作规程、生产故障等致硫化氢大量溢出；或者从事阴沟清理、粪池清理、蔬菜腌制加工及从事病畜处理时，由于有机物质腐败生成硫化氢。由于硫化氢气体比空气重，故易积聚在低洼处，这一特性也是导致易发生硫化氢中毒的原因之一。

硫化氢主要经呼吸道吸入，也可经皮肤吸收。

1. 中毒表现

短时间内吸入高浓度硫化氢可引起头痛、头晕、恶心、呕吐、全身乏力、焦虑、烦躁、意识障碍、抽搐、昏迷、大小便失禁、全身肌肉痉挛或强直，最后呼吸肌麻痹而死亡。有时吸入高浓度硫化氢可使患者立即昏迷，甚至在数秒内死亡，故有"电击样死亡""闪电样死亡"之称。眼刺痛、咽干、咽喉灼痛、声音嘶哑、咳嗽、咳痰、胸闷、胸痛、体温升高；肺部有干湿啰音。

2. 急救措施

（1）在抢救过程中，抢救人员应注意自身安全，穿隔离衣、戴防毒面罩，以便顺利进行抢救。

（2）迅速将患者移离现场，脱去污染的衣物。

（3）对呼吸、心跳停止者，立即在确保环境安全的情况下心肺复苏（忌用口对口人工呼吸），并呼叫专业救护人员转运病人到医院救治。

（4）尽早吸氧，有条件的及早用高压氧治疗。有昏迷患者应立即送高压氧舱治疗。高压氧舱治疗时，间断吸氧 2~3 次，每次吸氧 30~40min，两次吸氧之间休息 10min；每日 1~2 次，10~20 次为 1 个疗程，一般用 1~2 疗程。

（5）若因皮肤吸收刺激眼睛造成眼睛不适时，应先用自来水或生理盐水彻底冲洗眼睛，局部用红霉素眼药膏和氯霉素眼药水，每 2h 一次。

（三）氯气中毒

氯气为黄绿色、强腐蚀性、强刺激性有毒气体，有窒息性臭味，易溶于水和碱液。遇水时首先生成次氯酸和盐酸，次氯酸可再分解为盐酸和初生态氧。主要经呼吸道侵入，损害上呼吸道。空气中浓度较高时，也可侵入下呼吸道。

1. 中毒表现

急性中毒主要为呼吸系统损害的表现。起病及病情变化一般均较迅速。可发生咽喉炎、支气管炎、肺炎或肺水肿，表现为咽痛、呛咳、咳少量痰、气急、胸闷或咳粉红色泡沫痰、呼吸困难等症状，肺部可无明显阳性体征或有干、湿性啰音。有时伴有恶心、呕吐等症状。重症者尚可出现成人呼吸窘迫综合征，呈进行性呼吸加快和窘迫、心动过速，顽固性低氧血症，用一般氧疗无效。少数患者有哮喘样发作，出现喘息，肺部有哮鸣音。极高浓度时可引起声门痉挛或水肿、支气管痉挛或反射性呼吸中枢抑制而致迅速窒息死亡。高浓度氯气吸入后还可刺激迷走神经引起反射性的心跳停止。氯气可引起急性结膜炎，高浓度氯气或液氯可引起眼烧伤。液氯或高浓度氯气可引起皮肤暴露部位急性皮炎或烧伤。

2. 急救措施

（1）吸入气体者立即脱离现场移至通风良好处，脱下中毒时所着衣服鞋袜，保持安静及保暖。

（2）眼或皮肤接触液氯时立即用生理盐水或者清水彻底冲洗，再使用抗生素眼药水或可的松眼药水。若皮肤出现酸灼伤时，需要用碳酸氢钠湿液进行湿敷。

（3）吸入后有症状者至少观察12h，对症处理。吸入量较多者应卧床休息，吸氧，给舒喘灵气雾剂、喘乐宁或5%碳酸氢钠加地塞米松等雾化吸入。

（4）急性中毒时需合理氧疗，早期、适量、短程应用肾上腺糖皮质激素，维持呼吸道通畅，防治肺水肿及继发感染。

（5）抢救有呼吸困难的氯中毒病人时，不宜进行徒手心肺复苏术。这是因为氯对上呼吸道黏膜具有强烈刺激，引起支气管肺炎甚至肺水肿，徒手心肺复苏会使炎症、肺水肿加重，有害无益。同时也会因采用口对口人工呼吸，使施救人员发生中毒。

培训能力项

项目：煤气中毒的现场急救处理

本项目规定的作业任务是针对煤气中毒患者，以创伤急救模拟人为操作对象所进行的煤气中毒现场急救处理作业。

首先进行现场安全评估，排除险情，再全面检查、确认伤者为煤气中毒后，进行现场急救处理并送医。

煤气中毒的现场急救处理作业内容及其质量标准见表5-23。

表 5-23　煤气中毒的现场急救处理作业内容及其质量标准

序号	作业项	作业内容	质量标准
1	作业前的工作	—	—
2	现场安全评估	双臂平展，左右、上下观看，确认周围环境安全。口述：周围环境安全	动作规范到位；口述清晰，声音洪亮
3	排除险情	用湿毛巾捂住口鼻，迅速关闭煤气总阀，开启门窗。口述：关闭煤气总阀，开启门窗	毛巾浸湿，折叠8层；口述清晰，声音洪亮；严禁在现场打电话、点火和开启照明设备

（续表）

序号	作业项	作业内容		质量标准
4	检查判断	询问病史、毒物接触史，初步判断为何种毒物急性中毒。口述：经检查确认，患者为煤气中毒		询问全面，确认准确；口述清晰，声音洪亮
5	急救处理处理	移离中毒现场	将伤者移至通风处（在家庭中要开窗通风）	动作轻缓
		保持呼吸道畅通	松开衣领；清除口腔、鼻腔的分泌物和呕吐物；有假牙者将假牙摘下	见第二章
		伤者针对性处理	给患者盖上毛毯保暖，密切观察意识状态	动作到位，观察仔细
			对已昏睡、昏迷的病人，可用手指按压刺激人中、十宣、涌泉等穴位，让病人苏醒	按压穴位准确，力度合适
			呼吸心跳停止时，应立即做人工呼吸和胸外心脏按压	见第二章
		及时呼救	拨打 120 救援电话	见第二章
6	送医	对症治疗，严密监护下送医院或 120 救护车送医		密切观察患者病情变化
7	安全文明生产	—		—

第七节 中暑与冻伤及其现场自救急救

培训目标

1. 正确理解中暑的概念及其分类。

2. 正确理解重症中暑的类型、特点及其表现。

3. 熟练掌握对中暑患者进行现场急救处理的方法。

4. 熟知预防中暑的方法。

5. 正确理解冻伤的概念。

6. 正确理解冻疮的分类及其临床表现。

7. 熟练掌握冻疮的自救与急救方法。

培训知识点

中暑与冻伤是在炎热与寒冷两种极端天气环境下发生的人体伤害，野外作业人员必须注意中暑和冻伤的发生。

一、中暑

中暑是在高温和热辐射的长时间作用下，导致肢体体温调节失衡，水分、电解质代谢紊乱及神经系统功能损害，出现以体温极高、脉搏迅速、皮肤干热、肌肉松软、虚脱及昏迷为特征的一种病症。体虚、有慢性疾病、耐热性差者尤易中暑。

（一）中暑的病因

当机体不能够适应和耐受环境高温（＞32℃）、湿度较大（＞60%）和无风状态时，体内产生的热量多于散发的热量，从而发生热量蓄积、体温上升，进而发生中暑。

（二）中暑的疾病分类

根据病情严重程度，分为三种类型：先兆中暑、轻症中暑和重症中暑。

1. 先兆中暑

暴露于高温环境时，出现大汗、四肢无力、头晕、口渴、头痛、注意力不集中、眼花、耳鸣、动作不协调等伴或不伴体温升高。若脱离高温环境，转移到阴凉的地方，及时通风降温补充冷盐水，短时间就可以恢复。

2. 轻症中暑

先兆中暑症状继续加重，体温上升到38℃以上，并且出现皮肤灼热、面色潮红或脱水（如四肢湿冷、面色苍白、血压下降、脉搏增快等）症状。采用和先兆中暑相同的处理方式，数小时内可恢复。

3. 重症中暑

重症中暑分为热射病、热痉挛和热衰竭三型，也可出现混合型。各自的特点及表现见表5-24。

表 5-24　重症中暑的分类及表现

分类	特点	体温变化	表现
热射病	突然发病，病情凶险，多发于高温、高湿的环境	40℃以上	发病早期大量出汗，继之"无汗"；可伴有皮肤干热及不同程度的意识障碍
热痉挛	意识清醒，多在高温环境疲劳状态下发生，是虚脱的第一信号	一般正常	出现明显的肌肉痉挛，伴有收缩痛；多发于活动较多的四肢肌肉及腹肌等；常呈对称性，时而发作，时而缓解
热衰竭	病情发展快，多发于高温、强辐射的环境	正常或略高	主要表现为头昏、头痛、多汗、口渴、恶心、呕吐，继而皮肤湿冷、血压下降、心律失常、轻度脱水

（三）中暑的现场急救处理

1. 挪移

将患者挪至通风、阴凉的地方，平躺并松解束缚患者呼吸、活动的衣服。如衣服被汗水浸透应及时更换衣服。

2. 降温

可采用头部敷冷毛巾降温，或用50%酒精、白酒、冰水擦浴颈部、头部、腋窝、大腿根部甚至全身，也可用电风扇吹风加速散热，有条件的可用降温毯给予降温，但注意不要降温太快。

3. 补水

患者有意识时，可给一些清凉饮料、淡盐水或小苏打水。但千万不要急于一次性补充大量水分，一般每 0.5h 补充 150～300ml 即可。

4. 促醒

患者失去知觉时，可指掐人中、合谷等穴，促其苏醒；若呼吸、心跳停止，应立即实施心肺复苏。

5. 转送

重症中暑患者必须立即送医院诊治。转送时，应用担架，不可让患者步行，运送途中应坚持降温，以保护大脑和心肺等重要脏器。

（四）中暑的预防

1. 合理避暑，注意防晒

（1）保持凉爽。选择轻便、浅色、宽松的衣服，室内保持凉爽，尽可能待在有空调的地方。如果家里没有空调，可以去商场或公共图书馆乘凉。

（2）合理安排户外活动。天气炎热时，尽量将户外活动安排在较为凉爽的早上或者晚上，或者在活动一段时间后，及时在阴凉的地方进行休息补水。

（3）在热天建议减少锻炼。如果锻炼过程中，出现心跳加速、喘不过气、头晕、心慌等情况，需要停止运动，寻找一个阴凉的地方，及时休息。

（4）涂防晒霜。晒伤会影响身体的降温能力，引起脱水。如果必须到户外去，需戴一顶宽边帽，戴一副太阳镜，在外出前30min涂上防晒系数为15或更高的防晒霜，以保护自己免受阳光的伤害。

（5）仔细监护婴幼儿。与儿童一起旅行时，切勿将婴儿、儿童或宠物留在停放的汽车内。离车时检查，确保所有人都下车，不要忽视任何在车里睡着的孩子。

2. 合理饮食，保持身体的水分

（1）多喝水。及时喝水，补充水分，切勿等到渴了才喝水。

（2）远离含糖或含酒精的饮料。这些饮料不但不解渴，反而会使身体丢失更多液体；喝冷饮还会引起胃痉挛。

（3）补充盐和矿物质。大量出汗会流失盐和矿物质，运动饮料可以帮助补充汗水中流失的盐和矿物质。糖尿病患者或者高血压患者需要限制盐分控制，遵医嘱饮用运动饮料。

（4）合理饮食。高温天气，饮食要清淡，不适合吃高热量、油腻、辛辣的食物，可以准备一些防暑降温的食物，比如绿豆汤等。

3. 随时关注天气、易感人群情况

（1）查看最新天气信息。查看当地新闻，了解极端高温警报和安全提示。

（2）了解症状。学习中暑相关疾病的症状和体征，以及如何治疗。

（3）关注同伴。在高温环境下工作时，互相监控同伴的状况，一旦出现先兆中暑的症状，及时处理。

（4）监测高危人群。婴幼儿、65 岁或以上的人、超重的人、在工作或运动中过度运动的人、身体患有疾病的人群（特别是患有心脏病或高血压者）或服用某些药物的人（如抑郁症、失眠或血液循环不良患者），对于这些人群，在高温天气中，应给予更多关注，避免发生中暑。

二、冻伤

皮肤接触到非常寒冷潮湿的空气或物品而引起的人体局部或全部血管痉挛、淤血、肿胀，称冻伤。当人体长时间处于低温和潮湿环境时，就会使体表的血管发生痉挛，血液流量因此减少，造成组织缺血缺氧，细胞受到损伤，局部产生淤血、肿胀，形成冻伤。冻伤的损伤程度与寒冷的强度、风速、湿度、受冻时间以及身体状态有直接关系。冻伤严重的可能起水泡，甚至溃烂。另外，手长时间摸到冰箱的冷冻室也可能引起冻伤。如图 5-25 所示为各种冻伤。冻伤发生于严寒季节，一般在气温 5℃以下发生，至春季气候转暖后自愈，但入冬后又易再发。许多人一旦患冻伤后，每年一到冬季就复发。冻伤以幼儿、小学生最多见。手足、耳廓部位最易发生。

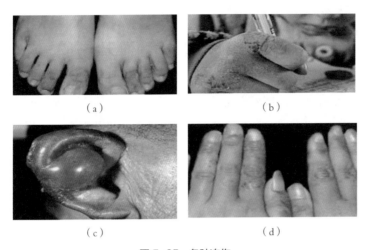

（a）　　　　　　　　　　　　　　（b）

（c）　　　　　　　　　　　　　　（d）

图 5-25　各种冻伤

（a）脚趾冻伤；（b）手背冻伤；（c）耳朵冻伤；（d）手指冻伤

（一）冻伤的分类及临床表现

一般将冻伤分为冻疮、局部冻伤和冻僵三种。

1. 冻疮

主要是长期暴露于湿或干的寒冷环境中出现的皮肤病态表现。在一般的低温（如 3~5℃）和潮湿的环境中即可不知不觉发生。冻疮一般发生在脸、手、脚、耳朵以及其他一些长期暴露而又无防寒保护的部位。其临床主要表现是：瘙痒，刺痛，肿胀，红紫色皮肤损害（丘疹、斑疹、斑块或结节）；可发生疤痕及炎症后色素沉着。

2. 局部冻伤

局部冻伤多在 0℃ 以下缺乏防寒措施的情况下，耳部、鼻部、面部或肢体受到冷冻作用而发生的损伤。一般分为四度：

（1）一度冻伤。一度冻伤亦即常见的"冻疮"，表现为局部皮肤从苍白转为斑块状的蓝紫色，以后红肿、发痒、灼痛和感觉异常。症状一般在数日后消失，愈后除有表皮脱落外，不会留下瘢痕。

（2）二度冻伤。二度冻伤伤及真皮浅层，表现为局部皮肤红肿、发痒、灼痛，早期会有水泡出现。深部可出现水肿、剧痛，皮肤反应迟钝。

（3）三度冻伤。三度冻伤伤及皮肤全层，表现为皮肤由白色逐渐变为蓝色，再变为黑色，感觉消失，冻伤周围的组织可出现水肿和水泡，并有较剧烈的疼痛。伤后不易愈合，除会留下瘢痕外，可有长期感觉过敏或疼痛。

（4）四度冻伤。四度冻伤伤及皮肤、皮下组织、肌肉甚至骨头，可出现坏死。表现为冻伤部位的感觉和运动功能完全消失，呈暗灰色，健康组织与冻伤组织的交界处可出现水肿和水泡。愈合后可有瘢痕形成。

3. 冻僵

冻僵指人体遭受严寒侵袭，全身降温所造成的损伤。伤者表现为皮肤苍白，冰凉，有时面部和周围组织有水肿，神志模糊或昏迷，肌肉强直，瞳孔对光反射迟钝或消失，心动过缓，心律不齐，血压降低中测不到，可出现心房和心室纤颤，严重时心跳停止。呼吸慢而浅，严重者偶尔可见一、二次微弱呼吸。

（二）冻伤的现场急救措施

1. 冻疮的自救与急救措施

发生冻疮后，可在伤部涂抹冻伤膏，糜烂处可涂抹抗菌类和可的松类软膏。

2. 局部冻伤现场急救措施

（1）迅速脱离寒冷环境尽快复温。把患部浸泡在38～42℃的温水中，浸泡期间要不断加水，以使水温保持。待患部颜色转红再离开温水，停止浸泡。如果仅仅是手冻伤，可以把手放在自己的腋下或腹股沟等地方升温。然后用干净纱布包裹患部，并去医院治疗。

（2）用水或者肥皂水清洁患部后涂上冻伤膏。

（3）二度以上冻伤，需用敷料包扎好。

（4）皮肤较大面积冻伤或坏死时，需注射破伤风抗毒素或类毒素。

（5）伤肢肿胀较严重或已有炎症时，可将健侧肢体放入温水中（双脚冻伤，则将双手放入温水中），改善冻伤部位的血液循环。

3. 冻僵的现场急救措施

（1）应立即将病人转移至温暖的环境里，将湿冷的衣裤融化后尽快脱下或剪开，用棉被或毯子将伤者包裹起来。

（2）用布或衣物裹热水袋、水壶等，放在腋下、腹股沟处迅速升温。或浸泡在 34～35℃水中 5～10min，然后将浸泡水温提高到 40～42℃，待伤者出现有规律的呼吸后停止加温。用 38～42℃的温水浸浴全身，在 30min 内复温，然后用棉被或毯子将伤者包裹起来，使之复温。

（3）伤者意识存在后可以让其喝下热茶或热的姜汤，也可喝下少量白酒。有条件者可用保温毯进行保温。

（4）对全身冻伤者，体温降到 20℃以下就很危险了，此时一定不要睡觉。

（5）当伤者全身冻伤者出现脉搏、呼吸变慢或停止的话，要保证呼吸道畅通，并进行人工呼吸和心脏按压。

（三）冻伤现场急救注意事项

（1）局部冻伤的急救目的是使冷结的体液恢复正常。禁止把患部直接泡入过热水中、用雪揉搓患部、用冷水浸泡、猛力捶打患部或用火烤患部，这样会使冻伤加重。

（2）由于按摩能引起感染，最好不要做按摩。

（3）局部有水泡，不要弄破，待其自然消退。

（四）冻伤的预防

（1）做好防寒保暖工作。三九天寒勤加衣，不能因为一时天热就随便脱掉衣服。室外长时间活动或逗留要适当增添衣服。冬季可在面部、手部等容易受冻部位涂些护肤油脂。

（2）坚持进行耐寒训练。冬季不能整天躲在室内，也需要偶尔出去活动，让身体逐渐适应气温的变化。

（3）每天洗手、脸、脚时，轻轻揉擦皮肤，至微热为止，以促进血液循环。

（4）适当"玩雪"。农村人都知道，适当用雪搓手、搓脸能预防冻伤，效果非常不错。

（5）根据冬病夏治的原理，在盛夏酷暑期间，不失时机地"冬病夏治"冻疮，往往能收到奇效，甚至可达到根治的目的。下面介绍几种常用的方法：

1）取樱桃 20~30g，放入高粱酒中浸泡 1~2 周，然后以此酒擦冬天发生冻疮处，每天 1~2 次。

2）取红花、归尾、桂枝、干姜、薄荷各 15g 切碎，放进一个大玻璃瓶中，添加白酒 500g 浸泡，加盖密封，过 10 余天后即可使用。患者可于暑天中午，用药棉蘸取药酒适量，反复涂搽冬天发生冻疮的部位。一定要坚持搽洗 10~20 天。

3）把食醋适量放在锅中煮热，趁热擦拭冬天冻疮患处，每天 2~3 次，连擦 7 天。

4）每天中午取茄子根与干红辣椒各适量煮水，趁热浸洗冬天冻疮患处，每天 1 次，连续 7~10 天。

5）夏天吃西瓜时，把瓜皮稍留厚些，用它轻轻揉擦冬天冻疮患处，每次 3~5min，每天 1~2 次，连擦 5 天。

培训能力项

项目一：中暑的现场急救

本项目规定的作业任务是针对中暑患者，两人相互配合，互为操作对象（或以急救模拟人为操作对象）所进行的中暑现场急救作业。

中暑的现场急救作业内容及其质量标准见表 5-25。

表 5-25 中暑的现场急救作业内容及其质量标准

序号	作业项	作业内容	质量标准
1	作业前的工作	—	—
2	挪移患者	将患者挪至通风、阴凉的地方，平躺并松解束缚者呼吸、活动的衣服。如衣服被汗水浸透应及时更换衣服	移动患者时注意周围安全，使患者平躺，解衣迅速
3	给患者降温	将冷毛巾敷于患者头部，用 50% 酒精或冰水擦浴患者全身，重点擦拭颈部、头部、腋窝、大腿根部	擦拭身体部位均匀

（续表）

序号	作业项	作业内容	质量标准
4	恢复患者意识	采取指掐人中、合谷等穴，促使患者恢复意识；若呼吸、心跳停止，应立即实施心肺复苏	穴位位置寻找准确，心肺复苏流程规范正确
5	给患者补水	当患者恢复意识，分次给予补充少量水分	补给量不能过大，每半个小时补充 150~300ml
6	安全文明生产	—	—

项目二：冻伤的现场急救

本项目规定的作业任务是针对冻伤者，两人相互配合，互为操作对象（或以急救模拟人为操作对象）所进行的冻伤现场急救作业。

冻伤的现场急救作业内容及其质量标准见表 5-26。

表 5-26　冻伤的现场急救作业内容及其质量标准

序号	作业项	作业内容	质量标准
1	作业前的工作	—	—
2	挪移患者	将患者挪至温度较高的环境，使患者尽快复温	移动患者时注意周围安全
3	保持患者体温	把患部浸泡在 38~42℃的温水中，以使体温保持。待患部颜色转红再离开温水，停止浸泡	浸泡期间要不断加水，时刻观察患部颜色，不能长时间浸泡
4	涂抹冻伤膏	用肥皂水对患部进行清洁，然后对冻伤位置涂抹冻伤膏	对患部必须清洁干净，涂抹药膏要均匀全覆盖患部
5	送医	用干净纱布包裹患部，并去医院治疗	包裹用布干净卫生，送医迅速
6	安全文明生产	—	—

第八节　动物咬伤及其现场自救急救

培训目标

1. 正确理解蛇咬伤后的中毒表现。
2. 熟练掌握蛇咬伤后的现场急救处理方法。
3. 正确理解狂犬病患者的临床表现。
4. 正确理解狂犬病预防方法。
5. 熟练掌握犬类咬伤后的现场急救处理方法。
6. 正确理解常见蜂的习性。
7. 正确理解蜂蜇伤的主要表现。
8. 熟练掌握蜂蜇伤后的自救与急救处理方法。

培训知识点

动物咬伤给全世界儿童和成年人带来严重公共卫生问题。动物咬伤的健康后果与以下几个因素有关：该动物物种类型和健康状况、被咬伤者的个头和健康状况以及是否能够获得适当的医疗救治。很多种动物都可能咬伤人类，但其中最常见的是蛇、狗、蜂。

一、蛇咬伤

蛇咬伤指被蛇牙咬入肌肉，通过蛇牙或在蛇牙附近分泌毒液后所造成的创伤。被无毒的蛇咬伤后，治疗方法类似处理一个针眼大小的伤口。若被毒蛇咬伤，后果会很严重，具体由受伤者形体的大小、咬伤的部位、蛇毒注入的量、蛇毒吸收到病人血循环的速度以及被咬和应用特异的抗蛇毒血清间隔时间的长短而定。全世界共有蛇类 2500 余种，其中毒蛇约 650 余种，对人类的生命造成巨大威胁。我国蛇类有 160 余种，其中毒蛇约有 50 余种，有剧毒、危害巨大的有10种，如大眼镜蛇、金环蛇、眼镜蛇、五步蛇、银环蛇、蝰蛇、蝮蛇、竹叶青、烙铁头、海蛇等，咬伤后若不及时处理能致人死亡。这些毒蛇夏秋屯在南方森林、山区、草地中，当人在割草、砍柴、采野果、拔菜、散步、军训时易被毒蛇咬伤。毒蛇的头多呈三角形，颈部较细，尾部短粗，色斑较艳，咬人时嘴张得很大，牙齿较长。毒蛇咬伤部常留两排深而粗的牙痕。无法判定是否毒蛇咬伤时，按毒蛇咬伤急救。图5-26为常见的毒蛇。

（a） （b）

（c） （d）

图5-26 常见的毒蛇

（a）眼镜蛇；（b）银环蛇；（c）五步蛇；（d）竹叶青蛇

1. 蛇咬伤的中毒表现

根据毒蛇种类、蛇毒成分以及中毒表现的不同，将毒蛇咬伤分为神经毒型、血液毒型和混合毒型三种。

（1）神经毒型。常由银环蛇、金环蛇和海蛇咬伤所致。特点是毒液吸收快，局部症状不明显；潜伏期长，容易被忽视；一旦出现全身中毒症状，则病情危重。主要中毒表现为：伤口红肿、疼痛不明显、牙痕小、可无渗血，局部仅有麻痒感或麻木感；咬伤1～3h后，出现头晕、视物模糊、眼帘下垂、流涎、声音嘶哑、四肢无力等症状，严重者四肢瘫痪、呼吸困难。

（2）血液毒型。常由竹叶青、尖吻蛇等毒蛇咬伤所致。特点是局部症状重，全身中毒症状明显，发病急。主要中毒表现为：局部疼痛、皮肤淤肿出血，并向近心端蔓延；全身出现胸闷、心慌、烦躁不安、发热、皮肤瘀斑，严重者出现黄疸、贫血、休克。

（3）混合毒型。常由眼镜蛇、眼镜王蛇、蝮蛇等咬伤引起。特点是发病急，出现明显的神经系统、血液系统和循环系统损害症状。

2. 蛇咬伤的现场急救处理

（1）判断是否被毒蛇咬伤。被蛇咬伤后，千万不要惊慌，首先要判断是否为毒蛇咬伤。可通过蛇的牙痕来判断：毒蛇的多呈两点（一对）或数点（2~3对），而无毒蛇的牙痕为一排或两排。

（2）控制蛇毒素扩散。伤者静坐，放低患肢并低于心脏。于伤口近心端5~10cm处用止血带或绳带结扎后包扎伤口。每隔10~15min放松1~3min，以防止肢体缺血坏死。

（3）伤口处理。

1）用大量清水、碱性肥皂水或双氧水反复冲洗。

2）有条件可用竹筒或瓶子在牙痕周围拔火罐吸取毒液；无条件时可先用火柴灼烧伤口，破坏蛇毒。也可用嘴吸毒，吸毒时要在伤口盖上塑料袋，吸一口吐一口，吐后彻底漱口，反复进行。严禁用嘴直接吸吮伤口。

3）现场携带解毒药物时要及时服用解毒药片或将解毒药粉涂在伤口周围。

（4）迅速送医。尽可能在20min内将伤者送至医院救治。

3. 蛇咬伤的现场急救处理注意事项

（1）一旦被蛇咬伤，首先坐下，尽量减少运动，避免血液循环加速。

（2）尽量辨认蛇的类型。如果确信是毒蛇咬伤，且咬伤时间在5min以内，并且医务人员要30min以上才能赶到，应切开伤口并吸出毒液。

（3）轻轻地用肥皂和水洗伤口。不要擦伤口，应用布轻拍，以使其干燥。如果需移动伤者，应抬着他，而不要让他自己走动。

4.预防被蛇咬伤的方法

（1）普及识别毒蛇和毒咬伤后的急救自救知识。

（2）灭鼠灭蝗以断蛇粮，用药物捕杀毒蛇。

（3）不去可能有毒蛇之处，去时必须穿长靴、长袜、戴帽子、拿棍打草惊蛇等，以防万一。看见毒蛇要绕开走。

二、狂犬病

（一）狂犬病概述

狂犬病又称疯狗病、恐水症。是由狂犬病病毒引起的一种所有温血动物（人、犬、猫等）的直接接触性传染病。狂犬病毒能在狗、猫的唾液腺中繁殖，咬人后通过伤口残留唾液使人感染，如图 5-27 所示。狂犬病的潜伏期为 20～90 天，人发病时主要表现为兴奋、恐水、咽肌痉挛、呼吸困难和瘫痪直至死亡。人被含有狂犬病病毒的犬咬伤，有 30%～70% 的几率感染，一旦发病其死亡率接近 100%。

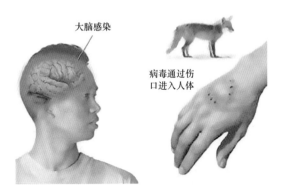

图 5-27　狂犬病感染途径

典型疯狗常表现为：两耳直立、双目直视、眼红、流涎、消瘦、狂叫乱跑、见人就咬、步态不稳；也有少数疯狗表现安静、离群独居，一受惊扰狂叫不已、吐舌流涎，直至全身麻痹而死。有的狗、猫虽无"狂犬病"表现，却带有狂犬病病毒，它们咬人后照样可以使人感染狂犬病毒而得"狂犬病"。

（二）狂犬病患者的临床表现

感染者开始出现全身不适、发烧、食欲不振、恶心、疲倦、被咬部位疼痛、感觉异常等症状，继而出现恐惧不安，对声、光、风、水、痛等较敏感，并有喉头紧缩感。较有诊断意义的早期症状是伤口及其附近感觉异常，有麻、痒、痛及蚁走感等。

患者各种症状达到顶峰，逐渐进入高度兴奋状态，其突出表现为精神紧张、极度恐怖、全身痉挛、幻觉、怕光、怕声、怕水、怕风、发作性咽肌痉挛、呼吸困难、排尿排便困难及多汗流涎等。

如果患者能够渡过兴奋期而侥幸活下来，就会进入昏迷期，本期患者深度昏迷，但狂犬病的各种症状均不再明显，大多数进入此期的患者最终衰竭而死。

（三）被犬类动物咬伤或抓伤的现场急救处理

鉴于狂犬病尚无有效的治疗手段，故应加强预防措施以控制疾病的蔓延。预防接种对防止发病有一定价值，严格执行犬的管理，可使发病率明显降低。

凡是被犬类或其他动物咬伤或抓伤，不管当时能否肯定是疯狗所为，都必须马上就地做好以下紧急处理：

1. 冲洗伤口

决定抢救是否成功的关键在于能否对伤口进行彻底的冲洗。必须在咬伤后的 2h 内，尽早对伤口进行彻底清洗，以减少狂犬病的发病几率。冲洗伤口的方法是：

（1）先用干净的刷子（如牙刷或纱布），蘸浓肥皂水反复刷洗伤口至少 30min，尤其要刷洗伤口深部，不能因疼痛而拒绝认真刷洗。

（2）再用 1000ml 以上的清水对伤口进行彻底清洗。清洗时，一定要反复仔细地清洗，不可马虎。如果被咬伤时周围没有水源，紧急情况下可以用尿来代替清水对伤口进行紧急清洗，然后再寻找水源。

（3）在对伤口进行彻底清洗后，使用 2%～3% 的碘酒或 75% 的酒精或 50～70 度的白酒涂擦伤口。在无麻醉条件下，涂擦时疼痛较明显，伤者应有心理准备。

2. 紧急处理伤口

（1）若伤口流血不多，就不要急着止血，因为流出的血液可将伤口残留的疯狗唾液冲走。

（2）若伤口无流血或少量流血，应从近心端向伤口处挤压出血，并用吸奶器或拔火罐将伤口的血液尽可能吸出，以利排出毒素，但切不可用嘴去吸吮伤口处污血。

（3）若伤口处仅有齿痕，可用三棱针刺之，令其出血，再以上述器具吸出毒液。

（4）只要伤口没有涉及大血管，紧急止血和擦洗伤口后不要进行包扎，也不要缝合，可任其裸露，以有效地帮助伤口排毒。

（5）若伤口在头面部，并且伤口大而深，就需要在确保充分冲洗和消毒的前提下进行抗病毒血清处理，然后进行包扎并缝合。

3. 注射狂犬病疫苗

必须及时到卫生防疫站或当地卫生院注射人用狂犬病疫苗，且注射时间越早越好，一般不要超过被狗咬伤后24h内开始注射，并于伤后第3天、第7天、第14天和第30天各注射一支。

在注射狂犬疫苗期间，应避免剧烈运动，要确保饮食清淡，禁饮酒、浓茶和咖啡，忌食辛辣刺激性食物，禁服免疫抑制类药物。注射完狂犬疫苗后第15天到医院空腹抽取2ml血液检验体内是否产生抗体，验血结果若为阳性说明已产生抗体，注射疫苗有效。若未产生抗体，需再加强注射两支疫苗，继续验血，直至产生抗体为止。

4. 注射狂犬病免疫血清

凡严重咬伤者，如头、面、颈、手或多部位三处以上咬伤，应在当天注射狂犬病疫苗的同时，联合注射抗狂犬病血清或免疫球蛋白及破伤风抗毒素，这种主动抗体进入体内可直接中和病毒，与狂犬疫苗一起应用，起到协同作战作用，可彻底清除狂犬病病毒，从而起到预防作用。

三、蜂蜇伤

一般常见的蜂有蜜蜂、马蜂（又名胡蜂）和黄蜂等。蜂类毒素中主要有蚁酸、多种酶、神经毒素、溶血毒素等。不同的蜂类所含毒素并不一样，蜜蜂的毒素呈酸性，马蜂的毒素呈碱性。蜂类尾部的毒刺与腺体相连，蜂蜇人是靠尾刺把毒液注入人体。只有蜜蜂蜇人后把尾刺留在人体内，其他蜂蜇人后将尾刺收回。

（一）常见蜂的习性

1. 温顺的蜜蜂

蜜蜂如图 5-28（a）所示。蜜蜂一般不会轻易攻击人，比较温顺。只有在食物缺乏、蜂王死亡，或者被激怒、被恐吓时，才会成群倾巢而出。

2. 易怒的马蜂

马蜂如图 5-28（b）所示。马蜂毒性最强，其毒性相当于十多只蜜蜂。马蜂的攻击性很强而且喜欢攻击人的头部，但一般不会无故伤人，只有在被激怒时才会攻击人。

3. 野外的黄蜂

黄蜂如图 5-28（c）所示喜欢在人类活动较少的屋后、田野、河塘边的树丛中筑巢，如果危及到它的蜂巢，它会有强烈的攻击能力。

（a） （b） （c）

图 5-28 常见的蜂
（a）蜜蜂；（b）马蜂；（c）黄蜂

（二）蜂蜇伤的表现

蜂蜇伤后患者可局部出现红肿、疼痛，甚至可能有头晕、恶心等中毒性症状，重度蜇伤者会出现全身无力、发热等全身症状，甚至出现过敏性休克或急性肾功能衰竭等并发症。

（1）轻度蜂蜇伤者仅表现为蜇伤局部红肿、疼痛、瘙痒，少数有水泡或皮肤坏死。一般来说，数小时后症状即可消失，患者可自愈，无须做特殊处理。

（2）重度蜂蜇伤者可迅速出现全身中毒的症状，有发热、头痛、呕吐、腹痛、腹泻、烦躁不安，以至肌肉痉挛、昏迷，甚至休克、肺水肿及急性肾衰竭等症状，必须进行紧急救护，否则会造成生命危险。

（3）部分对蜂毒过敏的患者，被蜂蜇伤后可立即出现荨麻疹、喉头水肿、喘息、气促，甚至支气管痉挛、窒息等症状，威胁生命安全。

（三）蜂蜇伤的现场自救与急救处理

1. 现场自救

（1）要保持镇静，不要惊慌奔跑，更不要随便扑打。以衣物包裹头面部等暴露部位，而应该立即抱头蹲下，用包、衣服或者手臂遮住裸露的皮肤，尤其要重点保护头部和面部，就地趴下，防止再次被蜇伤，等蜂群散去再行处理。

（2）仔细查看被蜇处是否留有蜂刺，若是被蜜蜂攻击，其刺留在伤口内，应立即拔除。

2. 现场急救处理

（1）应迅速将患者转移至安全地带，避免多次被蜇伤，使病情加重。同时，施救者要注意自身的保护。

（2）被蜇伤者应结扎其伤肢，在伤肢近心端用止血带或其他系带结扎，以阻止毒液吸收，结扎松紧以阻断静脉和淋巴回流为宜，每10~15min放松扎带1~3min，以免患肢缺血坏死。

（3）不要惊慌，保持安静，面部蜇伤可用冰块或冷水等冷敷，以延缓毒液吸收，并减轻机体对毒液的反应；禁用热敷，以免加速毒素吸收和扩散。

（4）被蜜蜂蜇伤后，要仔细检查伤口，若尾刺在伤口内，可见皮肤上有小黑点，用镊子、针尖挑出。如果有透明胶带或胶布，可贴在被蜂蜇伤的部位，再用力撕开，这样可黏掉毒针。不可挤压伤口以免毒液扩散。蜜蜂的毒液呈酸性，应用碱性溶液涂擦中和毒液，如用肥皂水、3% 氨水、5% 苏打水洗敷伤口；若被黄蜂蜇伤，因其毒液呈碱性，所以用弱酸性液体中和，如用食醋洗敷。蜂蜇伤后局部症状严重，过敏性休克者，立即送医院治疗。

培训能力项

项目一：蛇咬伤的现场急救

本项目规定的作业任务是针对被蛇咬伤者，两人相互配合，互为操作对象（或以创伤急救模拟人为操作对象）所进行的动物伤害现场急救作业。

蛇咬伤的现场急救作业内容及其质量标准见表 5-27。

表 5-27　蛇咬伤的现场急救作业内容及其质量标准

序号	作业项		作业内容	质量标准
1	作业前的工作		—	—
2	判断伤情	无毒蛇咬伤	确定现场环境安全后，根据伤口的蛇咬伤牙痕判断是否为毒蛇咬伤。若牙痕为一排或者两排，则为无毒蛇咬伤，用酒精或者碘伏擦拭伤口表面，并用纱布将伤口包裹，必要时送医处理	咬伤情况判断准确；酒精（碘伏）擦拭均匀；纱布包裹正确；处理方式迅速规范
		毒蛇咬伤	若伤者伤口牙痕呈两点（一对）或数点（2～3 对），则按照被毒蛇伤处理	咬伤情况判断准确
3	控制蛇毒素扩散		伤者保持静坐姿势，放低患肢并低于心脏。于伤口近心端 5～10cm 处用止血带或绳带结扎后包扎伤口。每隔 10～15min 放松 1～3min，以防止肢体缺血坏死	患肢始终低于心脏高度，止血带或绳结包扎位置准确
4	伤口处理		用大量清水、碱性肥皂水或双氧水反复冲洗	冲洗面覆盖伤口
			用竹筒或瓶子在牙痕周围拔火罐吸取毒液，反复操作几次，待吸出毒液较稀、无黏稠状后可停止拔罐	拔罐位置选择正确，动作迅速
			用嘴吸毒，在伤口盖上塑料袋，吸一口吐一口，吐后彻底漱口，反复进行。待吸出毒液较稀、无黏稠状后可停止操作	严禁用嘴直接吸吮伤口
			将解毒药粉均匀涂在伤口周围，并给伤者及时服用解毒药	药粉涂抹均匀；喂药及时

（续表）

序号	作业项	作业内容	质量标准
5	送医	现场处置完毕以后，最快速度将伤者送往就近医院救治	送医时间控制在20min以内
6	安全文明生产	—	—

项目二：犬咬伤的现场急救

本项目规定的作业任务是针对被犬咬伤者，两人相互配合，互为操作对象（或以创伤急救模拟人为操作对象）所进行的动物伤害现场急救作业。

犬咬伤的现场急救作业内容及其质量标准见表5-28。

表5-28　犬咬伤的现场急救作业内容及其质量标准

序号	作业项	作业内容		质量标准
1	作业前的工作	—		—
2	伤情判断确认	确认伤者被犬类动物咬伤或抓伤		判断迅速、准确
3	冲洗伤口	立即用20%的肥皂水或0.1%新洁尔灭消毒液持续冲洗伤口，至少30min；随后用70%的酒精或2%碘酒涂擦伤口并包扎；当现场没有水源时，可用矿泉水（应急时可用尿液）冲洗伤口；必要时可切除被咬的浅表组织		冲洗剂选择正确，冲洗范围准确；涂抹均匀，操作规范
4	紧急处理伤口流血	处理无流血或少量流血伤口	从近心端向伤口处挤压出血，并用吸奶器或拔火罐将伤口的血液尽可能吸出，以利排出病毒，切不可用嘴吸伤口处污血	嘴不准接触咬伤部位
		处理流血伤口	若流血不多，可不急于止血，以便流出的血液可将伤口残留的疯狗唾液冲走	伤口冲洗前禁止包扎、缝合，以免影响毒液外流；如果必须包扎缝合，则应保证伤口已经彻底消毒
			若伤口处仅有齿痕，可用三棱针刺之，令其出血，再用上述器具吸出毒液	
			若流血较多，需在伤口的上、下方，距离伤口5cm处，用止血带或绳子、带子等紧紧勒住，进行现场止血，以便伤者流血过多	
5	注射狂犬病疫苗	被狗咬伤后24h内开始注射狂犬病疫苗，并于伤后第3天、第7天、第14天和第30天各注射一支		注射及时

（续表）

序号	作业项	作业内容	质量标准
6	注射狂犬病免疫血清	凡严重咬伤者，如头、面、颈、手或多部位三处以上咬伤，应在当天注射狂犬病疫苗的同时，联合注射抗狂犬病血清或免疫球蛋白及破伤风抗毒素	注射及时
7	安全文明生产	—	—

项目三：蜂蜇伤的现场急救

本项目规定的作业任务是针对被蜂蜇伤者，两人相互配合，互为操作对象（或以创伤急救模拟人为操作对象）所进行的动物伤害现场急救作业。

蜂蜇伤的现场急救作业内容及其质量标准见表 5-29。

表 5-29　蜂蜇伤的现场急救作业内容及其质量标准

序号	作业项	作业内容		质量标准
1	作业前的工作	—		—
2	判断伤者蜇伤状况	皮肤局部出现显著的烧灼感或痛痒感，周围潮红肿胀，中央常有一个刺蜇所致的淤点，较重者形成水疱		咬伤情况判断准确
3	现场紧急处理	绷扎	立即绷扎被刺肢体的近心端，每隔 15min 放松 1min，绷扎总时间不宜超过 2h	选择绷扎位置准确，且不可长时间绑扎
		拔出毒刺	首先检查有无滞留于皮肤内的毒刺，发现后立即小心拔除。用胶布粘贴后揭起或用镊子将刺拔出。若扎入皮肤的毒刺还附有毒腺囊，则不能用镊子夹取，以免挤入毒液而使反应加重，可以用尖细的针头或刀尖挑出毒刺和毒腺囊	拔出毒刺精准、迅速；选用拔刺工具准确
		中和毒液	蜜蜂的毒液呈酸性，可选用肥皂水或 5%～10% 碳酸氢钠溶液洗敷伤口；黄蜂的毒液呈碱性，可选用硼酸粉或食醋洗敷患处，以减轻局部症状	选择中和药剂准确
		局部疼痛红肿处理	局部红肿处可外用炉甘石洗剂以消散炎症，红肿严重伴水疱渗液，可用 3% 硼酸水溶液湿敷，疼痛严重时酌情使用止痛剂。四肢被蜇伤应减少活动，局部放置冰袋冷敷，以减少毒素吸收	能正确选择相应药剂
4	送医	如果发生过敏性休克，在通知急救中心或去医院的途中，要保持呼吸畅通		送医时间控制在 20min 以内
5	安全文明生产	—		—

参考文献

［1］田迎祥 . 电力生产现场自救急救［M］. 北京：中国电力出版社，2018.

［2］张科军 . 机电设备与建筑施工现场自救急救［M］. 山东：山东友谊出版社，2012.

［3］秦琦 . 电力应急救援手册［M］. 北京：中国电力出版社，2016.

［4］苑舜 . 触电事故的预防和现场救护［M］. 北京：中国电力出版社，2007.

［5］广州市红十字会，广州市健安应急救护培训中心 . 电力行业现场急救技能培训手册［M］. 北京：中国电力出版社，2015.

［6］国网山西省电力公司 . 触电防范与现场急救［M］. 北京：中国电力出版社，2012.

［7］邢娟娟 . 紧急救助员实用应急技术［M］. 北京：航空工业出版社，2008.

［8］孙维生 . 化学事故应急救援［M］. 北京：化学工业出版社，2008.

［9］张科军 . 公共自救急救［M］. 山东：山东友谊出版社，2012.

［10］祝益军，韩小桶 . 第一目击者——现场急救指南［M］. 长沙：湖南科学技术出版社，2015.